贵州省财政厅、贵州省教育厅 2024 年支持高等教育改革发展省级补助资金资助成果

基于新型二维材料异质结电子结构
及光电特性的理论研究

李东翔　著

電子工業出版社·

Publishing House of Electronics Industry
北京·**BEIJING**

内 容 简 介

本书以设计高性能和自供电光电探测器为目的，围绕新型二维材料异质结的光激发载流子转移、自供电机理和光电特性改善进行研究；利用第一性原理和非绝热分子动力学方法，对 $GaSe/SnS_2$、$InSe/BP$、BP/Cs_2SnI_4、$Cs_2SnI_2Cl_2/Cs_2TiI_6$ 和 $GaN/WS_2/MoS_2$ 异质结的电子结构进行了计算，分析了界面效应对异质结自供电机制的影响，研究了异质结界面处载流子分离和复合的竞争机制，探究了应变对异质结能带结构及光电特性的调控，为设计和制备高性能自供电光电探测器提供了理论支撑。

本书可供新型二维材料光电领域及从事自供电器件研究的科技工作者参考，也可作为高等院校相关专业本科生和研究生的参考用书。

图书在版编目（CIP）数据

基于新型二维材料异质结电子结构及光电特性的理论
研究 / 李东翔著. -- 北京 : 电子工业出版社, 2025.
6. -- ISBN 978-7-121-50523-2

Ⅰ. TB383；TN303

中国国家版本馆 CIP 数据核字第 2025A3X987 号

责任编辑：牛嘉斐　　文字编辑：赵娜
印　　刷：北京建宏印刷有限公司
装　　订：北京建宏印刷有限公司
出版发行：电子工业出版社
　　　　　北京市海淀区万寿路 173 信箱　　邮编：100036
开　　本：720×1 000　1/16　印张：17.25　字数：310 千字
版　　次：2025 年 6 月第 1 版
印　　次：2025 年 6 月第 1 次印刷
定　　价：99.00 元

前　言

随着智能可穿戴设备的普及和物联网设备的广泛应用，依赖外部电源实现光电检测的传统光电探测器面临着高暗电流和小开关比等问题的挑战。因此，具备自供电能力的光电探测器的性能成为限制光电探测器应用范围的关键因素。经过十多年的发展，具备自供电能力的光电探测器在集成性、柔性和稳定性等方面都取得了重要的进展。

设计和开发能够满足实际生活需求的高性能和自供电光电探测器一直是研究者们孜孜不倦追求的目标。目前，要使自供电光电探测器在智能可穿戴设备上得到实际应用，还有许多问题需要解决。一方面，深入理解载流子输运机制和调控（应变）异质结的电子结构是增强自供电（可持续）能力的关键；另一方面，深入探索和提升光电探测器的探测性能（快的光响应速度、宽的光探测范围和高的光吸收系数等）是实现智能可穿戴设备必须解决的问题。因此，迫切需要研制新型材料及相关构型来提高光电探测器的各项性能，从而满足市场对智能可穿戴设备的实际需求。

本书主要围绕新型二维材料异质结光电探测器的性能改善及载流子的转移和自供电机理进行研究，以设计高性能（快的光响应速度、宽的光探测范围、高的光吸收系数等）和自供电光电探测器为目的。一方面，通过理论方法深入探究和解释了实验中发现的自供电及超快光响应等现象。另一方面，利用新型二维材料构建了几种不同堆积结构的 II 类异质结，通过应变调控发现其具备较强的自供电和较宽的光谱探测能力。另外，利用非绝热分子动力学探索了载流子分离及复合的竞争机制，为高性能自供电光电探测器的设计及其在智能可穿戴设备中的应用提供了理论依据。全书共 8 章：第 1 章概述了智能时代光电探测器面临的问题和挑战，介绍了二维材料及其异质结在自供电光电探测器中的研究进展；第 2 章介绍了自供电光电探测器的基本原理、计算中用到的理论方法和本书中用到的计算软件等；第 3 章利用 GaSe 单层和 SnS_2 单层构建了 $GaSe/SnS_2$ 异质结，通过第一性原理计算了异质结的电子结构和光学性质，不仅验证了实验中发现的 P-N 型异质结，解释了 $GaSe/SnS_2$ 异质结的高性能，而且从理论上分析了异质结的自供电能力及应变对其光电特性的调控作用；第 4 章利用 InSe 单层和单层黑磷（BP）构建了范德瓦尔斯 InSe/BP 异质结，分析了界面效应对异质结内置电场和自供电能力的影响，通过非绝热分子动力学解释了实验中发现的快速光响应现象，并研究了双轴应变对 InSe/BP 异质结光电特性的调控；第 5 章基于全无机二维钙钛矿 Cs_2SnI_4 与单层黑磷（BP）构建了异质界面 Cs-I-BP 和 Sn-I-BP，比较分析了两个界面的结构稳定性、能带结构排列及载流子转移情况，全面讨论了双轴应变对能带结构、自供电能力和光吸收系数的影响；第 6 章基于全无机二维钙钛矿 $Cs_2SnI_2Cl_2$ 和三维钙钛矿 Cs_2TiI_6 设计了 2D/3D 混合钙钛矿异质结，利用 GGA-1/2 方法描述了异质结的能带结构及光学性质，分析了界面处载流子的分离及复合之间的竞争作用对异质结光电特性的影响，并利用双轴应变调控了异质结的内置电场和光电特性；第 7 章基于单层 GaN、单层 WS_2 和单层 MoS_2 构建了 2D/2D/2D GaN/WS$_2$/MoS$_2$ 异质结，研究了界面效应对异质结的稳定性、载流子输运特性和自供电能力的影响，进一步研究了双轴应变对异质结的电子结构和光电特性的调控；第 8 章对新型二维材料构建的异质结在高性能和自供电光电探测器及未来智能可穿戴设备中的应用做出总结和展望。

　　本书可供新型二维材料光电领域及从事自供电器件研究的科技工作者参考，也可作为高等院校相关专业本科生和研究生的参考用书。本书部分彩图可扫描二维码查看。

　　本书的撰写得到贵州财经大学蔡绍洪教授和邓明森教授的悉心指导，相关理论研究得到了中国科技大学郑奇靖副教授、褚维斌博士和安顺学院李瑞琴副教授，以及作者课题组师兄弟的帮助，在此一并表示感谢。

　　本书的出版得到了贵州省财政厅、贵州省教育厅 2024 年支持高等教育改革发展省级补助资金资助，以及安顺学院第三轮学科建设项目、安顺学院博士基金项目（asxybsjj202316）的经费资助。本书撰写过程中参考的相关资料，已在每章最后列出，在此对相关学者表示衷心的感谢。限于著者水平，书中难免存在不足和错误，希望广大读者批评指正。

李东翔

2024 年 10 月

于安顺学院，贵州

目　录

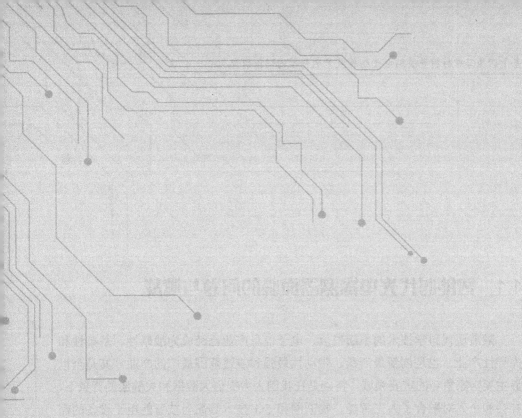

第 1 章

绪　论

1.1　智能时代光电探测器面临的问题与挑战

随着现代科学技术的不断发展，电子信息产业已经成为战略性、基础性和先导性产业，也是创新最活跃、带动性最强和渗透范围最广的产业，其是全世界主要国家争夺的重要领域。特别是在我国大力提倡大数据和大健康的背景下，社会和个人对融合了人工智能、物联网和 5G 技术等高科技智能电子设备的需求日益增加，如健康检测设备、智慧医疗设备和运动管理设备等。因此，可以轻松和舒适佩戴的个人智能可穿戴电子产品已经引起了科学界和工业领域的极大关注，其快速发展并逐渐改变了人们的生活方式[1]。近年来，虽然关于智能可穿戴设备的研究已经取得了一定的进展，但是其发展仍处于初期阶段。要使智能可穿戴设备在生产、生活和特殊环境中得到广泛应用，必须解决其核心部件（光电探测器）的多功能集成、稳定性、探测效率及性能等问题[2]。

光电探测器是一种基于光电效应原理将光信号转换为电信号的光电传感器件，其可利用光电探测原理来满足智能可穿戴电子产品的实际需求和应用，也为实现智能监测提供了机会[3]。传统的光电探测器需要一个外接电源来驱动光生电子-空穴对，从而极大地增加了器件的尺寸和质量，这一定程度上限制了它们在光电集成纳米系统和特殊环境中的应用[4]。近年来，由于自供电光电探测器具有免维护、外部功率低或无须外部功率、无线操作、自可持续等特点，已经成为解决传统光电探测器问题的重要方案[5]。作为一种新兴技术，自供电光电探测器在智能可穿戴监测设备、智能传感、无线传感器网络和纳米机器人等方面得到了越来越多的关注[6]。例如，紫外线辐射有助于人体所需维生素 D 的合成，从而促进钙的吸收及骨骼的生长，但是过量的紫外线辐射可能导致皮肤癌。如果将自供电紫外光电探测器集成到个人智能可穿戴设备中，就可使得现场数据与个人健康检测设备实时互动互联，从而提高个人健康监测的水平。因此，自供电光电探测器是一种很有前途的工具，它不仅可以提高人类的生活质量，还可以促进经济和技术的发展。

截至目前，虽然自供电技术已在光电探测领域取得了快速的进展，但自供电设备仍存在很大的改进空间，也面临许多挑战。一是设计和开发高性能及自供电一体化光电探测器具有极大的挑战性；二是大多数自供电光电探测器还缺乏足够的能量和功率密度来完全满足智能可穿戴设备的供电需求；三是要使智能可穿戴设备可以舒适地附着在人体上，光电探测器的集成性、柔性和可拉伸性也是一个急需解决的问题。

1.2　基于二维材料自供电光电探测器的研究进展

半导体是制造光电探测器最常用的材料，传统薄膜光电探测器的发展如图 1.1 所示[7]。近几十年来，传统半导体因高性能及成熟的大规模生产和集成技术占据了商用光电探测器市场的主导地位。由于硅带隙（1.1 eV）的限制，带隙

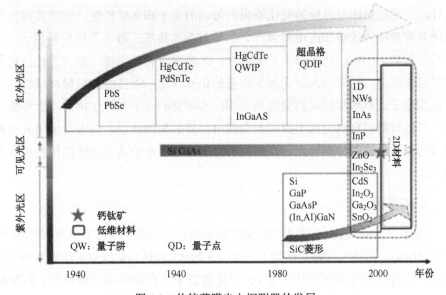

图 1.1　传统薄膜光电探测器的发展

注：从紫外光、可见光到红外光及近年来出现的基于 1D/2D 半导体的新型光电探测器 [7]

更窄的III-V族半导体材料（PbSe、InGaAs和HgCdTe）覆盖了从近红外光区到远红外光区的探测范围[8,9]。虽然这些材料制备的探测器表现出高探测率，但它们也存在低温环境下工作不灵活等问题[10]。二维（2D）材料的出现为光电应用提供了巨大的潜力，各种器件结构及新的机制已经被提出，并制备了许多具有独特性能的光电探测器。基于二维材料构建的光电探测器因其拥有独特的光学性能、快的光响应速度、较高的光响应率等优势，已被广泛地研究和应用[11,12]。

1.2.1　二维材料

二维（2D）材料的厚度（小于5 nm）一般为单个或几个原子，但横向尺寸却可以高达几微米或更大[13]。自2004年石墨烯从大块石墨中被成功分离出来后，超薄层状材料已被证明是一种有趣的纳米级光电子材料[14]。随着科学技术的不断发展，许多二维材料如黑磷（BP）、过渡金属硫族化合物（TMDCs）、氮化碳（g-C$_3$N$_4$）和六角形氮化硼（h-BN）等逐渐被成功制备和研究[15,16]，如图1.2所示。类似于石墨烯，这些超薄二维材料独特的二维平面原子结构使其具有稳定的结构和较大的比表面积，而且覆盖广泛的光谱范围，如图1.3所示[17]。此外，二维材料随着厚度的变化表现出可调的电子和光学特性，表明其在光电领域具有独特的优势和应用前景[18]。二维材料与传统三维半导体材料相比，具有若干优势：①在广泛光谱上的敏感性；②表面没有悬垂键，易与其他材料叠加形成异质结；③可与入射光发生很强的相互作用；④良好的机械灵活性；⑤快速载流子迁移率和较大的受光表面积；⑥可调的电子和光学特性。近年来，基于二维材料的自供电光电探测器表现出优异的探测性能，成为自供电光电探测器的重要组成部分。因此，二维材料在光电探测器中具有独特的优势和应用前景。

1. 石墨烯

2004年，Novoselov等人用机械剥离法从大块石墨中获得了单层石墨烯[14]。石墨烯结构可由排列在蜂窝结构上的碳原子组成，可认为从氢原子中剥离出来的苯环。它具有六方晶体结构，是sp^{2}杂化碳原子共价结合的二维单层，石墨烯（2D）、碳纳米管（1D）和富勒烯（0D）为低维碳基同素异形体，如图1.4所示[20]。

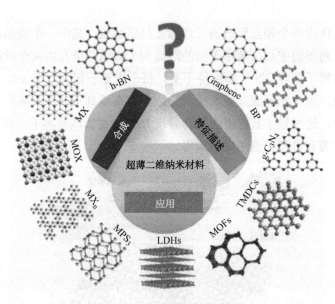

图 1.2 超薄二维纳米材料

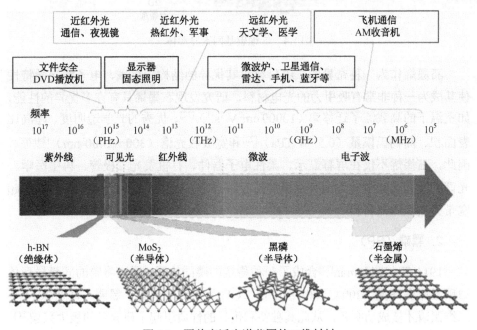

图 1.3 覆盖广泛光谱范围的二维材料

晶格可以看作由两个相互穿透的三角形亚晶格组成，其中一个亚晶格的原子位于另一个三角形的中心，碳原子间的距离为 1.42 Å。单元由两个碳原子组成，其围绕任意原子旋转 120°都保持不变。每个碳原子都有一个 s 轨道和两个平面内 p 轨道，这有助于碳片的机械稳定性。其余垂直于分子平面的 p 轨道形成导带和价带，这主导了其在平面的传导现象[21]。在低能状态下，即在 K 和 K_0 点附近，导带和价带相遇形成锥形谷。

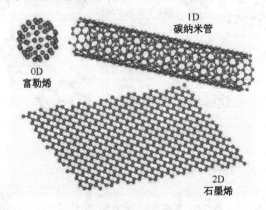

图 1.4　低维碳基同素异形体

石墨烯作为一种奇异的二维材料，其优异的结构，机械、电子和光学特性使其成为一种非常有吸引力的光电材料。研究发现石墨烯具有许多优异的性能，如室温下的高载流子迁移率（10000 $cm^2V^{-1}s^{-1}$）[22]、优秀的光学透明度、超高比表面积、高杨氏模量（0.5～1 TPa）[23]和宽吸收光谱（300～1400 nm）[24]等。因此，石墨烯不仅在屏幕显示、柔性电子器件、有机发光二极管、再生医学、光调制器和太阳电池方面有着极大的应用潜力，也可以作为一种很有前途的超宽带光电探测器材料。

2. 黑磷（BP）

1914 年，Bridgman[25]合成了一种稳定的磷同位素，通过将磷的同素异形体白磷暴露在高温（200℃）和高压（1.2 GPa）条件下制备了黑磷。直到 2014 年二维黑磷才被成功制备，从此其独特和优异的性质引起了研究者的极大兴趣[26]。二维黑磷是由 sp^3 杂化的磷原子所构成的，其作为一种单元素的层状结晶材料，以层状正方体晶体结构组织存在，相邻层之间的距离为 5.4 Å，单个层通过范德瓦尔斯力叠加在一起，如图 1.5（a）所示。单层黑磷由一个褶皱的蜂窝结构组成，其中 1 个 P 原子与其他 3 个原子结合，在 4 个 P 原子中，有 3 个位于同一平面，而第 4 个位于平行的相邻平面，如图 1.5（b）所示[27]。二维黑磷结构具有高达 1000 $cm^2V^{-1}s^{-1}$ 的空穴迁移率，对外部电场和应变高度敏感[28]。特别是 BP 的带隙会随原子层数的变化而变化，致使其能带结构具有可调性[29]。因此，黑磷优异的物理化学特性将使其在柔性器件、光电探测器和传感器领域具有广阔的应用前景[30]。但黑磷在环境中的不稳定性[31]是限制其进一步发展的主要原因。

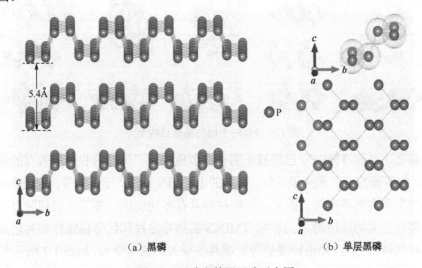

（a）黑磷 　　　　　　　　　　　（b）单层黑磷

图 1.5　黑磷和单层黑磷示意图

3. 过渡金属硫族化合物（TMDCs）

二维 TMDCs 是无机材料库中的一类新兴材料，其特点是层状原子共价键和相邻硫原子层之间的范德瓦尔斯力弱，具有显著的电学性能[32]。通常它可用 MX_2 的化学式来描述，其中 M 表示过渡金属（Mo 和 W 等），而 X 表示硫族元素（S、Se 和 Te）。单层 TMDCs 由两层硫原子和一层金属原子的夹层叠加而成，它们能够形成不同的晶体构型。以 MoS_2 为例，它有 5 种不同的晶体结构，即 1H、2H、1T、1T′和 3R，如图 1.6 所示[33]。多层二维材料的范德瓦尔斯相互作用使 TMDCs 成为一种独特的层间扩散材料，易于产生高电荷迁移率。在过去的十年中，通过硫族化合物元素和过渡金属的不同组合，大约有 40 种不同类型的 TMDCs 材料被报道，如直接带隙从 0.05 eV 到 2.27 eV 的半导体、超导体、半金属和电荷密度波特性等[34,35]。与黑磷类似，TMDCs 层数的变化也可以引起能带结构和带隙的变化。例如，当 MoS_2 的层数增加时，其由单层 1.8 eV 的直接带隙转变为 1.2 eV 的间接带隙[36]。单层或多层 TMDCs 的电子和物理性质本质上与它们对应的块体材料有所不同，它们更容易被设计和构建为具备弯曲、压曲和折叠功能的柔性器件。

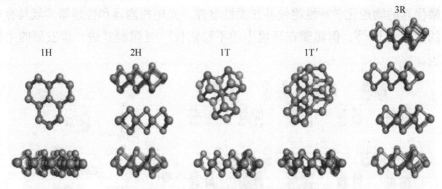

图 1.6　MoS_2 不同的晶体结构 [33]

总之，二维 TMDCs 已经被证明有许多独特的、优异的和前所未有的物理特性，如新颖的电子和光子特性、奇异的电子相变特性、可调能带、高迁移率、高光敏度和高透明度等。因此，这些材料具有多功能性，在下一代超薄电子设备中拥有巨大的应用潜力。此外，TMDCs 的热稳定性和化学稳定性相对较高，让其在气体传感器、光电探测器等领域具备很大的应用潜力，如图 1.7 所示[37]。

图 1.7　二维 TMDCs 的潜在应用领域 [37]

4. Ⅲ-Ⅵ族层状半导体

Ⅲ-Ⅵ族层状半导体是一类层状金属卤化物，其与 TMDCs 的性质极为类似。一般化学式为 MX，其中金属可以是 In 或 Ga，X 可以是 S、Se 或 Te。在散装形式中，两层卤化物形成的结构是 X-M-M-X，其中单独的一层可以被认为一个夹层的双镓或铟层[38]。与 TMDCs 不同的是，当这些材料为块体时表现出直接带隙，而成为单层形式时表现出间接带隙。硒化镓以六边形结构存在，具有与层数相关的光电特性。其每层的单分子层厚度为 0.9～1.0 nm，由一个四原子序列 Se-Ga-Ga-Se 组成。层内平面上的键是强共价键，而层间平面之间的键是弱范德瓦尔斯键，这有助于材料通过机械剥离在层中被裂解，如图 1.8 所示。基于机械剥离 GaSe 纳米片的光电探测器在紫外光和可见光区域均表现出良好的光响应特性[39]。GaSe 的另一个重要特点是它在表面没有悬挂键，这使其成为很好的光电探测器候选材料。另外，由于其较大的带隙（随着层数的减少从 1.8 eV 变化到 3.2 eV），层状 GaSe 表现出较低的紫外光响应。而层少的 InSe 则具有较窄的间接带隙（随着层数的增加从 1.2 eV 变为 1.4 eV），这与可见光谱有近乎完美的重叠。总之，基于Ⅲ-Ⅵ族层状半导体（GaS、GaSe 和 In_2Se_3）的光电探测器已经实现了从紫外到红外的宽带探测，这为开发和设计高性能的光电探测器提供了新型材料[40]。

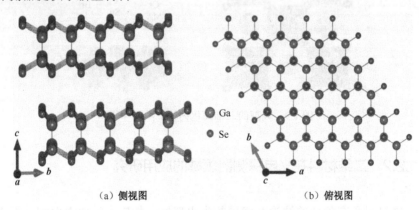

（a）侧视图　　　　　　　　　　　（b）俯视图

图 1.8　GaSe 晶体的结构示意图

5. 二维钙钛矿

最初，perovskite 一词描述的是一种钛酸钙（$CaTiO_3$）矿物质，其以俄罗斯矿物学家 Lev Perovski 来命名[41]。后来，perovskite 一词代表了一类晶体材料，

这些材料的结构与 $CaTiO_3$ 的结构相同，通常用化学式 ABX_3 表示，其中 A 和 B 是阳离子，X 是阴离子[42]。近年来，基于三维混合有机-无机钙钛矿的光电应用得到了快速发展，但仍然存在不稳定性和毒性两大问题急需解决。一方面，利用 Sn 替代 Pb 元素，不仅可以消除含铅钙钛矿的毒性，而且可以保持钙钛矿的晶体结构、提高光吸收系数和电子迁移率等[43]；另一方面，解决钙钛矿稳定性的方法是引入环境稳定性更好的二维钙钛矿材料[44]。二维钙钛矿的一般化学式可表示为 $A_2R_{n-1}M_nX_{3n+1}$，其中，A 是长链间隔阳离子，R 是有机阳离子，M 是二价金属，X 是卤化物阴离子，n 是一个整数，代表夹在两层间隔阳离子之间 $[MX_6]^4$ 八面体片的数量[45]。图 1.9 给出了典型的二维卤化钙钛矿结构[46]。有机层和无机层之间的弱范德瓦尔斯力耦合使二维钙钛矿具有层状特性，能够较为容易地从块状晶体中机械剥离薄片，使其能与其他层状材料互相结合。特别是通过改变二维钙钛矿的层数和化学成分，可以很容易地调控其光学性质，使二维钙钛矿材料在各种光电器件应用中具有很大的灵活性[47]。因此，二维卤化物钙钛矿正在成为一种新的二维材料家族，并成为纳米电子和光电子领域很有前途的候选材料。

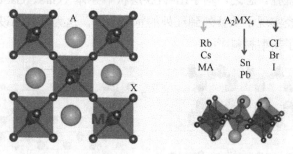

图 1.9　典型的二维卤化钙钛矿结构 [46]

1.2.2　二维材料在光电探测器领域的应用研究

二维材料具有独特的结构及优异的光电特性，如较大的比表面积、柔性、超快电荷输运和可调谐光子吸收等，使其在光电子领域具有独特的优势和应用前景。近年来，基于二维材料的光电探测器表现出了优异的光探测性能。石墨烯的光吸收系数通过增强共振腔内的光场得以提高，石墨烯基微腔光探测器的光响应率为 21 mA/W[48]。Kufer 等人[49]报道了一种基于单层二硫化钼的光导光电探测器，发现该器件具有较高的光响应率（10^4 A/W）和快的光响应速度（10 ms）。Hu 等人[50]通过机械解离和溶剂剥离制备了超薄二维 GaSe 纳米薄片，并基于超薄 GaSe 纳米薄片构建了光电探测器，其光响应时间为 0.02 s，光响应率为 2.8 A/W。Ding 的小组[51]利用三元混合溶剂法制备了二维(PEA)$_2$SnI$_4$ 微片光导体，基于其制备的光电探测器在 3 V 的电压下获得了 $3.29×10^3$ A/W 的高光响应率，且具有 $2.06×10^{11}$ Jones 的探测率。Huang 等人[52]制作了基于 BP 纳米片的光电探测器，其具有 400～900nm 波长范围内的宽带光谱响应，在 300 K 的温度条件下的光响应率为 $4.3×10^6$ A/W。以上研究表明，基于二维材料制备的光电探测器具有良好的性能和广阔的应用前景。

　　然而，传统的二维材料光电探测器面临两个问题：一是二维材料的许多固有局限性（原子薄层厚度、高电子-空穴复合率等）限制了它们的光吸收效率和光电器件的性能[53]；二是传统的二维材料光电探测器必须依靠外部电源来实现光探测，这不仅导致器件高的暗电流和小的光开关比[54]，质量和尺寸的增加也限制了器件在智能可穿戴设备及复杂环境中的应用[55]。幸运的是，由于二维材料表面没有悬垂键，使其易与其他材料通过弱范德瓦尔斯力叠加形成异质结。原则上，各种不同的层状成分可以构建功能各异的异质结组合[56]，其独特的界面性质为解决光电探测器的高性能和自供电提供了一个新的研究途径。不同的层状材料的异质结如图 1.10 所示。

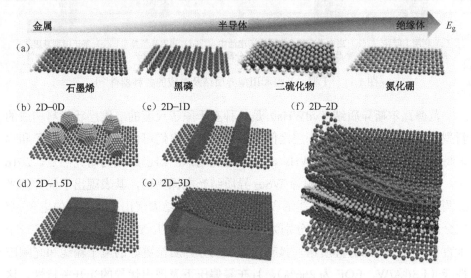

图 1.10　不同的层状材料的异质结 [56]

1.2.3　二维材料异质结在自供电光电探测器领域的研究进展

二维材料堆叠而成的异质结可根据能带排列分为三种类型：Ⅰ型（对称）、Ⅱ型（交错）或Ⅲ型（断裂），如图 1.11 所示[57]。其中，Ⅱ型能带对齐的异质结在光电器件中的应用较为广泛。一方面，其可以有效提高电子-空穴对的分离效率，从而提高光吸收系数和光电转化效率等；另一方面，异质结界面上的内置电场（光伏效应）允许其具有良好的光响应性能和自供电光探测能力，在光电探测器领域具有极大的应用价值[58]。在自供电光电探测器中，由异质结产生的内置电场是决定其自供电能力的关键，较大的内置电场可以使界面上光生电子-空穴对的提取和分离效率更高[59]。另外，通过外电场和应变等可以调控异质结的能带结构，从而改变其内置电场及自供电能力[60]。

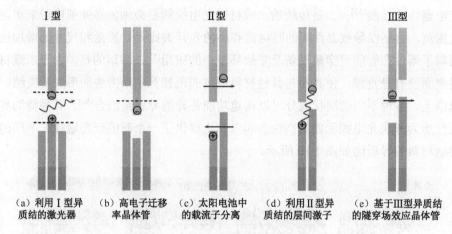

（a）利用Ⅰ型异质结的激光器　（b）高电子迁移率晶体管　（c）太阳电池中的载流子分离　（d）利用Ⅱ型异质结的层间激子　（e）基于Ⅲ型异质结的隧穿场效应晶体管

图 1.11　Ⅰ型、Ⅱ型和Ⅲ型异质结及对应的各种器件[57]

范德瓦尔斯异质结（vdWHs）是一种基于原子尺度的二维层状材料构成的新型异质结，由于堆叠原子层之间的量子耦合，它们可以表现出新的电子和物理特性。近年来，基于 vdWHs 的自供电光电探测器已经成为研究热点。2016年，Gao 等人[61]研究了石墨烯/WSe$_2$异质结光电探测器，其表现出了优异的光探测性能。石墨烯/WSe$_2$/石墨烯和 MoS$_2$/WS$_2$异质结表现出非常有效的电子-空穴分离，它们的光响应时间分别为 5.5 ps[62]和 50 fs[63]。Yang 等人[64]制造了一个垂直 P-N GaTe/MoS$_2$异质结，具有比单一组分异质结更好的电子输运和光响应性能（1.36 A/W，EQE 为 266%），且在零偏压下表现出优异的光开关特性。这些优异的性能归因于 P-N 异质结的内置电场和 II 型能带排列引起的有效载流子分离，使其具备了自供电性能。单个 MoS_2/WS_2 异质结在零偏压下显示出 $4.36\,mA/W$ 的光谱响应和 4.36×10^{13} Jones 的探测率[65]。SnSe/InSe 异质结作为一种自驱动光电探测器，其具有典型的整流行为、光伏效应、良好的光响应性能（$350\,mA/W$）和从可见光到近红外光（$405 \sim 808$ nm）的宽带探测能力[66]。垂直 h-BN/BP 和 WSe_2/WS_2 异质结由于光伏效应形成了内置电场，器件均表现出大的光响应电流，这表明垂直的 P-N 异质结是一种潜在的自供电光电探测器结构[67,68]。Lin 等人[69]在柔性基底上制备了 MoS_2/WSe_2 异质结，当沿着 MoS_2 的扶手方向施加 0.62% 的压缩应变时，光响应率提高了 86%，这表明压电诱导的能带重新排列是其性能提高的主要原因。另外，通过测试零偏压下的动态光电流可知，应变可以很好地调谐光伏。Bai 等人[70]报道了一种基于 $MoS_2/CH_3NH_3PbI_3$ 垂直型异质结的自供电光电探测器，其光响应率为 $60\,mA/W$，光响应时间和恢复时间分别为 2149ms 和 899 ms。全无机二维 $Cs_2Pb(SCN)_2Br_2$ 和 MoS_2 构成的异质结形成了 II 型能带排列并产生了内置电场，使电荷可以从 $Cs_2Pb(SCN)_2Br_2$ 有效地转移到 MoS_2。$Cs_2Pb(SCN)_2Br_2/MoS_2$ 混合光电探测器显示出高的光响应率（1.22×10^5 A/W）和快的响应速度（166 ms）[71]。Fang 等人[72]构建了一个自供电 $MoS_2/(PEA)_2SnI_4$ 异质结光电探测器，异质结比$(PEA)_2SnI_4$ 表现出更有效的光致发光猝灭，表明异质结比 $(PEA)_2SnI_4$ 器件具有更强的电子提取能力和更低的电荷复合速率。且在零偏压下其响应时间和量子效率可以分别达到约 40 ms 和 38.2%，其性能与二维材料/3D 钙钛矿光电探测器相当或更高。在理论方面，Liu 等人[73]研究了 $CsPbI_3/BP$ 异质结的界面效应，$CsPbI_3/BP$ 异质结不仅保留了单一材料的电子结构，而且表现出更好的光学性能，结果表明界面工程是调节半导体异质结能带结构和电学性能的有效途径。Ding 等人[74]利用密度泛函理论（DFT）发现 $InSe/Cs_2SnI_2Cl_2$ 异质结的带隙仅为 0.40 eV，异质结的光探测范围明显变宽，吸收系数得到提高，这主要归因于 II 型能带排列导致的载流子有效分离。Zhao 等人[75]研究发现，1T-MoS_2/Cs_2PbI_4 中的可调肖特基势垒高度和 2H-MoS_2/Cs_2PbI_4 中的 II 型能带排列将为未来设计和制造高效光电器件提供潜在的途径。

　　综上所述，基于二维材料异质结的自供电光电探测器领域已经引起了人们的极大关注，并进行了深入研究。关注的原因主要在以下几个方面：①二维材料表面没有悬垂键，避免了由晶格常数差异引起的界面缺陷问题，从而形成了高质量的异质结界面。②二维材料构建的异质结具有原子级厚度的结构，表现出许多新颖的性能。③异质结界面Ⅱ型能带排列和内置电场的形成，促使载流子的有效分离，从而获得快的响应和更强自供电探测能力。此外，通过界面工程和应变作用还可以有效地调控异质结的能带结构，促使器件获得宽的光探测范围和高的光吸收系数等。因此，结合各种二维材料构建的异质结表现出的独特结构和光电特性，在自供电光电探测器和智能可穿戴设备中具有极大的应用潜力。

设计和开发能够满足实际生活需求的高性能自供电光电探测器一直是研究者孜孜不倦追求的目标。但是，目前要使自供电光电探测器在智能可穿戴设备上得到实际的应用，还有许多问题需要解决。一方面，深入理解载流子输运机制和调控（应变）异质结的电子结构是增强自供电（可持续）能力的关键。另一方面，深入探索和提升光电探测器的探测性能（快的光响应速度、宽的光探测范围和高的光吸收系数等）是实现智能可穿戴设备必须解决的问题。因此，迫切需要研制新型材料及相关构型来提高光电探测器的各项性能，从而满足市场对智能可穿戴设备的实际需求。

本章参考文献

[1]   ZHOU H, LAI J, ZHENG B, et al. From glutinous-rice-inspired adhesive organohydrogels to flexible electronic devices toward wearable sensing, power supply, and energy storage [J]. Advanced Functional Materials, 2022, 32(1): 2108423.

[2]   SAHOO S, WALKE P, NAYAK S K, et al. Recent developments in self-powered smart chemical sensors for wearable electronics [J]. Nano Research, 2021, 14: 3669-3689.

[3]   CAI S, XU X, YANG W, et al. Materials and designs for wearable photodetectors [J]. Advanced Materials, 2019, 31(18): 1808138.

[4]   ZHENG Y, LI Y, TANG X, et al. A self-powered high-performance UV photodetector based on core-shell GaN/MoO$_{3-x}$ nanorod array heterojunction

[J]. Advanced Optical Materials, 2020, 8(15): 2000197.

[5]   FATTAH M F A, KHAN A A, ANABESTANI H, et al. Sensing of ultraviolet light: a transition from conventional to self-powered photodetector [J]. Nanoscale, 2021, 13(37): 15526-15551.

[6]   TIAN W, WANG Y, CHEN L, et al. Self-powered nanoscale photodetectors [J]. Small, 2017, 13(45): 1701848.

[7]   WANG J, FANG H, WANG X, et al. Recent progress on localized field enhanced two-dimensional material photodetectors from ultraviolet-visible to infrared [J]. Small, 2017, 13(35): 1700894.

[8]   SARASQUETA G, CHOUDHURY K R, SO F. Effect of solvent treatment on solution-processed colloidal PbSe nanocrystal infrared photodetectors [J]. Chemistry of Materials, 2010, 22(11): 3496-3501.

[9]   MIAO J, WANG C. Avalanche photodetectors based on two-dimensional layered materials [J]. Nano Research, 2021, 14: 1878-1888.

[10]   ROGALSKI A. HgCdTe infrared detector material: history, status and outlook [J]. Reports on Progress in Physics, 2005, 68(10): 2267-2336.

[11]   QIU Q, HUANG Z. Photodetectors of 2D materials from ultraviolet to terahertz waves [J]. Advanced Materials, 2021, 33(15): 2008126.

[12]   AN C, NIE F, ZHANG R, et al. Two-dimensional material-enhanced flexible and self-healable photodetector for large-area photodetection [J]. Advanced Functional Materials, 2021, 31(22): 2100136.

[13]   ZHANG H. Ultrathin two-dimensional nanomaterials [J]. ACS Nano, 2015, 9(10): 9451-9469.

[14]   NOVOSELOV K S, GEIM A K, MOROZOV S V, et al. Electric field effect in atomically thin carbon films [J]. Science, 2004, 306(5696): 666-669.

[15]   JARIWALA D, SANGWAN V K, LAUHON L J, et al. Emerging device applications for semiconducting two-dimensional transition metal dichalcogenides [J]. ACS Nano, 2014, 8(2): 1102-1120.

[16]   FANG C, WANG H, LI D. Recent progress in two-dimensional Ruddlesden-Popper perovskite based heterostructures [J]. 2D Materials, 2021, 8: 022006.

[17]   TAN C, CAO X, WU X, et al. Recent advances in ultrathin two-dimensional

nanomaterials [J]. Chemical Reviews, 2017, 117(9): 6225-6331.

[18] XIA F, WANG H, XIAO D, et al. Two-dimensional material nanophotonics [J]. Nature Photonics, 2014, 8: 899-907.

[19] NOVOSELOV K S, MISHCHENKO A, CARVALHO A, et al. 2D materials and van der Waals heterostructures [J]. Science, 2016, 353(6298): aac9439.

[20] SOLDANO C, MAHMOOD A, DUJARDIN E. Production, properties and potential of graphene [J]. Carbon, 2010, 48 (8): 2127-2150.

[21] KELLY B T. Physics of graphite [M]. London: Applied Science Publishers, 1981.

[22] BOLOTIN K I, SIKES K J, HONE J, et al. Temperature-dependent transport in suspended graphene [J]. Physical Review Letters, 2008, 101(9): 096802.

[23] LEE C, WEI X, KYSAR J W, et al. Measurement of the elastic properties and intrinsic strength of monolayer graphene [J]. Science, 2008, 321(5887): 385-388.

[24] LI Z Q, HENRIKSEN E A, JIANG Z, et al. Dirac charge dynamics in graphene by infrared spectroscopy [J]. Nature Physics, 2008, 4: 532-535.

[25] BRIDGMAN P W. Two new modifications of phosphorus [J]. Journal of the American Chemical Society, 1914, 36(7): 1344-1363.

[26] LIU H, NEAL A T, ZHU Z Z, et al. Phosphorene: an unexplored 2D semiconductor with a high hole mobility [J]. ACS nano, 2014, 8(4): 4033-4041.

[27] LI L, YU Y, YE G J, et al. Black phosphorus field-effect transistors 2014 [J]. Nature Nanotechnology, 2014, 9(5): 372-377.

[28] ALIDOUST M, HALTERMAN K, PAN D, et al. Strain-engineered widely tunable perfect absorption angle in black phosphorus from first principles [J]. Physical Review B, 2020, 102(11): 11530.

[29] QIAO J, KONG X, HU Z X, et al. High-mobility transport anisotropy and linear dichroism in few-layer black phosphorus [J]. Nature Communications, 2014, 5: 4475.

[30] TAHIR M B, FATIMA N, FATIMA U, et al. A review on the 2D black phosphorus materials for energy applications [J]. Inorganic Chemistry Communications, 2021, 124: 108242.

[31]　MORENO M M, POLIN G L, GOMEZ A C, et al. Environmental effects in mechanical properties of few-layer black phosphorus [J]. 2D Materials, 2016, 3(3): 031007.

[32]　MANZELI S, OVCHINNIKOV D, PASQUIER D, et al. 2D transition metal dichalcogenides [J]. Nature Reviews Materials, 2017, 2:17033.

[33]　VOIRY D, MOHITE A, CHHOWALLA M. Phase engineering of transition metal dichalcogenides [J]. Chemical Society Reviews, 2015, 44(9): 2702-2712.

[34]　WANG Q H, KALANTAR-ZADEH K, KIS A, et al. Electronics and optoelectronics of two-dimensional transition metal dichalcogenides [J]. Nature Nanotechnology, 2012, 7: 699-712.

[35]　MAK K F, SHAN J. Photonics and optoelectronics of 2D semiconductor transition metal dichalcogenides [J]. Nature Photonics, 2016, 10: 216-226.

[36]　SPLENDIANI A, SUN L, ZHANG Y, et al. Emerging photoluminescence in monolayer MoS_2 [J]. Nano Letters, 2010, 10(4): 1271-1275.

[37]　ZHENG L, WANG X, JIANG H, et al. Recent progress of flexible electronics by 2D transition metal dichalcogenides [J]. Nano Research, 2022, 15: 2413-2432.

[38]　WANG H, QIN G, YANG J, et al. First-principles study of electronic, optical and thermal transport properties of group III–VI monolayer MX (M = Ga, In; X = S, Se) [J]. Journal of Applied Physics, 2019, 125(24): 245104.

[39]　SORIFIFI S, MOUN M, KAUSHIK S, et al. High-temperature performance of a GaSe nanosheet-based broadband photodetector [J]. ACS Applied Electronic Materials, 2020, 2(3): 670-676.

[40]　WANG G, ZHANG Y, YOU C, et al. Two dimensional materials based photodetectors [J]. Infrared Physics & Technology, 2018, 88: 149-173.

[41]　MOURE C, PEÑA O. Recent advances in perovskites: processing and properties [J]. Progress in Solid State Chemistry, 2015, 43(4): 123-148.

[42]　LI C, LU X, DING W, et al. Formability of ABX_3 (X = F, Cl, Br, I) halide perovskites [J]. Acta Crystallographica Section B Structural Science, 2008, 64(6): 702-707.

[43]　MARSHALL K P, WALKER M, WALTON R I, et al. Enhanced stability and

efficiency in hole-transport-layer-free CsSnI$_3$ perovskite photovoltaics [J]. Nature Energy, 2016, 1: 16178.

[44] STRAUS D B, IOTOV N, GAU M R, et al. Longer cations increase energetic disorder in excitonic 2D hybrid perovskites [J]. Journal of Physical Chemistry Letters, 2019, 10(6): 1198-1205.

[45] WANG H, FANG C, LUO H, et al. Recent progress of the optoelectronic properties of 2D Ruddlesden-Popper perovskites [J]. Journal of Semiconductors, 2019, 40(4): 041901.

[46] YANG J H. YUAN Q, YAKOBSON B I. Chemical trends of electronic properties of two-dimensional halide perovskites and their potential applications for electronics and optoelectronics [J]. Journal of Physical Chemistry C, 2016, 120(43): 24682-24687.

[47] WANG J, SHEN H, LI W, et al. The role of chloride incorporation in lead-free 2D perovskite (BA)$_2$SnI$_4$: Morphology, photoluminescence, phase transition, and charge transport, and charge transport [J]. Advanced Science, 2019, 6(5): 1802019.

[48] FURCHI M, URICH A, POSPISCHIL A, et al. Microcavity-integrated graphene photodetector [J]. Nano Letters, 2012, 12(6): 2773-2777.

[49] KUFER D, KONSTANTATOS G. Highly sensitive, encapsulated MoS$_2$ photodetector with gate controllable gain and speed [J]. Nano Letters, 2015, 15(11): 7307-7313.

[50] HU P, WEN Z, WANG L, et al. Synthesis of few-layer GaSe nanosheets for high performance photodetectors [J]. ACS Nano, 2012, 6(7): 5988-5994.

[51] QIAN L, SUN Y, SUN M, et al. 2D perovskite microsheets for high-performance photodetectors [J]. Journal of Materials Chemistry C, 2019, 7(18): 5353-5358.

[52] HUANG M, WANG M, CHEN C, et al. Broadband black-phosphorus photodetectors with high responsivity [J]. Advanced Materials, 2016, 28(18): 3481-3485.

[53] ALLAIN A, KANG J, BANERJEE K, et al. Electrical contacts to two-dimensional semiconductors [J]. Nature materials, 2015, 14: 1195-1205.

[54] QIAO H, HUANG Z, REN X, et al. Self-powered photodetectors based on 2D materials [J]. Advanced optical Materials, 2020, 8(1): 1900765.

[55] YUAN J, ZHU R. A fully self-powered wearable monitoring system with systematically optimized flexible thermoelectric generator [J]. Applied Energy, 2020, 271: 115250.

[56] TYAGI D, WANG H, HUANG W, et al. Recent advances in two-dimensional materials based sensing technology towards health and environmental applications [J]. Nanoscale, 2020, 12(6): 3535-3559.

[57] ÖZÇELIK V O, AZADANI J G, YANG C, et al. Band alignment of two-dimensional semiconductors for designing heterostructures with momentum space matching [J]. Physical Review B, 2016, 94(3): 035125.

[58] ZHUO R, WANG Y, WU D, et al. High-performance self-powered deep ultraviolet photodetector based on MoS_2/GaN P-N heterojunction [J]. Journal of Materials Chemistry C, 2018, 6(2): 299-303.

[59] LIU Y, ZHANG Y, YANG Q, et al. Fundamental theories of piezotronics and piezo-phototronics [J]. Nano Energy, 2015, 14: 257-275.

[60] ZAN W, GENG W, LIU H, et al. Electric-field and strain-tunable electronic properties of MoS_2/h-BN/graphene vertical heterostructures [J]. Physical Chemistry Chemical Physics, 2016, 18(4): 3159-3164.

[61] GAO A, LIU E, LONG M, et al. Gate-tunable rectification inversion and photovoltaic detection in graphene/WSe_2 heterostructures [J]. Applied Physics Letters, 2016, 108(22): 223501.

[62] LONG M, LIU E, WANG P, et al. Broadband photovoltaic detectors based on an atomically thin heterostructure [J]. Nano Letters, 2016, 16(4): 2254-2259.

[63] HONG X, KIM J, SHI S F, et al. Ultrafast charge transfer in atomically thin MoS_2/WS_2 heterostructures [J]. Nature Nanotechnology, 2014, 9: 682-686.

[64] YANG S, WANG C, ATACA C, et al. Self-driven photodetector and ambipolar transistor in atomically thin GaTe/MoS_2 P-N vdW heterostructure [J]. ACS Applied Materials and Interfaces, 2016, 8(4): 2533-2539.

[65] WU W, ZHANG Q, ZHOU X, et al. Self-powered photovoltaic photodetector established on lateral monolayer MoS_2/WS_2 heterostructures [J]. Nano Energy,

2018, 51: 45-53.

[66] YAN Y, ABBAS G, LI F, et al. Self-driven high performance broadband photodetector based on SnSe/InSe van der Waals Heterojunction [J]. Advanced Materials Interfaces, 2022, 9(12): 2102068.

[67] BUSCEMA M, GROENENDIJK D J, STEELE G A, et al. Photovoltaic effect in few-layer black phosphorus PN junctions defined by local electrostatic gating [J]. Nature Communications, 2014, 5: 4651.

[68] HUO N, YANG J, HUANG L, et al. Tunable polarity behavior and self-driven photoswitching in P-WSe$_2$/N-WS$_2$ heterojunctions [J]. Small, 2015, 11(40): 5430-5438.

[69] LIN P, ZHU L, LI D, et al. Piezo-phototronic effect for enhanced flexible MoS$_2$/WSe$_2$ van der Waals photodiodes [J]. Advanced Functional Materials, 2018, 28(35): 1802849.

[70] BAI F, QI J, LI F, et al. A high-performance self-powered photodetector based on monolayer MoS$_2$/perovskite heterostructures [J]. 2018, 5(6): 1701275.

[71] CHU K, CHEN C H, SHEN S W, et al. A highly responsive hybrid photodetector based on all-inorganic 2D heterojunction consisting of Cs$_2$Pb (SCN)$_2$Br$_2$ and MoS$_2$ [J]. Chemical Engineering Journal, 2021, 422: 130112.

[72] FANG C, WANG H, SHEN Z, et al. High-performance photodetectors based on lead-free 2D Ruddlesden-Popper perovskite/MoS$_2$ heterostructures [J]. ACS Applied Materials & Interfaces, 2019, 11(8): 8419-8427.

[73] LIU B, LONG M, CAI M Q, et al. Interface engineering of CsPbI$_3$-black phosphorus van der Waals heterostructure [J]. Applied physics letters, 2018, 112(4): 043901.

[74] DING Y, YU Z, HE P, et al. High-performance photodetector based on InSe/Cs$_2$XI$_2$Cl$_2$ (X = Pb, Sn, and Ge) heterostructures [J]. Physical Review Applied, 2020, 13(6): 064053.

[75] ZHAO Y, LIU Z, NIE G, et al. Structural, electronic, and charge transfer features for two kinds of MoS$_2$/Cs$_2$PbI$_4$ interfaces with optoelectronic applicability: Insights from first-principles [J]. Applied Physics Letters, 2021, 118(17): 173104.

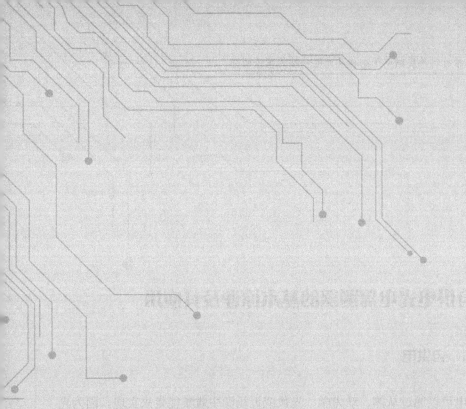

第 2 章

理论基础和计算工具

2.1 自供电光电探测器的基本原理及其应用

2.1.1 自供电

自供电可以通过从热、动力学、光伏或近场源中收集能量来实现。因为光伏的高功率，以及太阳能和人工光源无处不在的特点，所以将光能作为智能可穿戴设备的能量来源是最有前途的方式之一。光电探测器可将入射光或其他电磁辐射转换为电信号，其产生光电流的机制[1]主要有两种：一种是光跃迁对自由载流子的激发，包括光伏效应、光导效应和光化效应；另一种归因于热效应，包括光热电和热效应。

本书探讨的自供电光电探测器的机制主要依赖于半导体结中的光伏效应。光伏效应的核心就是利用内置电场快速分离光生载流子，从而提高光电探测器的光响应率和响应速度。光伏效应可以发生在碳材料、有机材料和半导体材料的混合结构中。当两种不同的二维材料构建形成异质结后，两种材料中载流子浓度的不同将会导致电子和空穴的相对运动，从而在异质结界面附近形成空间电荷区域（耗尽层），随后在空间电荷区域中形成一个内置电场。在光照条件下，异质结界面上的光生电子–空穴对会被内置电场进行定向分离，从而产生光电流[2]。由于内置电场的存在，这种类型的光电探测器可在零偏置或反向偏置下工作，因此可以获取较小的暗电流和良好的量子效率。在光照条件下，异质结中观察到的光生电流证明了光电探测器的自供电能力。需要注意的是，短路电压和开路电流也是光伏器件的两个重要参数，它们也可以用来评价光伏器件的自供电能力[3]。

2.1.2　光电探测器的分类

光电二极管和光电导体是光电探测器最常见的两种类型。

在光电二极管中，内置电场可通过金属和半导体之间的 P-N 结或肖特基结形成。由入射光激发产生的电子和空穴将流向由内置电位驱动的相对接触电极。响应速度由过量载流子的传输时间决定：

$$t = L^2 / \mu V_{\mathrm{bi}}$$

其中，L 为信道长度，μ 为载流子迁移率，V_{bi} 为内置电位。在光电二极管没有发生雪崩或载流子倍增效应时，其量子效率仅限于 100% 以内。

在光电导体中，外部偏置可将光产生的载流子偏移到相反的欧姆接触电极上，电子和空穴的分离导致光电流或光电压的产生。通常半导体带隙内的阱态或敏化中心可以捕获并定位一种载流子类型，其可以有效延长载流子寿命，导致单光子有多个载流子，与光电二极管相比具有极高的响应率[4]。

2.1.3　光电探测器的性能参数

通常使用光响应率（Photoresponsivity，R）、外部量子效率（EQE）、噪声等效功率（NEP）、比探测率（D^*）和响应速度（Response Speed）等参数来比较光电探测器的性能。

光响应率（R）即输出的光生电流或光生电压与入射光功率的比值，通常表示为

$$R = \frac{I_{\mathrm{on}} - I_{\mathrm{off}}}{P} \quad \text{或} \quad \frac{V_{\mathrm{on}} - V_{\mathrm{off}}}{P} \tag{2.1}$$

式（2.1）中，$I_{\mathrm{on}}(V_{\mathrm{on}})$ 表示光电流（光电压）；$I_{\mathrm{off}}(V_{\mathrm{off}})$ 表示暗电流（暗电压）；P 表示入射光功率。光响应率是表征探测器在给定的波长和光功率下光电流或光电压产生的能力。

外部量子效率（EQE）即在特定偏置和波长下收集的电子数与入射光子数的比值。一般来说，对于光电二极管，除非发生雪崩效应，否则 EQE 小于 100%。而对于光电导体，EQE 可能大于 100%。EQE 通常表示为

$$\mathrm{EQE} = \frac{(I_{\mathrm{on}} - I_{\mathrm{off}}) / e}{P / h\nu} = \frac{Rhc}{e\lambda} \tag{2.2}$$

式（2.2）中，e 为电子电荷；ν 为输入光的频率；λ 为入射光的波长；c 为光速。外部量子效率反映了光电探测器的灵敏度。

噪声等效功率（NEP）即对于 1 Hz 的集成带宽，在信噪比（SNR）为 1 时可以探测到的最小光照量，通常表示为

$$\mathrm{NEP} = \frac{i_{\mathrm{noise}}}{R} \tag{2.3}$$

式（2.3）中，i_{noise} 为噪声电流。噪声等效功率反映了光电探测器的最小可探测光信号。

比探测率（D^*）即探测率通常被归一化到设备面积（A）的平方根，以便能够直接比较不同设备的光探测性能，通常表示为

$$D^* = \frac{\sqrt{A}}{\mathrm{NEP}} = \frac{R\sqrt{A}}{i_{\mathrm{noise}}} \tag{2.4}$$

响应速度（Response Speed）即对于大多数系统，响应速度分别由光脉冲打开和关闭时的上升时间和下降时间来表示，上升时间（下降时间）被定义为从其峰值的 10% 上升到 90%（90% 衰减到 10%）所需的时间。响应速度反映了光电探测器以一定速率探测信号的能力。

2.1.4　光电探测器的应用

基于半导体材料（Si、HgCdTe 和金属氧化物薄膜等）的高性能光电探测器已广泛应用于地球观测、环境监测、目标识别和遥感等领域[5]。按照光响应范围，光电探测器主要分为 X 射线光电探测器、紫外光电探测器、可见光电探测器、红外光电探测器和太赫兹光电探测器。X 射线光电探测器可将 X 射线能量转换为电信号，最终转变为肉眼可见的图像信息，其已经在医疗设备、无损检测等领域得到了广泛的应用[6]。紫外线辐射对人们生产的发展和生活质量的改善有着深远的影响，如维生素 D 的合成和由过量紫外线辐射导致的皮肤癌。紫外光电探测器不仅可以进行环境监测，还可以进行火焰探测、地质探测、空间通信、化学和药物分析等[7]。可见光电探测器是指对可见光辐射敏感的传感器。红外光电探测器在日常应用及科学研究领域中具有重要意义[8]。太赫兹波在电磁波谱中处于由电子学向光子学过渡的区域。太赫兹光电探测器在生物医学诊断、安全成像、无线通信和遥感等方面得到了广泛的应用[9]。

传统的半导体本身具有不透明、厚度可伸缩性差和较高的制造成本等缺陷，这些制约了其在智能设备中的应用前景[10]。二维材料利用其非凡的光学、电子特性及大规模的可制造性为改善传统光电探测器的缺陷提供了一种可行的方案。二维材料制备的光电探测器、传感器和柔性电子产品为可弯曲和便携式设备的技术应用开辟了一个新的领域，在智能可穿戴健康监测器、电子皮肤传感器、柔性相机及物联网传感器等方面有极大的应用潜力。

2.2　计算的基本方法

2.2.1　密度泛函理论概述

从理论上理解不同材料的性质，需要了解形成它的原子、离子和电子的排列及分布，可通过求解 Schrödinger 方程得到的波函数来描述。因此，理解波函数代表什么及如何计算相关性质就变得极为重要。由于 Schrödinger 方程是一个极其复杂的微分方程，只能对有限体系进行精确求解，所以，应用合理的近似或其他方法来得到其较为精确的解就变得十分重要。早期，研究者分别用求近似解的变分方法、Hartree-Fock 定理、Thomas-Fermi 模型进行精确求解。目前，随着计算机技术和计算能力的提升，密度泛函理论已经成为最为流行的求解方法。

密度泛函理论（DFT）是一种研究多电子体系中电子结构的方法，其核心思想是用基态电子密度分布代替多体波函数来表示基态信息。DFT 是计算材料电子结构最常用的方法，这种方法的准确性和简易性使其在材料设计和性质研究中被广泛应用，从而开创了计算材料科学的新领域。

1. Schrödinger 方程

材料是由多个原子核和电子组成的，由于电子和原子核之间的质量差异较大，所以根据 Born-Oppenheimer 近似（绝热近似）[11]，在每个瞬间电子都处于与原子核特定结构相对应的基态位置，原子核对电子的作用可看作一个外部静止电势。一般情况下，一个与时间无关和非相对论性的 Schrödinger 方程[12]可以表示为

$$\widehat{H}\psi = E\psi \qquad (2.5)$$

其中，E 和 ψ 分别为本征值和波函数，多电子体系的哈密顿算符 $\widehat{H}$ 可表示为

$$\widehat{H} = \sum_i \frac{-\nabla_i^2}{2} + \sum_{i,I} \frac{-Z_I}{|r_i - R_I|} + \frac{1}{2} \sum_{i \neq j} \frac{1}{|r_i - r_j|} \qquad (2.6)$$

式中，I 在原子核上，i 和 j 在电子上。如果 E 是一个核结构 $\{R\} = \{R_1, R_2, \cdots, R_N\}$，那么原子核对应的势能为

$$\Phi(\{R\}) = E + \frac{1}{2} \sum_{I \neq J} \frac{Z_I Z_J}{|R_I - R_J|} \qquad (2.7)$$

如果核动力学可以用经典的方法来处理，那么等式中的 Φ 只是一个经典的原子间势。现在主要的问题是如何计算 E，可重新把式（2.5）定义为一个变分问题：

$$E = \min_\psi \langle \psi | \widehat{H} | \psi \rangle \qquad (2.8)$$

式中的期望值是通过一个归一化的电子波函数（$\psi(\{r\}) = \psi(r_i, r_2, \cdots, r_n)$）来达到最小化的。它是一个多电子波函数，其取决于所有 n 个电子的坐标。在数值方法中，可以在一个由 M 个点组成的统一空间网格上给每个电子坐标一个离散的表示。求解式（2.8）就会得到 M^n 个基态电子波函数，其与 M^n 个电子构型相对应。因此计算成本随体系的增大呈指数级增长，这是无法承受的。

2. Thomas-Fermi 模型

1927 年，Thomas 和 Fermi 就意识到用统计方法可以近似原子中电子的分布[13,14]。根据 Thomas-Fermi 模型，电子的总动能（T_{TF}）为

$$T_{TF}[\rho] = C_F \int \rho^{5/3}(r)\mathrm{d}r \qquad (2.9)$$

其中，$C_F = \frac{3}{10}(3\pi^2)^{2/3} = 2.817$，被积函数 $\rho(r)$ 是一个不确定的函数，所以 $T_{TF}[\rho]$ 是一个函数。对于多电子系统，不考虑原子间的交换能时，电子的总能量（E_{TF}）为

$$E_{TF}[\rho(r)] = C_F \int \rho^{5/3}(r)\mathrm{d}r - Z \int \frac{\rho(r)}{r}\mathrm{d}r + \frac{1}{2} \iint \frac{\rho(r_1)\rho(r_2)}{|r_1 - r_2|}\mathrm{d}r_1\mathrm{d}r_2 \qquad (2.10)$$

式（2.10）需要在等效周期条件下求解，等效周期条件可表示为

$$N = N[\rho(r)] = \int [\rho(r)]\mathrm{d}r \qquad (2.11)$$

Thomas-Fermi 模型忽略了原子间的交换能，导致其计算精度较低，但 Thomas-Fermi 方法为 DFT 开辟了一条新的途径。

3. Hohenberg-Kohn 定理

1964 年，Hohenberg 和 Kohn 基于非均匀电子气体理论提出一个外部势 $V(r)$ 中的多电子系统，系统的能量是电子密度分布函数 $\rho(r)$ 的泛函，基态是最小值[15]。

$$E_V[\rho] = T[\rho] + V_{ne}[\rho] + V_{ee}[\rho] = \int \rho(r)V(r)\mathrm{d}r + F_{HK}[\rho] \tag{2.12}$$

其中

$$F_{HK}[\rho] = T[\rho] + V_{ee}[\rho] \tag{2.13}$$

$$V_{ee}[\rho] = J[\rho] + \text{Non-classic-item} \tag{2.14}$$

$$J[\rho] = \frac{1}{2}\iint \frac{\rho(r_1)\rho(r_2)}{r_{12}}\mathrm{d}r_1\mathrm{d}r_2 \tag{2.15}$$

式中，$J[\rho]$ 是经典的电子排斥能；V_{ne} 是原子核与电子之间的势能；V_{ee} 是电子与电子之间的势能。

Hohenberg-Kohn 定理是关于 $E_V[\rho(r)]$ 的变分原理。假设 $E_V[\rho(r)]$ 是可微的，在粒子数守恒的条件下，函数 $E_V[\rho]$ 的极值可表示为

$$\delta J = \delta\{E_V[\rho] - \mu[\int \rho(r)\mathrm{d}r - N]\} = 0 \tag{2.16}$$

$$\mu = \frac{\delta E_V[\rho]}{\delta\rho} \tag{2.17}$$

将式（2.12）代入式（2.17）可得

$$\mu = \frac{\delta E_V[\rho]}{\delta\rho} = V(r) + \frac{\delta F_{HK}}{\delta\rho} \tag{2.18}$$

式（2.18）就是 $E_V[\rho]$ 的欧拉-拉格朗日方程。其中，F_{HK} 是独立于外部势 $V(r)$ 的，它是 $\rho(r)$ 的通用函数。如果能找到它的近似形式，欧拉-拉格朗日方程就能适用于任何系统。

尽管 Hohenberg-Kohn 定理清楚地指出系统的总能量可以通过求解基态电子密度分布函数得到，但它并没有表明如何确定电子密度分布函数 $\rho(r)$ 和动能泛函 $T\rho(r)$。

4. Kohn-Sham 方程

Kohn 和 Sham 在 1965 年提出，一个多粒子系统的电子密度函数可以通过一个简单的单粒子波动方程得到[16]。系统的电子密度函数 $\rho(r)$ 为

$$\rho(r) = \sum_{i=1}^{N} |\psi_i(r)|^2 \tag{2.19}$$

而 Kohn-Sham 方程可以写为

$$[-\nabla^2 + V_{\mathrm{KS}}[\rho(r)]]\psi_i(r) = E_i\psi_i(r) \tag{2.20}$$

$$V_{\mathrm{KS}} = V(r) + \int \frac{\rho'(r')}{|r-r'|}\mathrm{d}r' + \frac{\delta E_{\mathrm{XC}}[\rho'(r')]}{\delta\rho(r)} \tag{2.21}$$

这样多电子体系的基态本征值问题就转化为单电子问题，通过迭代方法就可以得到 Kohn-Sham 方程的自洽解。在理论上，已经建立了精确的 DFT 形式并能够得到较为精确的基态密度和能量。然而，直接根据密度来实现 DFT 需要动力学和交换交联能量泛函的近似，求解 Kohn-Sham 方程只需要近似地交换关系能量。随着这些近似越来越精确，Kohn-Sham 方程应该会有更好的结果。最早，Kohn-Sham 方程主要通过使用局部密度近似（LDA）的交换关联能量来求解[17]。因此，自 DFT 成立以来，Kohn-Sham 方程一直是材料设计和电子结构计算的支柱。

5. 交换关联能量泛函

交换关联能量泛函 $E_{\mathrm{XC}}[\rho]$ 是密度泛函理论的难点所在，到目前为止，还没有关于 $E_{\mathrm{XC}}[\rho]$ 的准确表达。下面就发展起来的各种近似方法进行简单阐述。

Kohn 和 Sham 在 1965 年提出局部密度近似（LDA），基于 LDA 的交换关联能量可表示为

$$E_{\mathrm{XC}}^{\mathrm{LDA}}[\rho] = \int \rho(r)\varepsilon_{\mathrm{XC}}[\rho(r)]\mathrm{d}r \tag{2.22}$$

其中，$\varepsilon_{\mathrm{XC}}[\rho(r)]$ 为密度均匀的电子气体中每个粒子的交换关联能量。

在 LDA 的基础上考虑电子的自旋态，可计算出其交换关联能量，其可表示为

$$E_{\mathrm{XC}}[\rho] = \int \{\rho_\uparrow(r) + \rho_\downarrow(r)\}\varepsilon_{\mathrm{XC}}\{\rho_\uparrow(r), \rho_\downarrow(r)\}\mathrm{d}r \tag{2.23}$$

式中，$\rho_\uparrow(r)$ 和 $\rho_\downarrow(r)$ 分别为自旋向上和自旋向下的电子密度；$\varepsilon_{\mathrm{XC}}\{\rho_\uparrow(r), \rho_\downarrow(r)\}$ 为自旋极化存在下均匀电子气体中单电子的交换关联能量。

基于 LDA，1986 年 Perdew 和 Wang 提出交换关联能量泛函可以表示为电荷密度和梯度的函数[18]：

$$E_{\mathrm{XC}}[\rho] = \int \rho(r)\varepsilon_{\mathrm{XC}}(\rho(r))\mathrm{d}r + E_{\mathrm{XC}}^{\mathrm{GGA}}(\rho(r), \nabla\rho(r)) \tag{2.24}$$

基于这个理论，许多泛函如 PBE、RPBE 和 PW91 已经在 GGA 的框架下被开发出来。

1996 年，Perdew、Burke 和 Ernzerhof (PBE)[19]通过执行选定的理论约束，获得了一个交换 GGA 和一个关联 GGA。其中包括总交换关联能量的 Lieb-Oxford 界[20]：

$$|E_{XC}| \leqslant 2.28 |E_X^{LDA}| \tag{2.25}$$

PBE 用 B86[21]的函数形式处理了交换关联能量泛函，从而得到

$$f_X^{PBE}(s) = 1 + 0.804 - \frac{0.804}{1 + 0.21951s^2/0.804} \tag{2.26}$$

其中，B86 中的参数符合原子数据；而 PBE 符合 UEG 的线性响应和 Lieb-Oxford 界。原子交换能量可以被高精度地计算出来，而量原子关联能在 Ar 原子之前是准确的，具有合理的精度[22]。

1993 年，Becke[23]观察到GGA虽然显著降低了LDA的大量过度结合趋势，但仍表现出较小的过度结合趋势。因此，进行了如下替换：

$$E_{XC}^{B3PW91} = E_{XC}^{LDA} + a(E_X^{exact} - E_X^{LDA}) + b\Delta E_X^{B88} + c\Delta E_C^{PW91} \tag{2.27}$$
$$a = 0.20, \quad b = 0.72, \quad c = 0.81$$

式中保留了均匀电子气的极限，但减少了 B88[24]的梯度校正 ΔE_X^{B88} 和 PW91[25]梯度校正 ΔE_C^{PW91} 的数量，因为精确交换的替代降低了它们的重要性。a、b、c 三个参数均符合原子化能量数据，以满足它的三个拟合参数，这个函数被称为 B3PW91。

Frisch[26]用 LYP[27]相关的密度泛函近似替代式（2.27）中的 PW91，重新设计的函数采用了三个相同的参数，被称为 B3LYP。Perdew、Ernzerhof 和 Burke[28]认为，25%的精确交换比 B3PW91 中 20%的精确交换更可取。结合 PBE 交换关联 GGA 和固定 $b=0.75$ 及 $c=1$，相应的泛函称为 PBE0[29]。这些泛函被称为"混合"泛函，原因在于它们混合了 GGA 交换和显著的非局域精确交换。在过去数十年里，杂化一直是计算材料、物理和化学中最流行的交换关联近似之一。

6. 范德瓦尔斯密度泛函

范德瓦尔斯引（vdW）力是一种量子力学现象，在某一点上的 vdW 力依赖于另一个区域的电荷波动，是一个真正的非局部相关效应。准确计算 vdW 力相互作用的方法对于理解稀疏物质至关重要[30]。精确的密度泛函应该包含 vdW 力。虽然 LDA 和 GGA 对致密物质的使用相当成功，但它们分别依赖于局域方式和半局域方式的密度，并没有考虑到完全非局部的 vdW 力相互作用。

针对碎片间的渐进相互作用，研究者们提出在 DFT 中处理 vdW 力的第一性原理方法[31]，最终演化为任意几何结构的范德瓦尔斯密度泛函（vdW-DF）[32]。尽管 vdW-DF 比其他非经验方法更好地描述了系统的弥散，但它高估了平衡分离，低估了氢键强度[33-34]。此后，研究者们提出第二个版本的范德瓦尔斯密度泛函（vdW-DF2），其使用了更为精确的半局部交换函数 PW86 和 n 较大的渐近线梯度修正来确定 vdW 核。在中间分离期长于平衡期的情况下，vdW-DF2 可以显著改善平衡分离、氢键强度和 vdW 吸引力[30]。

相关能量的长程部分 $E_C^{nl}[n]$ 是 vdW-DF 和 vdW-DF2 方法的关键所在，n 是密度的完全非局域泛函。vdW-DF 和 vdW-DF2 中相关能量的非局部分可以表示为

$$E_C^{nl}[n] = \int d^3 r \int d^3 r' n(r) \phi(r,r') n(r') dr \tag{2.28}$$

vdW-DF2 是在 vdW-DF 的基础上，通过简单修改代码实现的。它可以显著改善非共价结合配合物之间的平衡间隔及结合能，特别是当氢键起作用时。目前，vdW-DF2 方法在凝聚态物理、材料物理、化学物理等领域有着广泛的应用。

随着近似 DFT 方法的发展，精确地模拟物理和化学上非常重要的伦敦色散相互作用成为一个非常活跃的研究领域。新的 DFT-D3 方法提供了一个更加清楚和在物理上更可靠的中程和长程效应的分离。

DFT-D3 的总能量[35]可表示为

$$E_{\text{DFT-D3}} = E_{\text{KS-DFT}} - E_{\text{disp}} \tag{2.29}$$

式中，$E_{\text{KS-DFT}}$ 表示所选 DFT 的自洽 Kohn-Sham 能量；E_{disp} 是二体和三体能量之和的色散校正。$E_{\text{disp}} = E^{(2)} + E^{(3)}$，最重要的二体 $E^{(2)}$ 可表示为

$$E^{(2)} = \sum_{\text{AB}} \sum_{n=6,8,10,\cdots} s_n \frac{C_n^{\text{AB}}}{r_{\text{AB}}^n} f_{d,n}(r_{\text{AB}}) \tag{2.30}$$

$$f_{d,n}(r_{\text{AB}}) = \frac{1}{1 + 6(r_{\text{AB}}/(S_{r,n} R_o^{\text{AB}}))^{-\alpha_n}} \tag{2.31}$$

式中，C_n^{AB} 表示原子对 AB 平均（各向同性）的 n 阶色散系数（$n=6,8,10,\cdots$）；r_{AB} 是它们的核间距离。全局缩放因子 s_n 只对 $n>6$ 进行调整，以确保当 C_6^{AB} 精确时实现渐近精确度。$s_{r,n}$ 是截止半径 R_0^{AB} 顺序依赖的比例因子，色散系数可以通过已知递归关系的 TD-DFT 进行从头计算。

高阶系数可以根据以下公式进行递归计算：

$$C_6^{AB} = \frac{3}{\pi} \int_0^\infty \alpha^A(i\omega)\alpha^B(i\omega)\mathrm{d}\omega \tag{2.32}$$

$$C_8^{AB} = 3C_6^{AB}\sqrt{Q^A Q^B} \tag{2.33}$$

$$C_{10}^{AB} = \frac{49}{40}\frac{(C_8^{AB})^2}{C_6^{AB}} \tag{2.34}$$

$$C_{n+4} = C_{n-2}\left(\frac{C_{n+2}}{C_n}\right)^3, \quad Q^A = s_{42}\sqrt{Z^A}\frac{\langle r^4\rangle^A}{\langle r^2\rangle^A} \tag{2.35}$$

三个基态原子之间相互作用的长程部分并不完全等于成对得到的相互作用能，三体系能量 E^{ABC} 可以写为

$$E^{ABC} = \frac{C_9^{ABC}(3\cos\theta_a\cos\theta_b\cos\theta_c + 1)}{(r_{AB}r_{BC}r_{CA})^3} \tag{2.36}$$

其中，θ_a、θ_b 和 θ_c 分别为 r_{AB}、r_{BC} 和 r_{CA} 组成三角形的内角，三偶极子常数 C_9^{ABC} 可以被定义为

$$C_9^{ABC} = \frac{3}{\pi}\int_0^\infty \alpha^A(i\omega)\alpha^B(i\omega)\alpha^C(i\omega)\mathrm{d}\omega \tag{2.37}$$

因为三体总的贡献通常是 E_{disp} 的 5%～10%，所以用一个几何平均值来近似它的系数似乎是合理的，$C_9^{ABC} \approx -\sqrt{C_6^{AB}C_6^{AC}C_6^{BC}}$。最终，三体 $E^{(3)}$ 可表示为

$$E^{(3)} = \sum_{ABC} f_{d,(3)}(\bar{r}_{ABC})E^{ABC} \tag{2.38}$$

2.2.2　分子动力学概述

1. 经典的波恩-奥本海默分子动力学

经典分子动力学[40]假设电子在基态，忽略了电子的自由度，并用经验公式近似相互作用。分子动力学的模拟可以通过对经典运动方程的数值逐步积分来实现，对于原子系统，原子核的运动可用拉格朗日方程描述：

$$L = \frac{1}{2}\sum_i m_i\dot{r}_i^2 - U(r) \tag{2.39}$$

$$f_i = \frac{\mathrm{d}L}{\mathrm{d}r} = -\frac{\mathrm{d}U(r)}{\mathrm{d}r} \tag{2.40}$$

式中，$U(r)$ 为表面势能。在经典分子动力学中，$U(r)$ 是一个具有拟合参数的经验公式，而在量子分子动力学中，$U(r)$ 是具有基态电子波函数 ψ_0 的势能：

$$U = \langle \psi_0 | H | \psi_0 \rangle \tag{2.41}$$

式中，H 是系统的哈密顿量，作用力可根据赫尔曼-费曼定理计算：

$$f_i = \left\langle \psi_0 \left| \frac{\partial H}{\partial r_i} \right| \psi_0 \right\rangle \tag{2.42}$$

因为没有与环境的交互项，式（2.39）的基本形式通常用微正则系综采样。类似于 Nose-Hoover 恒温（调节）器，拉格朗日方程被修正为

$$L = \frac{1}{2}\sum_i m_i s^2 \dot{r}_i^2 - U(r) + \frac{1}{2}Q\dot{s}^2 - gk_{\mathrm{B}}T\ln(s) \tag{2.43}$$

式中的，s 表示扩展变量，Q 表示有效质量项，g 控制耦合强度。利用在系统达到平衡时模拟产生的轨迹，可以用统计力学理论计算出系统的各种性质。

2. 非绝热分子动力学

当系统中存在激发态电子时，绝热近似将会失效，分子动力学可以使用激发态力来模拟。采用的具体方法为表面跳跃[41]，电子动力学可用含时薛定谔方程描述：

$$i\hbar\frac{\partial \psi(r,R,t)}{\partial t} = H(r,R,t)\psi(r,R,t) \tag{2.44}$$

式中，r 和 R 分别表示电子和原子核的坐标；H 表示电子的哈密顿量；ψ 表示电子的波函数，其通常用 H 的本征态表示：

$$\psi(r,R,t) = \sum_i c_i(t)\Phi_i(r|R) \tag{2.45}$$

那么，式（2.44）可写为展开系数 $c_i(t)$ 的一组方程：

$$i\hbar\frac{\partial}{\partial t}c_i(t) = \sum_j (\varepsilon_i\delta_{ij} + d_{ij})c_j(t) \tag{2.46}$$

式中，ε_i 表示 Φ_i 的特征能；d_{ij} 表示 Φ_i 和 Φ_j 之间的非绝热耦合（NAC），其可表示为

$$d_{ij} = -i\hbar\left\langle \Phi_i \left| \frac{\partial}{\partial t} \right| \Phi_j \right\rangle = -i\hbar\langle \Phi_i | \nabla_R | \Phi_j \rangle \dot{R} \tag{2.47}$$

当在特定的绝热势面 i 和 j 之间发生跳跃时，原子的速度沿着非绝热耦合矢量 $<\Phi_i|\nabla_R|\Phi_j>$ 进行重新调整。为了对跳跃过程进行建模，学者们提出了不同的表面跳跃方案。其中，最小开关表面跳跃（FSSH）方法给出了在给定时间内的跳

跃概率：

$$P_{i \to j}(t, \mathrm{d}t) = \int_t^{t+\mathrm{d}t} \frac{2}{\left\| c_i(t) \right\|^2} \mathrm{Re}[(\frac{i(d_{ij})}{\hbar}) c_i^*(t) c_j(t)] \mathrm{d}t \qquad (2.48)$$

在退相干诱导的表面跳变（DISH）中，跳跃是从泊松过程中抽取的，平均等待时间为绝热状态 i 和 j 之间的退相干时间 τ_{ij}。

2.2.3　有效质量和光吸收系数

载流子的迁移率 ν 可以通过电子和空穴的有效质量来间接评估，评估公式[42]为

$$\nu = \frac{h\boldsymbol{k}}{2\pi m^*} \qquad (2.49)$$

$$m^* = \pm(h/2\pi)^2 (\mathrm{d}^2 E / \mathrm{d}k^2)^{-2} \qquad (2.50)$$

式中，m^* 表示有效质量，h 表示普朗克常数，$\boldsymbol{k}$ 和 E 分别表示波矢量及能量；ν 表示载流子的迁移率。

体系的吸收光谱可通过与频率相关的介电函数 $\varepsilon(\omega)$（$\varepsilon(\omega) = \varepsilon_1(\omega) + \mathrm{i}\varepsilon_2(\omega)$）来表征，而吸收系数 $\alpha(\omega)$ 可由下式[43]得到：

$$\alpha(\omega) = \frac{\sqrt{2}\omega}{c} [\sqrt{\varepsilon_1(\omega)^2 + \varepsilon_2(\omega)^2} - \varepsilon_1(\omega)]^{1/2} \qquad (2.51)$$

式中，$\varepsilon_1(\omega)$ 和 $\varepsilon_2(\omega)$ 分别表示介电函数的实部和虚部，ω 表示光频率。$\varepsilon_1(\omega)$ 可以通过 Kramers–Kronig 变换从 $\varepsilon_2(\omega)$ 推导得出，而 $\varepsilon_2(\omega)$ 可以通过以下公式[44]得到：

$$\varepsilon_2(\omega) = \frac{4\pi^2 \mathrm{e}^2}{\Omega} \lim_{q \to 0} \frac{1}{q^2} \sum_{\mathrm{c \cdot v \cdot} K} 2\omega_k \delta(E_{\mathrm{c}K} - E_{\mathrm{v}K} - \omega)$$
$$\left\langle \mu_{\mathrm{c}K} + \boldsymbol{e}_{\alpha q} \middle| \mu_{\mathrm{v}K} \mu_{\mathrm{c}K} + \boldsymbol{e}_{\beta q} \middle| \mu_{\mathrm{v}K} \right\rangle^* \qquad (2.52)$$

式中，Ω 表示原胞的体积，q 表示电子动量算符，ω_K 表示 K 点的权重；c 和 ν 分别表示导带态和价带态；$E_{\mathrm{c}K}(E_{\mathrm{v}K})$ 和 $U_{\mathrm{c}K}(U_{\mathrm{v}K})$ 分别表示在 K 点对应的本征值和波函数；$\boldsymbol{e}_{\alpha q}$ 和 $\boldsymbol{e}_{\beta q}$ 表示三个笛卡儿方向的单位向量。

2.3 计算软件简介

使用 DFT 计算材料的电子结构、声子谱和非线性光学谱等的计算机程序现在已经变得越来越流行和复杂，以至于在某种程度上几乎出现了"工业化"的趋势。DFT 软件包主要基于局部原子轨道和平面波等方法来描述电子云，现在主流的第一性原理软件包括 Materials Studio、Vienna Ab Initio Simulation Package（VASP）、Wien2k、Quantum Espresso、Abinit 和 Siesta 等。本书主要用到的计算软件为 VASP 和基于 VASP 的 Hefei-NAMD 程序包。

2.3.1 VASP 软件

VASP 使用了一个针对 Kohn-Sham 轨道的平面波基组[45]，为减小基组的大小，采用了赝势方法的扩展，即投影缀加平面波方法（PAW）[46]。利用快速傅里叶变换（FFT）有效地对角化了 Kohn-Sham 哈密顿量。此外，每个原子的优化赝势可以从扩展程序包中获取。VASP 可以研究多种体系，包括金属及其氧化物，以及半导体、晶体、掺杂体系、纳米材料、分子、团簇、表面体系和界面体系等。

程序中需要的输入文件包括 POSCAR、POTCAR、KPOINTS 和 INCAR，它们分别对应晶胞基矢和原子类型及坐标、赝势、k 点网格和数值近似 [截止能/基组、收敛阈值及密度泛函（LDA 或 GGA）等]。VASP 可以计算材料的结构参数、状态方程、力学性质、电子结构、光学性质、磁学性质、晶格动力学性质、表面体系的模拟、从头分子动力学模拟、激发态（GW 准粒子修正）、电子-声子耦合和 X 射线吸收光谱（XAS）等。

2.3.2 Hefei-NAMD 软件

Hefei-NAMD 是中国科学技术大学赵瑾课题组开发的含时分子动力学（NAMD）程序包[47]，其主要在经典路径近似的含时密度泛函理论（TD-DFT）中使用了最少面跳跃方法。较慢和较重的原子核被半经典地处理，而较快和较轻的电子则保持了它们的量子特性。

该程序主要包括五个计算流程：构建研究体系的超胞单元，并在 0 K 温度条件下进行几何结构优化；利用优化结构进行从头算分子动力学；提取合适的分子动力学轨迹进行 SCF 计算，并获取波函数；利用波函数计算非绝热耦合；执行 Hefei-NAMD 程序包和分析结果。该程序可以研究不同凝聚体系中的非辐射激发载流子动力学，如界面电荷转移动力学、e-h 复合动力学和激发自旋极化等。最先进的 NAMD 研究为理解在原子尺度上不同凝聚态系统中激发态载流子的超快动力学提供了独特的见解[48]。

本章参考文献

[1] LONG M, WANG P, FANG H, et al. Progress, challenges, and opportunities for 2D material based photodetectors [J]. Advanced Functional Material, 2019, 29(19): 1803807.

[2] SU L, YANG W, CAI J, et al. Self-powered ultraviolet photodetectors driven by built-in electric field [J]. Small, 2017, 13(45): 1701687.

[3] JIANG J, WEN Y, WANG H, et al. Recent advances in 2D materials for photodetectors [J]. Advanced Electronic Materials, 2021, 7(7): 2001125.

[4] KUFER D, KONSTANTATOS G. Photo-FETs: Phototransistors enabled by 2D and 0D nanomaterials [J]. ACS Photonics, 2016, 3(12): 2197.

[5] YAN F, WEI Z, WEI X, et al. Toward high-performance photodetectors based on 2D materials: Strategy on methods [J]. Small Methods, 2018, 2(5): 1700349.

[6] LU L, SUN M, WU T, et al. All-inorganic perovskite nanocrystals: Next-generation scintillation materials for high-resolution X-ray imaging [J]. Nanoscale Advances, 2022, 4: 680-696.

[7] CHEN H Y, LIU K W, HU L F, et al. New concept ultraviolet photodetectors [J]. Materials Today, 2015, 18(9): 493.

[8] GUAN X, YU X, PERIYANAGOUNDER D, et al. Recent progress in short-to long-wave infrared photodetection using 2D materials and heterostructures [J]. Advanced Optical Materials, 2021, 9(4): 2001708.

[9]   WANG Z, QIAO J, ZHAO S, et al. Recent progress in terahertz modulation using photonic structures based on two-dimensional materials [J]. InfoMat, 2021, 3(10): 1110-1133.

[10]   NOMURA K, OHTA H, TAKAGI A, et al. Room-temperature fabrication of transparent flexible thin-film transistors using amorphous oxide semiconductors [J]. Nature, 2004, 432: 488-492.

[11]   BORN M, OPPENHEIMER J R. On the quantum theory of molecules [J]. Annalen der Physik, 1927, 84: 45.

[12]   EISBERG R, RESNICK R. Quantum physics of atoms, molecules, solids, nuclei and particles [M]. 2nd Edition, 2006.

[13]   THOMAS L H. The calculation of atomic fields [J]. Mathematical Proceedings of the Cambridge Philosophical Society, 1927, 23(5): 542-548.

[14]   FERMI E. Un metodo statistico per la determinazione di alcune priorieta dell'atome [J]. Rend Accad Lince, 1927, 6: 602.

[15]   HOHENBERG P, KOHN W. Inhomogeneous electron gas [J]. Physical Review, 1964, 136(3B): B864-B871.

[16]   KOHN W, SHAM L J. Self-consistent equations including exchange and correlation effects [J]. Physical Review, 1965, 140(4A): A1133-A1138.

[17]   TONG B Y. Kohn-Sham self-consistent calculation of the structure of metallic sodium [J]. Physical Review B, 1972, 6(4): 1189-1194.

[18]   PERDEW J P, WANG Y. Accurate and simple density functional for the electronic exchange energy: Generalized gradient approximation [J]. Physical Review B, 1986, 33(12): 8800-8802.

[19]   PERDEW J P, BURKE K, ERNZERHOF M. Generalized gradient approximation made simple [J]. Physical Review Letters, 1996, 77(18): 3865-3868.

[20]   LIEB E H, OXFORD S. Improved lower bound on the indirect Coulomb energy [J]. International Journal of Quantum Chemistry, 1981, 19(3): 427-439.

[21]   BECKE A D. Density functional calculations of molecular bond energies [J]. Journal of Chemical Physics, 1986, 84: 4524.

[22]   MCCARTHY S P, THAKKAR A J. Accurate all-electron correlation energies for the closed-shell atoms from Ar to Rn and their relationship to the

corresponding MP2 correlation energies [J]. Journal of Chemical Physics, 2011, 134(4): 044102.

[23]　BECKE A D. Density-functional thermochemistry. III. The role of exact exchange [J]. Journal of Chemical Physics, 1993, 98(7): 5648-5652.

[24]　BECKE A D. Density-functional exchange-energy approximation with correct asymptotic behavior [J]. Physical review A, 1988, 38(6): 3098-3100.

[25]　PERDEW J P, WANG Y. Accurate and simple analytic representation of the electron-gas correlation energy [J]. Physical review B, 1992, 45(23): 13244-13249.

[26]　STEPHENS P J, DEVLIN F J, CHABALOWSKI C F, et al. Ab Initio calculation of vibrational absorption and circular dichroism spectra using density functional force fields [J]. Journal of Physical Chemistry, 1994, 98(45): 11623-11627.

[27]　LEE C, YANG W, PARR R G. Development of the Colle-Salvetti correlation-energy formula into a functional of the electron density [J]. Physical Review B, 1988, 37(2): 785-789.

[28]　PERDEW J P, ERNZERHOF M, BURKE K. Rationale for mixing exact exchange with density functional approximations [J]. Journal of Chemical Physics, 1996, 105(22): 9982-9985.

[29]　ADAMO C, BARONE V. Toward reliable density functional methods without adjustable parameters: The PBE0 model [J]. Journal of Chemical Physics, 1999, 110(13): 6158-6170.

[30]　LEE K, MURRAY É D, KONG L, et al. Higher-accuracy van der Waals density functional [J]. Physical Review B, 2010, 82(8): 081101(R).

[31]　ANDERSSON Y, LANGRETH D C, LUNDQVIST B I. Van der Waals interactions in density-functional theory [J]. Physical Review Letters, 1996, 76(1): 102-105.

[32]　THONHAUSER T, COOPER V R, LI S, et al. Van der Waals density functional: Self-consistent potential and the nature of the van der Waals bond [J]. Physical Review B, 2007, 76(12): 125112.

[33]　CHAKAROVA-KÄCK S D, SCHRÖDER E, LUNDQVIST B I, et al.

Application of van der Waals density functional to an extended system: Adsorption of benzene and naphthalene on graphite [J]. Physical Review Letters, 2006, 96(14): 146107.

[34] GULANS A, PUSKA M J, NIEMINEN R M. Linear-scaling self-consistent implementation of the van der Waals density functional [J]. Physical Review B, 2009, 79(20): 201105(R).

[35] GRIMME S, ANTONY J, EHRLICH S, et al. A consistent and accurate ab initio parametrization of density functional dispersion correction (DFT-D) for the 94 elements H-Pu [J]. Journal of Chemical Physics, 2010, 132: 154104.

[36] CASIMIR H, POLDER D. The influence of retardation on the London-van der Waals forces [J]. Physical Review, 1948, 73(4): 360-372.

[37] STARKSCHALL G, GORDON R G. Calculation of coefficients in the power series expansion of the long-range dispersion force between atoms [J]. Journal of Chemical Physics, 1972, 56(6): 2801-2806.

[38] THAKKAR A, HETTEMA H, WORMER P. Ab initio dispersion coefficients for interactions involving rare-gas atoms [J]. Journal of Chemical Physics, 1992, 97(5): 3252-3257.

[39] TANG K T, TOENNIES J P. An improved simple model for the van der Waals potential based on universal damping functions for the dispersion coefficients [J]. Journal of Chemical Physics, 1984, 80(8): 3726-3741.

[40] ALLEN M P, TILDESLEY D J. Computer simulation of liquids [M]. Oxford: Oxford University Press, 1987.

[41] PARANDEKAR P V, TULLY J C. Mixed quantum-classical equilibrium [J]. Journal of Chemical Physics, 2005, 122: 094102.

[42] YU J, ZHOU P, LI Q. New insight into the enhanced visible-light photocatalytic activities of B-, C- and B/C-doped anatase TiO$_2$ by first-principles [J]. Physical Chemistry Chemical Physics, 2013, 15(29): 12040-12047.

[43] LALITHA S, KARAZHANOV S Z, RAVINDRAN P, et al. Electronic structure, structural and optical properties of thermally evaporated CdTe thin films [J]. Physica B: Condensed Matter, 2007, 387: 227-238.

[44] GAJDOŠ M, HUMMER K, KRESSE G, et al. Linear optical properties in the

projector-augmented wave methodology [J]. Physical Review B, 2006, 73(4): 045112.

[45] KRESSE G, FURTHMÜLLER J. Efficient iterative schemes for ab initio total-energy calculations using a plane-wave basis set [J]. Physical Review B, 1996, 54(16): 11169.

[46] BLÖCHL P E. Projector augmented-wave method [J]. Physical Review B, 1994, 50(24): 17953.

[47] ZHENG Q, CHU W, ZHAO C, et al. Ab initio nonadiabatic molecular dynamics investigations on the excited carriers in condensed matter systems [J]. WIREs Computational Molecular Science, 2019, 9(6): e1411.

第 3 章

应变对 GaSe/SnS₂ 异质结自供电及光电特性的影响

3.1 引言

  近年来，二维材料（2D）作为一种新型和有前途的材料已被深入和广泛地研究，并且随着科学技术的不断进步，各种二维材料相继被成功制备，如单元素二维材料（Arsenene、Silicene 和 Phosphorene 等）、过渡金属硫族化合物（MoS_2、WSe_2 和 WS_2 等）、III族单层材料（GaS、GaSe 和 InSe 等）、氮化碳（g-C_3N_4）、六角形氮化硼（h-BN）和黑磷（BP）等。二维材料由于具有优异的光电特性（大的载流子迁移率、合适的带隙、良好的光吸收和光响应特性等），其已经在光电探测器、传感器和柔性电子产品等领域得到了广泛的应用[1,2]。另外，与其他半导体材料相比，二维材料一方面具有原子厚度的平面结构和较大的比表面积；另一方面随着厚度或层数的改变可以调控电子结构和光学特性，这些独特的优良特性使二维材料在光电领域拥有极大的应用潜力。在这些不同的二维材料中，研究人员利用气相沉积方法[3]成功合成了二维硫属化合物 GaSe 单层。GaSe 单层是一种带隙约为 2 eV 的半导体，具有许多优良的特性，如在零栅电压下具有 1.7 A/W 的高光响应率等，使其成为光电探测器和纳米电子器件的候选材料。此外，研究人员通过气相沉积方法成功制备了 SnS_2 单层[4]，SnS_2 单层因其在地球上的丰富性和绿色性引起了极大的关注。类似于 TMDCs，SnS_2 单层具有优异的光电特性，如大的开关比（大于 10^6）、较短的光响应时间（低至 5 μs）和高的载流子迁移率等（超过 230 $cm^2V^{-1}s^{-1}$）[5,6]。另外，其在 1～3 eV 范围内的固有带隙对光电子学具有重要意义。

  虽然单层材料具有稳定的原子结构和优异的光电特性，但单个超薄二维材料并不能满足其在多种环境下的应用需求。近年来，基于二维材料的范德瓦尔斯异质结可以很好地扩展二维材料的应用领域，为实现未来纳米电子的新物理现象提供了一个平台。该方法不仅可以整合二维材料的各种优点和改善单一二维材料的性能，异质结还可以表现出单一材料所不具备的优良性能[7]。研究表明，范德瓦尔斯异质结可以形成不同的带排列，包括Ⅰ型、Ⅱ型和Ⅲ型，其可应用于不同领域[8]。其中，Ⅱ型范德瓦尔斯异质结在制备高性能光电器件方面具有巨大的应用潜力。特别是基于新型二维材料 GaSe 和 SnS₂ 的光电器件表现出新的功能特性。近年来，通过范德瓦尔斯外延方法成功合成了 P-GaSe/N-MoS₂ 异质结，其不仅可以有效地调制 MoS₂ 的光电特性，而且 GaSe 的存在使得异质结的光响应速率得到明显的提升[9]。另外，利用密度泛函理论计算发现，GaS/GaSe 异质结形成Ⅱ型能带排列，表现出新颖的物理性质，并且证实了 GaS/GaSe 异质结的电子性质可以通过外部应变进行有效调节[10]。利用 GaSe 和硅制备的 2D/3D 异质结不仅具有自供电能力，而且表现出优异的性能，如高的光响应率和探测率及高光响应性等[11]。SiO₂/Si 异质结表现出优异的载流子迁移率[12]，WSe₂/SnS₂ 异质结表现出较好的光电探测率和光响应[13]，SnS₂/graphene 异质结具有较宽的探测范围、优异的响应率和光电探测率[14]。因此，通过构建基于新型二维材料 GaSe 和 SnS₂ 的Ⅱ型范德瓦尔斯异质结，可以较好地提升光电探测器的相关性能。此外，GaSe/GeS 和 GaSe/MoSe₂ 异质结在应变作用下，有效调控了异质结的能带结构和带隙[15,16]。SnS₂/GaS 异质结通过施加双轴应变，不仅调谐了带隙，还将能带对准从Ⅱ型改变为Ⅰ型，实现了多功能器件的应用[17]。应变工程是调节范德瓦尔斯异质结电子特性的有效方法，其为设计和制备未来基于二维材料的范德瓦尔斯异质结及理解其物理机制提供了有用的信息。

最近，Perumal 等人[18]利用微机械解理技术制备了垂直 P-N GaSe/SnS₂ 范德瓦尔斯异质结。结果表明，优良的光电探测器响应率约为 35 A/W，外部量子效率高达 62%，比探测率为 $8.2×10^{13}$ J，这些性质高于商用的 Si/InGaAs 光电探测器。因此，本章构建了垂直堆叠的 GaSe/SnS₂ 异质结。一方面，研究了其电子结构，深入分析了异质结的构建类型、能带排列及光吸收性质；另一方面，为探索其在智能可穿戴设备上的应用潜力，不仅对 GaSe/SnS₂ 异质结的自供电能力进行了分析，还研究了应变对 GaSe/SnS₂ 异质结自供电及光电特性的影响。

3.2　计算方法与细节

本章利用 VASP[19]进行了相应的计算。电子与离子之间的相互作用和电子间的交换关联能分别用 PAW 方法[20]和 PBE 方法[21]进行了处理。为获取更加准确的电子性质和带隙，包含 25% Hartree-Fock 交换能的 Heyd-Scuseria-Eenzerhof（HSE06）[22]方法被用来计算电子结构。平面波的动能截止能量设为 420 eV，采用 5×9×1 和 4×7×1 的 Gamma-Centered k 点网格分别对 GaSe 单层/SnS$_2$ 单层和 GaSe/SnS$_2$ 异质结的第一布里渊区进行了结构优化和自洽计算。体系完全弛豫的标准为总能量和原子间的相互作用力分别小于 10^{-5} eV 和 0.01 eV/Å。采用 Grimme 的 DFT-D3 方法[23]处理了 GaSe/SnS$_2$ 异质结中存在的长程范德瓦尔斯相互作用力，并利用偶极校正方法修正了体系的真空能级[24]。此外，在垂直于平板的方向（Z 方向）上设置了一个超过 15 Å 的真空区域，从而避免了周期性模型中相邻层间的相互作用。

3.3　计算结果与讨论

3.3.1　GaSe 和 SnS$_2$ 单层的电子结构计算

二硫化锡（SnS$_2$）属于典型的过渡金属二硫化物，如图 3.1（a）和图 3.1（c）所示。其是由共价键 S-Sn-S 组成的夹层构型，Sn-S 键长为 2.60 Å。优化后的晶格常数 a=6.41 Å 和 b=3.70 Å。硒化镓（GaSe）属于Ⅲ−Ⅵ族，是一类层状金属卤化物，如图 3.1（b）和图 3.1（d）所示。其单分子层厚度有 0.9~1.0 nm，由一个四原子序列 Se-Ga-Ga-Se 组成，层内平面上的键是强共价键，而层间平面之间的键是弱范德瓦尔斯键。Se-Ga 键长为 2.50 Å，Ga-Ga 键长为 2.47 Å，优化后的晶格常数 a=6.60 Å 和 b=3.81 Å。

利用 PBE 和 HSE06 方法计算了 SnS$_2$ 和 GaSe 单层的能带结构，如图 3.2 所示。使用 PBE 和 HSE06 方法计算发现，SnS$_2$ 单层属于间接带隙，带隙分别为 1.53 eV 和 2.39 eV，GaSe 单层也属于间接带隙，带隙分别为 1.79 eV 和 2.69 eV，

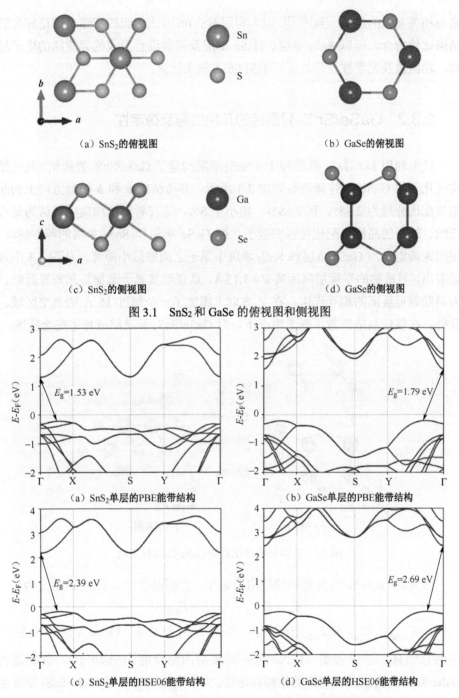

（a）SnS₂的俯视图　　　　　　　　　　（b）GaSe的俯视图

（c）SnS₂的侧视图　　　　　　　　　　（d）GaSe的侧视图

图 3.1　SnS₂ 和 GaSe 的俯视图和侧视图

（a）SnS₂单层的PBE能带结构　　　　　（b）GaSe单层的PBE能带结构

（c）SnS₂单层的HSE06能带结构　　　　（d）GaSe单层的HSE06能带结构

图 3.2　SnS₂ 和 GaSe 单层分别使用 PBE 和 HSE06 方法计算的能带结构

这与相关文献的结果一致[25-27]。因为利用 HSE06 方法得到的带隙与理论和实验结果比较吻合，所以 SnS_2 单层、GaSe 单层及两者堆叠形成的异质结的电子结构、功函数及光学性质等均采用 HSE06 方法来计算。

3.3.2　$GaSe/SnS_2$ 异质结的几何结构及稳定性

这里利用 1×1 GaSe 单层与 1×1 SnS_2 单层构建了 $GaSe/SnS_2$ 异质结，几何结构优化后的 $GaSe/SnS_2$ 异质结如图 3.3 所示。异质结中 **a** 和 **b** 矢量方向上的晶格失配比分别为 2.88% 和 2.89%，均小于 5%，这在异质结构建中被认为是合理的。较小的晶格失配比可以归因于二维 GaSe 单层和 SnS_2 单层的四方结构。层间距离定义为 GaSe 单层和 SnS_2 单层中原子之间的最小距离，从图 3.3 中可以看出，异质结的平衡层间距离 $d = 3.15$ Å，这证明其属于范德瓦尔斯异质结。为消除邻近层间的相互作用，在 Z 方向上添加了一个超过 15 Å 的真空区域。此外，在保证晶格矢量不变的情况下，对 $GaSe/SnS_2$ 异质结进行了完全弛豫。

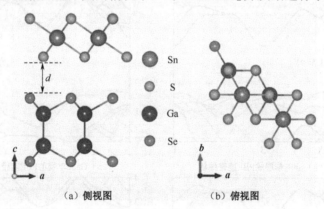

（a）侧视图　　　　　　　　　（b）俯视图

图 3.3　几何结构优化后的 $GaSe/SnS_2$ 异质结

为判断 $GaSe/SnS_2$ 异质结的结构稳定性，界面结合能（E_b）被定义为

$$E_b = E_{Total} - E_{GaSe} - E_{SnS_2} \qquad (3.1)$$

式中，E_{Total}、E_{GaSe} 和 E_{SnS_2} 分别表示 $GaSe/SnS_2$ 异质结、GaSe 单层和 SnS_2 单层的总能量。结果表明，$GaSe/SnS_2$ 异质结的结合能为 -2.19 eV，负值说明 $GaSe/SnS_2$ 异质结具有较好的结构稳定性。为了更深入地研究 $GaSe/SnS_2$ 异质结的动态稳定性，在室温下，采用 2×2 的超胞和时间步长为 1 fs 的微正则系综进

行了分子动力学模拟。结果表明，异质结的总能量和温度实现了动态平衡，而且经过 5000 步的分子动力学模拟后结构框架依然完整，这充分证实了 GaSe/SnS₂ 异质结具有良好的动态稳定性。综上所述，本章研究的 GaSe/SnS₂ 异质结是较为稳定的堆积构型，其为计算结果的可靠性提供了较好的结构基础。GaSe/SnS₂ 异质结分子动力学的总能量和温度波动如图 3.4 所示。

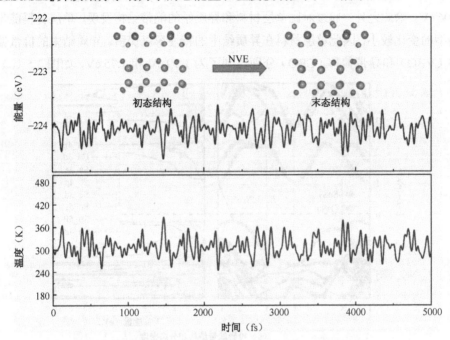

图 3.4　GaSe/SnS₂ 异质结分子动力学的总能量和温度波动

3.3.3　GaSe/SnS₂ 异质结的界面效应及光吸收性质

界面效应会对 GaSe/SnS₂ 异质结的电子结构及相关性质产生较大的影响。图 3.5 给出了 GaSe/SnS₂ 异质结的投影能带结构、分态密度、电荷密度分布和能带示意图。从图 3.5（a）可知，GaSe/SnS₂ 异质结具有半导体特性，带隙类型为间接带隙，其值为 1.26 eV，远小于 GaSe 单层的 2.69 eV 和 SnS₂ 单层的 2.39 eV，异质结带隙的减小将会导致其吸收边的红移。异质结中价带最大值（VBM）和导带最小值（CBM）分别归因于 GaSe 单层（Se 原子的 4p 轨道和 Ga 原子的 4p 轨道，轨道间杂化现象明显）和 SnS₂ 单层（S 原子的 3p 轨道和 Sn 原子的 5s 轨道，轨道间杂化现象明显）的贡献。另外，从图 3.5（b）可以明显看出，CBM 处的电荷来自 SnS$_2$ 单层，而 VBM 处的电荷来自 GaSe 单层。因此，可以充分证明 GaSe/SnS$_2$ 异质结属于 II 型能带排列。图 3.5（c）给出了 GaSe/SnS$_2$ 异质结的能带示意图。由于 GaSe 单层和 SnS$_2$ 单层之间的界面效应，它们在 GaSe/SnS$_2$ 异质结中的带隙变为 3.01 eV 和 2.45 eV，相对于单层变化量仅为 0.32 eV 和 0.06 eV。除此之外，通过对比单层材料和异质结的能带结构发现，单层材料能带构型的变化较小，因此单层材料在异质结中的特性得以保留。异质结中的价带偏移（VBO）和导带偏移（CBO）分别达到了为 1.19 eV 和 1.75 eV，如图 3.5（c）

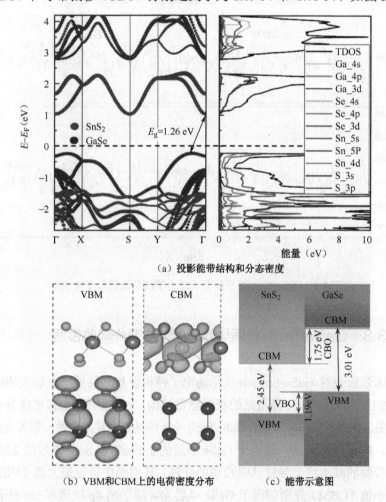

（a）投影能带结构和分态密度

（b）VBM和CBM上的电荷密度分布　　（c）能带示意图

图 3.5　GaSe/SnS$_2$ 异质结的投影能带结构、分态密度、电荷密度分布和能带示意图

所示，较大的 VBO 和 CBO 非常有利于光生电子和空穴的分离。换句话说其可以降低电子和空穴的复合率，从而间接延长载流子的寿命，减小了能量损失，从而使器件的探测性能得到提升。此外，在倒易空间中 GaSe 单层、SnS₂ 单层和 GaSe/SnS₂ 异质结沿不同方向的电子和空穴的有效质量如表 3.1 所示。根据式（2.48）可知有效质量与迁移率成反比，虽然 GaSe/SnS₂ 异质结不能改善单层材料的空穴迁移率，但基本保持了两种单层材料空穴迁移率的优越性。而异质结的构建可以提高 GaSe 单层和 SnS₂ 单层的电子迁移率，特别是对于 GaSe 单层电子迁移率的提升幅度较为明显。

表 3.1　倒易空间中 GaSe 单层、SnS₂ 单层和 GaSe/SnS₂ 异质结沿不同方向的电子和空穴的有效质量

体系	m_{h}^{*}/m_0	m_{e}^{*}/m_0	m_{h}^{*}/m_0	m_{e}^{*}/m_0
GaSe	$\mathrm{Y}\mid\Gamma\to\mathrm{Y}$ 0.315	$\Gamma\to\mathrm{X}$ 3.334	$\mathrm{Y}\mid\Gamma\to\Gamma$ 0.288	$\Gamma\to\mathrm{Y}$ 2.705
SnS₂	$\Gamma\mid\mathrm{X}\to\Gamma$ 0.279	$\Gamma\to\mathrm{X}$ 0.692	$\Gamma\mid\mathrm{X}\to\mathrm{X}$ 0.250	$\Gamma\to\mathrm{Y}$ 1.850
GaSe/SnS₂	$\mathrm{Y}\mid\Gamma\to\mathrm{Y}$ 0.368	$\Gamma\to\mathrm{X}$ 0.643	$\mathrm{Y}\mid\Gamma\to\Gamma$ 0.336	$\Gamma\to\mathrm{Y}$ 1.825

由于电子通过吸收光子的能量而产生用于光探测的电子-空穴对，因此改进材料的光吸收能力是提高探测器光电特性的关键。图 3.6 展示了 GaSe 单层、SnS₂ 单层和 GaSe/SnS₂ 异质结的光吸收谱。从图中可以明显地观察到 GaSe/SnS₂ 异质结改善了 GaSe 单层和 SnS₂ 单层的光探测能力，将其探测范围从紫外光区扩展到可见光区。此外，与 GaSe 单层和 SnS₂ 单层相比，GaSe/SnS₂ 异质结的光吸收系数在紫外光区得到明显增强，这可能与异质结中带隙的减小和载流子的有效分离相关。

3.3.4　GaSe/SnS₂ 异质结的电荷转移和自供电效应

功函数是指将一个电子从费米能级转移到无穷远所需的最小能量，其公式如下：

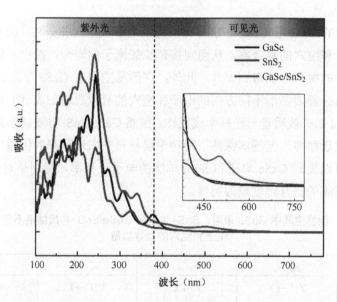

图 3.6　GaSe 单层、SnS$_2$ 单层和 GaSe/SnS$_2$ 异质结的光吸收谱

$$\Phi = E_{\mathrm{V}} - E_{\mathrm{F}} \tag{3.2}$$

式中，Φ 表示功函数，E_{V} 表示一个静止电子的真空能级，E_{F} 表示 GaSe/SnS$_2$ 异质结的费米能级。

　　功函数是理解异质结界面电荷转移的关键要素。图 3.7（a）～图 3.7（c）给出的 GaSe 单层、SnS$_2$ 单层和 GaSe/SnS$_2$ 异质结的功函数分别为 6.16 eV、7.23 eV 和 6.17 eV。由于 GaSe 单层比 SnS$_2$ 单层具有更小的功函数，电子将自发地从 GaSe 转移到 SnS$_2$ 上，直到它们的费米能量相等为止。界面的电势降 E_{p} 反映了 GaSe 和 SnS$_2$ 层间平均静电势的差值。通过跨界面计算可知，GaSe/SnS$_2$ 异质结的 E_{p} 值达到了 7.27 eV，其值远大于 InS/GaSe（5.28 eV）[28]、InSe/GaSe（5.05 eV）[28]、InS/GaS（5.29 eV）[28]、GaS/GaSe（5.30 eV）[28]、CdS/SnS$_2$（3.09 eV）[29] 和 arsenene/SnS$_2$（2.55 eV）[30]。较大的电势降将在异质结的层间产生较大的内置电场[31-33]，非常有利于光生载流子的分离和暗电流的抑制[34]。更重要的是，异质结界面处内置电场的存在，导致 GaSe/SnS$_2$ 异质结能够在零偏压下运行，从而实现了自供电能力[35,36]。另外，从图 3.7（d）中可以发现大量载流子聚集在层间，表明层间存在强烈的电子-空穴相互作用。在 GaSe/SnS$_2$ 异质结中，SnS$_2$ 单层主要聚集电子，而 GaSe 单层则主要聚集空穴，通过 Bader 方法计算出电子的转移量约为 0.015 e，这些结果与功函数的结果相吻合。

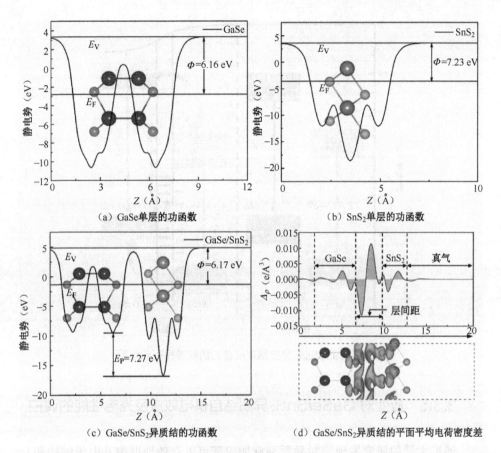

图 3.7　GaSe 单层、SnS₂ 单层、GaSe/SnS₂ 异质结的功函数和 GaSe/SnS₂ 异质结的
平面平均电荷密度差

图 3.8 所示为 GaSe/SnS₂ 异质结形成前后的能带排列示意图。从图中可以知，GaSe 单层和 SnS₂ 单层在接触前均为 P 型半导体，接触后的界面效应致使 SnS₂ 单层转变为 N 型半导体，最终形成 P-N GaSe/SnS₂ 异质结，这与实验结果较好地达成一致[18]。界面电位的变化，GaSe/SnS₂ 异质结中出现了能带弯曲的现象，电位上升（空穴聚集在 GaSe 单层）表面的能带向上弯曲，而电位下降（电子聚集在 SnS₂ 单层）表面的能带向下弯曲，这可能导致电子和空穴间出现较大的库仑吸引力。此外，由于电子的有效转移，异质结界面处形成了内置电场。

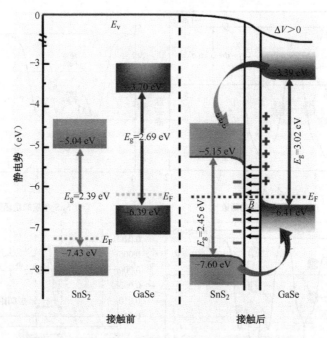

图 3.8　GaSe/SnS₂ 异质结形成前后的能带排列示意图

3.3.5　应变对 GaSe/SnS₂ 异质结自供电效应及光电性能的调控

通过大量的研究发现，对异质结施加应变可以有效地调控其电子结构和光电性能，从而提高器件的光探测性能[37,38]。因此，为扩展基于二维材料异质结的应用范围，这里进一步研究了垂直应变和双轴应变对异质结的电子结构和光电性能的影响。

1. 垂直应变对 GaSe/SnS₂ 异质结的影响

垂直应变是调节异质结电子结构和光电性能的有效方法。理论上可以通过改变异质结中不同材料的层间距离来实现垂直应变，而实验上可以通过施加压力[39]和插入电介质层[40]等方法来控制异质结的层间间距。因此，探索垂直应变对 GaSe/SnS₂ 的影响是很有必要的。垂直应变可以被定义为

$$\mu = \left| \frac{z - z_0}{z_0} \right| \tag{3.3}$$

其中，z 和 z_0 分别表示施加应变和无应变时的晶格常数。另外，为了更好地研

究异质结施加应变与无应变时两者之间的能量变化，应变能 E_s 定义为

$$E_s = E_a - E_n \qquad (3.4)$$

式中，E_a 和 E_n 分别表示施加应变和无应变时异质结的总能量。

异质结中层间距离的变化范围为 1.95～4.35 Å，为了更好地表示施加垂直应变后的层间距离与平衡层间距离的变化，采用它们之间的差值来表述垂直应变，负值表示压缩应变，正值表示拉伸应变。图 3.9（a）给出了 GaSe/SnS₂ 异质结在不同垂直应变下的应变能。一方面，施加垂直应变后异质结的总能量大于未施加垂直应变时异质结的总能量，这可以说明施加应变后异质结的结构稳定性变差。另一方面，施加压缩应变时的总能量变化远大于施加拉伸应变时的总能量变化，这说明压缩应变对异质结的结构影响较大。垂直应变对 GaSe/SnS₂ 异质结的带隙的影响如图 3.9（b）所示。结果表明垂直应变可以调节异质结的带隙。相对于没有施加垂直应变的异质结，随着层间距离的增加，VBM 和 CBM 均出现了下降，但带隙出现了小幅的增加；而随着层间距离的减小，VBM 和 CBM 均出现了上升，除了层间距离为 1.95 Å（−1.2 Å）的带隙外，其他异质结的带隙均出现了小幅下降。

随着层间距离的变化，GaSe 和 SnS₂ 之间的界面效应也将随之改变。界面效应对 GaSe/SnS₂ 异质结的功函数和电势降的影响如图 3.9（c）所示。在垂直应变的作用下，功函数并没有发生明显的变化，但是电势降变化较为明显。随着垂直压缩应变的增加，电势降呈现下降趋势。而随着垂直拉伸应变的增加，电势降则出现了小幅增大，因此，垂直拉伸应变可以增大异质结的内置电场，从而增强异质结的自供电能力。另外，还分析了垂直应变对 GaSe/SnS₂ 异质结光吸收谱的影响，如图 3.9（d）所示。从图中可以明显看出，垂直压缩应变可以很好地改善异质结在紫外光区和可见光区的光吸收强度，这主要归因于异质结带隙的减小。

总之，以上结果表明，GaSe/SnS₂ 异质结的电子结构、自供电能力和光吸收强度可以通过垂直应变来进行调控，其具有成为一种可调的新型自供电光电探测器的潜力。

2. 双轴应变对 GaSe/SnS₂ 异质结的影响

根据研究结果可知，施加包括双轴应变在内的水平应变可以影响或调控二维材料及其异质结的光电性能[41]。因此，研究双轴应变对 GaSe/SnS₂ 异质结电

子性质的影响是很有意义的。双轴应变被定义为

$$\varepsilon = \left| \frac{x - x_0}{x_0} \right| \qquad (3.5)$$

其中，x 和 x_0 分别表示施加应变和无应变时的晶格常数。

本章使用的应变参数 ε 以 2%的间隔使施加在异质结上的应变在-10%~+10%的范围变化，正值表示拉伸应变，负值表示压缩应变。图 3.10（a）显示了 GaSe/SnS$_2$ 异质结在-10%~+10%应变范围内的应变能。根据结果可知，由于双轴应变和应变能是比较完美的二次函数，所以施加的应变均在弹性极限之内，并且具有

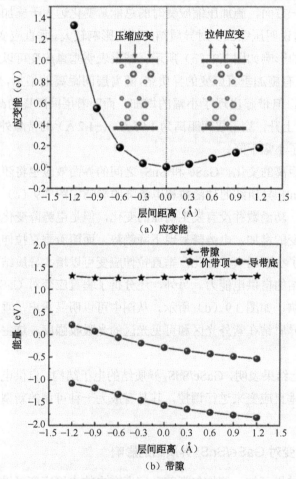

（a）应变能

（b）带隙

图 3.9　GaSe/SnS$_2$ 异质结在不同垂直应变下的应变能、带隙、

功函数和电势降、光吸收谱

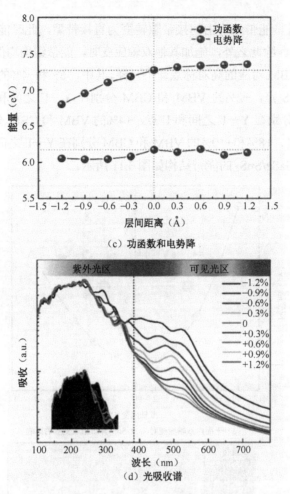

（c）功函数和电势降

（d）光吸收谱

图 3.9　GaSe/SnS₂ 异质结在不同垂直应变下的应变能、带隙、

功函数、电势降和光吸收谱（续）

可逆性。图 3.10（b）给出了平面内双轴应变对 GaSe/SnS₂ 异质结能带结构的影响。首先可以看到，能带结构在拉伸应变或压缩应变的作用下，能带类型均为 Ⅱ 型排列，这充分保证了电子和空穴对的有效分离。另外，随着拉伸应变的增加，带隙出现相应的减小，最小值为 0.24 eV，这将会导致光吸收谱的红移。而当施加压缩应变时，带隙的变化分为两部分：一部分是在施加较小的压缩应变时（−2% 和 −4%），带隙出现了增大；而当施加较大的压缩应变时（−6%、−8% 和 −10%），带隙出现了减小，但是减小的幅度（0.71 eV）小于 +10%。当压缩应变

达到-6%以上时，能带结构由间接带隙转变为直接带隙，此时能带的 VBM 和 CBM 均在 Γ 点。除此之外，施加其他双轴应变时，能带结构均保持间接带隙，但是 VBM 和 CBM 对应的高对称点却不一样。其中，-6%和-4%的 VBM 和 CBM 分别在 Γ 点和 S 点，-2%的 VBM 和 CBM 分别在 Y—Γ 之间和 S 点，+2%的 VBM 和 CBM 分别在 Y—Γ 之间和 Γ 点，+4%的 VBM 和 CBM 分别在 Y—Γ 之间和 S 点，+6%、+8%和+10%的 VBM 和 CBM 分别在 Y—Γ 之间和 Γ 点。应变作用下异质结 GaSe/SnS$_2$ 的能带结构如图 3.11 所示。

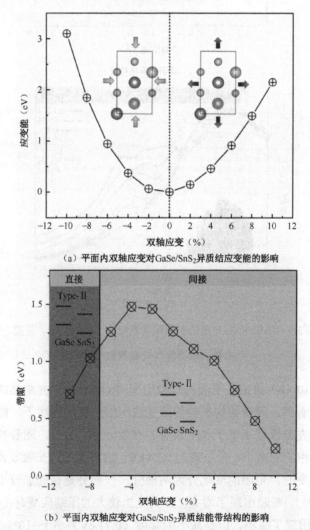

（a）平面内双轴应变对GaSe/SnS$_2$异质结应变能的影响

（b）平面内双轴应变对GaSe/SnS$_2$异质结能带结构的影响

图 3.10　平面内双轴应变对 GaSe/SnS$_2$ 异质结应变能和能带结构的影响

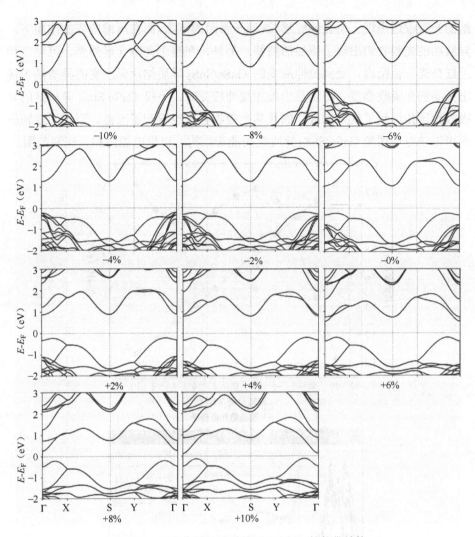

图 3.11　应变作用下异质结 GaSe/SnS₂ 的能带结构

不同双轴应变下 GaSe/SnS₂ 异质结的功函数和电势降如图 3.12（a）所示。功函数随着压缩应变的增加而减少，而随着拉伸应变的增加先减小后增大。电势降随应变的变化与功函数的变化趋势不同，当拉伸应变增加时，电势降逐渐下降，最小值为 3.57 eV；而随着压缩应变的增加，电势降则逐渐增加，在压缩应变增大到-10%时，电势降达到了最大的 11.07 eV，电势降的增大将增强 GaSe/SnS₂ 异质结的内置电场，从而提升异质结的自供电能力。图 3.12（b）给出了不同双轴应变下 GaSe/SnS₂ 异质结光吸收谱。在拉伸应变的作用下，异质结的光吸收边出现了明显的红移,这源于带隙的下降。而在压缩应变的作用下,异质结的光吸收边出现了明显的蓝移。另外,在整个光谱(紫外光、可见光和近红外光)范围内,受到拉伸应变的 GaSe/SnS$_2$ 异质结比无应变的异质结表现出更高的光吸收强度。特别是当施加拉伸应变时,不仅 GaSe/SnS$_2$ 异质结的光吸收范围拓展到了红外光区,而且其光吸收强度也得到了改善。因此,双轴应变可以较好地调控 GaSe/SnS$_2$ 异质结的能带结构、自供电能力和光探测范围。

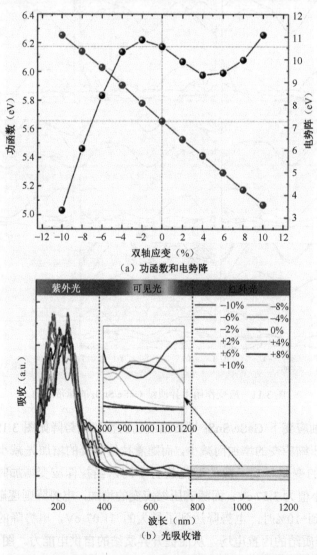

图 3.12　不同双轴应变下 GaSe/SnS$_2$ 异质结的功函数、电势降和光吸收谱

3.4　本章小结

本章利用第一性原理方法计算了 GaSe/SnS₂ 异质结的电子结构、光吸收谱和界面处载流子的转移等问题。研究发现，GaSe/SnS₂ 异质结属于 P-N 型异质结，具有稳定的异质结和 II 型能带排列，较大的 VBO 和 CBO 促进了光生电子和空穴对的有效分离。GaSe/SnS₂ 异质结的电势降达到了 7.27 eV，较大的电势降致使异质结的层间产生了较大的内置电场，其不仅可以抑制光生载流子的复合和暗电流的产生，而且使得 GaSe/SnS₂ 异质结能够在零偏压下运行，并实现了自供电能力。与 GaSe 和 SnS₂ 单层相比，GaSe/SnS₂ 异质结的吸收系数在紫外光区和可见光区明显增强。垂直应变和双轴应变均可以有效地调控 GaSe/SnS₂ 异质结的带隙及光电性能。垂直拉伸应变可以小幅度地增强异质结的内置电场和自供电能力，而垂直压缩应变可以很好地改善异质结在紫外光区和可见光区的光吸收强度。此外，在双轴拉伸应变的作用下，GaSe/SnS₂ 异质结的光吸收边出现了明显的红移，光吸收范围拓展到了红外光区，光吸收强度也得到改善。总之，对于 GaSe/SnS₂ 异质结的系统研究，不仅验证了实验中发现的 P-N 型异质结，解释了 GaSe/SnS₂ 异质结的高性能，而且从理论上分析了异质结的自供电能力及应变对其的调控作用。本章内容为二维范德瓦尔斯异质结中的自供电能力和应变调控提供了一个方向，并有助于实现多功能光电探测器的应用。

本章参考文献

[1]　HUO N, KONSTANTATOS G. Recent progress and future prospects of 2D‑based photodetectors [J]. Advanced Materials, 2018, 30(51): 1801164.

[2]　LI Z, YAO Z, HAIDRY A A, et al. Recent advances of atomically thin 2D heterostructures in sensing applications [J]. Nano Today, 2021, 40: 101287.

[3]　LI X, LIN M W, PURETZKY A A, et al. Controlled vapor phase growth of single crystalline, two-dimensional gase crystals with high photoresponse [J]. Scientific Reports, 2014, 4(1): 5497.

[4]   YE G L, GONG Y J, LEI S D, et al. Synthesis of large-scale atomic-layer SnS$_2$ through chemical vapor deposition [J]. Nano Research, 2017, 10: 2386-2394.

[5]   ZHANG Q, LI X, WANG T, et al. Band structure engineering of SnS$_2$/polyphenylene van der Waals heterostructure: Via interlayer distance and electric field [J]. Physical Chemistry Chemical Physics, 2019, 21: 1521-1527.

[6]   XIA J, ZHU D, WANG L, et al. Large-scale growth of two-dimensional SnS$_2$ crystals driven by screw dislocations and application to photodetectors [J]. Advanced Functional Materials, 2015, 25 (27): 4255-4261.

[7]   LI X, WEN C, YANG L, et al. Enhanced visualizing charge distribution of 2D/2D MXene/MoS$_2$ heterostructure for excellent microwave absorption performance [J]. Journal of Alloys and Compounds, 2021, 869: 159365.

[8]   SONG T C, CAI X H, TU M W Y, et al. Giant tunneling magnetoresistance in spin-filter van der Waals heterostructures [J]. Science, 2018, 360: 1214-1218.

[9]   ZHOU N, WANG R, ZHOU X, et al. P-GaSe/N-MoS$_2$ vertical heterostructures synthesized by van der Waals epitaxy for photoresponse modulation [J]. Small, 2018, 14(7): 1702731.

[10]   WEI W, DAI Y, NIU C, et al. Electronic properties of two-dimensional van der Waals GaS/GaSe heterostructures [J]. Journal of Materials Chemistry C, 2015, 3(43): 11548-11554.

[11]   SORIFI S, KAUSHIK S, SINGH R. A GaSe/Si-based vertical 2D/3D heterojunction for high-performance self-driven photodetectors [J]. Nanoscale Advances, 2022, 4: 479-490.

[12]   HUANG Y, SUTTER E, SADOWSKI J T, et al. Tin disulfide-an emerging layered metal dichalcogenide semiconductor: Materials properties and device characteristics [J]. ACS Nano, 2014, 8(10): 10743-10755.

[13]   ZHOU X, HU X, ZHOU S, et al. Tunneling diode based on WSe$_2$/SnS$_2$ heterostructure incorporating high detectivity and responsivity [J]. Advanced Materials, 2018, 30(7): 1703286.

[14]   ZHAO Y, TSAI T, WU G, et al. Graphene/SnS$_2$ van der Waals photodetector with high photoresponsivity and high photodetectivity for broadband 365~2240 nm detection [J]. ACS Applied Materials & Interfaces, 2021, 13(39):

47198-47207.

[15]　ZHOU B, GONG S, JIANG K, et al. A type-II GaSe/GeS heterobilayer with strain enhanced photovoltaic properties and external electric field effects [J]. Journal of Materials Chemistry C, 2020, 8: 89-97.

[16]　PHAM K D, NGUYEN C V, PHUNG H T T, et al. Strain and electric field tunable electronic properties of type-II band alignment in van der Waals GaSe/MoSe₂ heterostructure [J]. Chemical Physics, 2019, 521: 92-99.

[17]　ZHANG Y, YANG Z. Efficient band structure engineering and visible-light response in SnS₂/GaS heterostructure by electric field and biaxial strain [J]. Superlattices and Microstructures, 2019, 134: 106210.

[18]　PERUMAL P, ULAGANATHAN R K, SANKAR R, et al. Staggered band offset induced high performance opto-electronic devices: Atomically thin vertically stacked GaSe-SnS₂ van der Waals P-N heterostructures [J]. Applied Surface Science, 2021, 535: 147480.

[19]　KRESSE G, FURTHMÜLLER J. Efficiency of ab-initio total energy calculations for metals and semiconductors using a plane-wave basis set [J]. Computational materials science, 1996, 6(1): 15-50.

[20]　KRESSE G, JOUBERT D. From ultrasoft pseudopotentials to the projector augmented-wave method [J]. Physical Review B: Condensed Matter and Materials Physics, 1999, 59(3): 1758-1775.

[21]　PERDEW J P, BURKE K, ERNZERHOF M. Generalized gradient approximation made simple [J]. Physical Review Letters, 1996, 77(18): 3865-3868.

[22]　HEYD J, SCUSERIA G E, ERNZERHOF M. Hybrid functionals based on a screened coulomb potential [J]. Journal of Chemical Physics, 2003, 118(18): 8207-8215.

[23]　GRIMME S, ANTONY J, EHRLICH S, et al. A consistent and accurate ab initio parametrization of density functional dispersion correction (DFT-D) for the 94 elements H-Pu [J]. Journal of Chemical Physics, 2010, 132: 154104.

[24]　BENGTSSON L. Dipole correction for surface supercell calculations [J]. Physical Review B, 1998, 59(19): 12301.

[25] VO D D, VI V T T, DAO T P, et al. Stacking and electric field effects on the band alignment and electronic properties of the GeC/GaSe heterostructure [J]. Physica E: Low-dimensional Systems and Nanostructures, 2020, 120: 114050.

[26] LU H, GUO Y, ROBERTSON J. Band edge states, intrinsic defects, and dopants in monolayer HfS_2 and SnS_2 [J]. Applied Physics Letters, 2018, 112(6): 062105.

[27] SUN B, DING Y, HE P, et al. Tuning the band alignment and electronic properties of GaSe/SnX_2 (X=S, Se) two-dimensional van der Waals heterojunctions via an electric field [J]. Physical Review Applied, 2021, 16(4): 044003.

[28] CHEN J, HE X, SA B, et al. III–VI van der Waals heterostructures for sustainable energy related applications [J]. Nanoscale, 2019, 11(13): 6431-6444.

[29] FU C, WANG G, HUANG Y, et al. Two-dimensional CdS/SnS_2 heterostructure: a highly efficient direct Z-scheme water splitting photocatalyst [J]. Physical Chemistry Chemical Physics, 2022, 24(6): 3826-3833.

[30] LIN L, LOU M, LI S, et al. Tuning electronic and optical properties of two-dimensional vertical van der waals arsenene/ SnS_2 heterostructure by strain and electric field [J]. Applied Surface Science, 2022, 572: 151209.

[31] LI J, HUANG Z, KE W, et al. High solar-to-hydrogen efficiency in Arsenene/GaX (X=S, Se) van der Waals heterostructure for photocatalytic water splitting [J]. Journal of Alloys and Compounds, 2021, 866: 158774.

[32] SHOKRI A, YAZDANI A. Band alignment engineering, electronic and optical properties of Sb/$PtTe_2$ van der Waals heterostructure: effects of electric field and biaxial strain [J]. Journal of Materials Science, 2021, 56: 5658-5669.

[33] PHUC H V, HIEU N N, HOI B D, et al. Interlayer coupling and electric field tunable electronic properties and Schottky barrier in graphene/bilayer GaSe van der Waals heterostructure [J]. Physical Chemistry Chemical Physics, 2018, 20(26): 17899-17908.

[34] YAN Y, ABBAS G, LI F, et al. Self‐driven high performance broadband photodetector based on SnSe/InSe van der Waals heterojunction [J]. Advanced

Materials Interfaces, 2022, 9(12): 2102068.

[35] JIA C, WU D, WU E, et al. A self-powered high-performance photodetector based on a MoS$_2$/GaAs heterojunction with high polarization sensitivity [J]. Journal of Materials Chemistry C, 2019, 7(13): 3817-3821.

[36] ZHENG B, WU Z, GUO F, et al. Large-area tellurium/germanium heterojunction grown by molecular beam epitaxy for high-performance self-powered photodetector [J]. Advanced Optical Materials, 2021, 9(20): 2101052.

[37] LIANG S, CHENG B, CUI X, et al. Van der Waals heterostructures for high-performance device applications: Challenges and opportunities [J]. Advanced Materials, 2020, 32(27): 1903800

[38] LEE J, HUANG J, SUMPTER B G, et al. Strain-engineered optoelectronic properties of 2D transition metal dichalcogenide lateral heterostructures [J]. 2D Materials, 2017, 4(2): 021016.

[39] DIENWIEBEL M, VERHOEVEN G S, PRADEEP N, et al. Superlubricity of graphite [J]. Physical Review Letters, 2004, 92(12): 126101.

[40] FANG H, BATTAGLIA C, CARRARO C, et al. Strong interlayer coupling in van der waals heterostructures built from single-layer chalcogenides [J]. Proceedings of the National Academy of Sciences of the United States of America, 2014, 111(17): 6198-6202.

[41] FANG L, NI Y, HU J, et al. First-principles insights of electronic properties of Blue Phosphorus/MoSi$_2$N$_4$ van der Waals heterostructure via vertical electric field and biaxial strain [J]. Physica E: Low-dimensional Systems and Nanostructures, 2022, 143: 115321.

第 4 章

高性能 InSe/BP 异质结的自供电和
快速光响应的分子动力学

4.1 引言

传统的光电探测器需要通过外部电源来持续驱动光生电子-空穴对的生成，这大大增加了器件的尺寸和质量，从而限制了其在光电集成系统中的应用[1]。自供电光电探测器是一种革命性的光电探测器，其可以不依赖外部电源进行自供电探测。因此，这种自供电装置在军事和民用领域都有多种潜在用途，特别是在便携的智能可穿戴设备和恶劣环境中的应用[2]。

由于原子厚度、优异的光电特性、叠加范德华力等，二维材料的范德瓦尔斯异质结极大地促进了多功能、高性能光电器件的设计和研究。黑磷（BP）是二维层状材料家族中新的一员，由于其优异的特性，包括优异的机械和光电特性、高载流子迁移率和本征层状性质等，在电子和光电器件中有着广泛的应用[3]。而早期的发现，BP 光电探测器的最大光响应率仅为几百 mA/W，明显低于 TMDCs[4]，而且 BP 单层还具有较低的电子迁移率和空气不稳定性。因此，BP 单层的这些缺陷严重限制了其在自供电光电探测器中的有效应用。

为解决 BP 单层较低的光响应率和电子迁移率的问题，研究者发现在单层 BP 上堆叠其他二维材料可以获得一些意想不到的和独特的物理特征。最近，通过机械剥离法合成的单层硒化铟（InSe）由于其良好的光响应率和从红外光区到可见光区域的宽带探测能力，在光电探测器领域受到了广泛关注[5,6]。因此，叠加形成的 InSe/BP 异质结有望既提高偏振灵敏度，又能实现快速有效的光响应。在实验中，InSe/BP 异质结通过机械剥离和对准转移方法已经制备成功，并显示出快速的光响应、零偏压及光伏模式下的低暗电流[7]和红外光探测能力[8]。另外，研究人员利用密度泛函理论方法发现，InSe/BP 异质结具有 II 型能带排列、高载流子迁移率[9]和光生电子-空穴对能够进行有效分离[10]等特点。然而，关于 InSe/BP 异质结的自供电和快速光响应受到的关注较少，缺乏理论解释。

本章利用密度泛函理论（DFT）和分子动力学（NAMD）方法系统地研究了 InSe/BP 异质结的电子结构和光生载流子的转移过程。结果表明，InSe/BP 单层构建了非常稳定的范德瓦尔斯异质结，具有 II 型能带排列，这有助于光生载流子的有效分离。InSe/BP 异质结界面的电势降达到 8.91 eV，因此 InSe/BP 异质结形成了较大的内置电场，具备良好的自供电能力。与单层材料相比，InSe/BP 异质结在紫外光区和红外光区的吸收系数显著提高。此外，NAMD 分析表明，InSe/BP 异质结可以有效地抑制电子–空穴对的复合，并在零偏压下具有快速的光响应。施加双轴应变是调节 InSe/BP 异质结光电特性的有效方法，研究表明随着压缩应变的增加，InSe/BP 异质结的自供电能力和近红外光区的捕获能力均得到明显增强。这项工作为基于二维范德瓦尔斯异质结的高性能和自供电光电器件的开发提供了有价值的信息和有效的设计策略。

4.2　计算方法与细节

本章中利用 VASP[11]进行了相应的计算。电子与离子之间的相互作用和电子间的交换关联能量分别用 PAW 方法[12]和 PBE 方法[13]进行了处理。为获取更加准确的电子性质和带隙，包含 25% Hartree-Fock 交换能的 Heyd-Scuseria-Eenzerhof（HSE06）[14]方法被用来计算电子结构。平面波的动能截止能量设为 420 eV。简约布里渊区采用 $2 \times 1 \times 1$ Gamma-Centered **k** 点网格进行能量和电子结构计算。体系完全弛豫的标准为总能量和原子间的相互作用力分别小于 10^{-5} eV 和 0.01 eV/Å。采用 Grimme 的 DFT-D3 方法[15]处理了 InSe/BP 异质结中存在的长程范德瓦尔斯相互作用力，并利用偶极校正方法修正了体系的真空能级[16]。此外，在垂直于平板的方向（Z 方向）上设置了一个超过 15 Å 的真空区域，从而避免了周期性模型中相邻层间的相互作用。

利用基于 TDDFT 和 FSSH[17,18]的分子动力学程序包（Hefei-NAMD）[19-21]研究了 BP 和 InSe/BP 异质结中激发态载流子的动力学问题。首先，在 0 K 的温度条件下将初始结构进行几何优化。然后，采用速度重新标定的算法将体系升温到 300 K，从而实现热平衡。接下来，在设定为 1 fs 时间步长的微正则系综中进行 5 ps 的分子动力学模拟，选取最后 2 ps 分子动力学轨迹中的结构进行自洽计算，并得到相应的波函数。最后，根据 Kohn-Sham 轨道占据情况选取不少于 100 个初始结构进行 NAMD 计算，并利用统计平均得出最后的载流子转移和复合结果。对于 InSe/BP 界面上的载流子转移过程用最少面跳跃方法处理，而对于界面上的电子–空穴复合动力学，则采用了退相干诱导的表面跳变（DISH）[22]方法。在所有的模拟中，布里渊区都采用了 Γ 点采样。另外，为了在计算精度和计算时间之间做出合理的平衡，利用 PBE 方法模拟计算了 InSe/BP 异质结的光激发载流子动力学。

在异质结体系中，电荷从一种物质转移到另一种物质的转移程度可以通过整合体系中占据区域的光激发载流子密度进行计算，公式[23]如下：

$$\int \rho(r,t)\mathrm{d}r = \int |\psi(r,t)|^2 \, \mathrm{d}r = \sum_{i,j} c_i^*(t) c_j(t) \int \varphi_i^*[r, R(t)] \varphi_j[r, R(t)]\mathrm{d}r \quad (4.1)$$

式中，ρ 表示光激发电荷密度；ψ 表示总波函数。总波函数可基于 c_i 和 c_j 系数将其扩展为 Kohn-Sham 波函数 φ_i 和 φ_j，c_i 和 c_j 系数代表了激发态载流子在 Kohn-Sham 轨道上的占据情况。绝热（AD）和非绝热（NA）对电荷转移的贡献可通过对式（4.1）求时间的导数而得到，表达式如下：

$$\frac{\mathrm{d}\left[\int \rho(r,t)\mathrm{d}t\right]}{\mathrm{d}t} = \sum_{i,j} \left\{ \frac{\mathrm{d}(c_i^* c_j)}{\mathrm{d}t} \int \varphi_i^* \varphi_j \mathrm{d}r + c_i^* c_j \frac{\mathrm{d}\left[\int \varphi_i^* \varphi_j \mathrm{d}r\right]}{\mathrm{d}t} \right\} \quad (4.2)$$

式（4.2）中右边第一项所描述的电荷密度变化归因于绝热 Kohn-Sham 态的状态占据变化，称为非绝热转移项。右边第二项描述了 Kohn-Sham 绝热态局部变化所产生的影响，称为绝热转移项。通过对等式右边两项进行进一步的积分，可得到对总电荷转移的贡献。更多详细的计算方法可参见相关文献[11,13,18]。

4.3 计算结果与讨论

4.3.1 InSe/BP 异质结的堆叠结构及稳定性分析

为了更好地构建 InSe/BP 异质结，首先对 InSe 和 BP 单层材料进行了几何结构优化，InSe 和 BP 单层材料优化后的晶格参数分别为 $a = 4.08$ Å，$b = 7.03$ Å 和 $a = 3.31$ Å，$b = 4.60$ Å，这些晶格参数与之前的理论结果和实验结果很好地达成了一致[9,24,25]。然后，用 5×3 BP 单层与 4×2 InSe 单层构建了 InSe/BP 异质结，a 和 b 矢量方向上的晶格失配比分别为 1.39% 和 1.85%，它们均在 5% 的应变范围内。为消除邻近层间的相互作用，在 Z 方向上添加了一个超过 15 Å 的真空区域。此外，在保证晶格矢量不变的情况下，对 InSe/BP 异质结进行了完全弛豫。

根据 InSe 单层和 BP 单层之间原子的排列顺序，构建了 6 种堆叠结构的异质结，如图 4.1 所示。为判断 InSe/BP 异质结不同堆叠结构的稳定性，界面结合能（E_b）被定义为

$$E_b = E_{\text{Total}} - E_{\text{InSe}} - E_{\text{BP}} \tag{4.3}$$

式中，E_{Total}、E_{InSe} 和 E_{BP} 分别表示 InSe/BP 异质结、InSe 单层和 BP 单层的总能量。

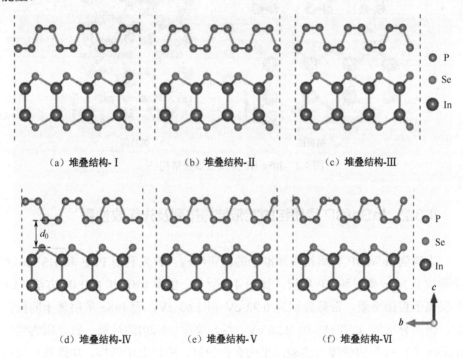

（a）堆叠结构-Ⅰ　　　（b）堆叠结构-Ⅱ　　　（c）堆叠结构-Ⅲ

（d）堆叠结构-Ⅳ　　　（e）堆叠结构-Ⅴ　　　（f）堆叠结构-Ⅵ

图 4.1　6 种 InSe/BP 异质结堆叠结构

表 4.1 给出 InSe/BP 异质结 6 种不同堆叠结构的层间距离和界面结合能，层间距离定义为 InSe 单层和 BP 单层中原子之间的最小距离。从表 4.1 中可以得知，6 种堆叠结构的层间距离都在 3.3 Å 左右，这表明它们都属于范德瓦尔斯

异质结。另外，6 种堆叠结构的界面结合能均为负值，表明所有堆叠结构的稳定性都较好。在所有堆叠结构中，堆叠结构-V 具有-5.3618 eV 的界面结合能，从而证明它具有最稳定的范德瓦尔斯异质结，如图 4.2 所示。因此，堆叠结构-V 异质结将用来进行接下来的所有计算，包括电子结构、光吸收系数和光激发载流子动力学等。

表 4.1　InSe/BP 异质结 6 种不同堆叠结构的层间距离（d_0）和界面结合能（E_b）

体系	堆叠结构-Ⅰ	堆叠结构-Ⅱ	堆叠结构-Ⅲ	堆叠结构-Ⅳ	堆叠结构-Ⅴ	堆叠结构-Ⅵ
d_0（Å）	3.32	3.35	3.38	3.32	3.29	3.27
E_b（eV）	−5.3595	−5.3612	−5.3599	−5.3588	−5.3618	−5.3552

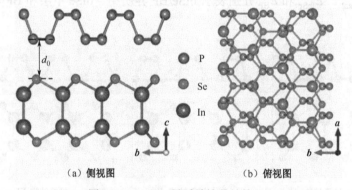

（a）侧视图　　　　　　　　　　（b）俯视图

图 4.2　InSe/BP 异质结堆叠结构-Ⅴ

4.3.2　InSe/BP 异质结的能带结构排列及光吸收性质

为得到 InSe/BP 异质结更加准确的能带结构，首先利用 PBE 和 HSE06 方法测试了 InSe 单层和 BP 单层，如图 4.3 所示。使用 PBE 和 HSE06 方法，BP 单层属于直接带隙，带隙分别为 0.92 eV 和 1.63 eV，而 InSe 单层属于间接带隙，带隙分别为 1.50 eV 和 2.26 eV，这与文献[26-29]的结果一致。因为利用 HSE06 方法得到的带隙与实验结果吻合得较好，所以电子结构、功函数及光电特性等均采用 HSE06 方法来计算。

图 4.4 给出了 InSe/BP 异质结的投影能带结构及其示意图。从图 4.4（a）可知，InSe/BP 异质结具有半导体特性和直接带隙，带隙约为 1.11 eV，其远小于 BP 单层的 1.63 eV 和 InSe 单层的 2.26 eV，带隙的减小将会导致吸收边的红移。

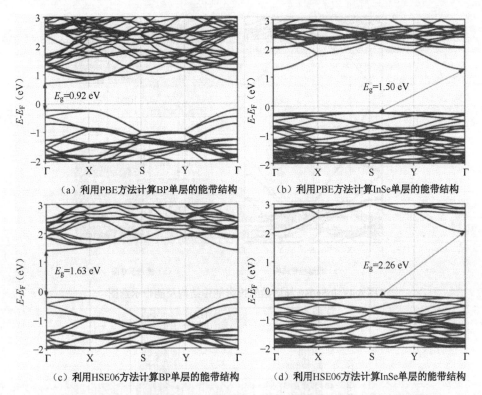

（a）利用PBE方法计算BP单层的能带结构　　　（b）利用PBE方法计算InSe单层的能带结构

（c）利用HSE06方法计算BP单层的能带结构　　　（d）利用HSE06方法计算InSe单层的能带结构

图 4.3　BP 单层和 InSe 单层分别使用 PBE 和 HSE06 方法计算的能带结构

异质结的价带最大值（VBM）和导带最小值（CBM）主要归因于 BP 单层和 InSe 单层的贡献，如图 4.4（a）和图 4.5（a）所示。由图 4.5（b）～图 4.5（d）可知，VBM 和 CBM 分别由 P 原子的 p_z 轨道和 In 原子的 s 轨道及 Se 原子的 p_z 轨道占据。因此，InSe/BP 异质结属于 II 型能带排列。由于 InSe 单层和 BP 单层之间的界面效应，它们在 InSe/BP 异质结中的带隙变为 1.81eV 和 1.82eV，相对于单层分别改变了 0.45 eV 和 0.19 eV。然而，单层材料能带的构型变化较小，因而单层材料在异质结中的特性得以保留。另外，InSe/BP 异质结的能带示意图如图 4.4（b）所示，这有助于光生电子和空穴的自发转移。此外，倒易空间中 BP 单层、InSe 单层和 InSe/BP 异质结沿不同方向的电子和空穴的有效质量，如表 4.2 所示。由于有效质量与迁移率成反比，异质结的构建可以分别提高 BP 单层的空穴迁移率和 InSe 单层的电子迁移率。

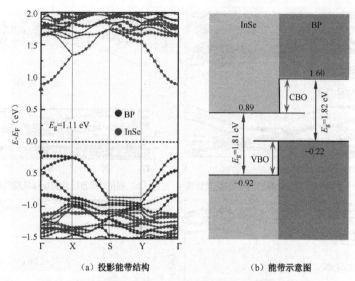

（a）投影能带结构　　　　　　　（b）能带示意图

图 4.4　InSe/BP 异质结的投影能带结构及能带示意图

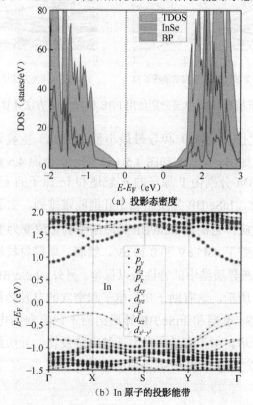

（a）投影态密度

（b）In 原子的投影能带

图 4.5　InSe/BP 异质结的投影态密度和 In、Se、P 原子的投影能带

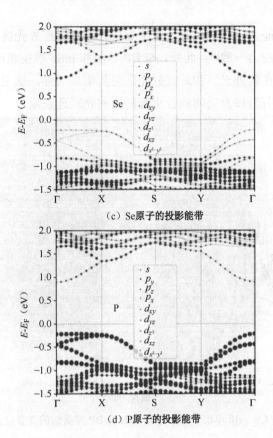

（c）Se原子的投影能带

（d）P原子的投影能带

图 4.5　InSe/BP 异质结的投影态密度和 In、Se、P 原子的投影能带（续）

表 4.2　倒易空间中 BP 单层、InSe 单层和 InSe/BP 异质结沿不同方向的电子和空穴的有效质量

系统	m_h^*/m_0	m_e^*/m_0	m_h^*/m_0	m_e^*/m_0
BP	$\Gamma \to X$		$\Gamma \to Y$	
	0.04	0.45	2.55	2.14
InSe	$S\|Y \to S$	$\Gamma \to X$	$S\|Y \to Y$	$\Gamma \to Y$
	0.13	2.39	0.05	2.27
InSe/BP	$\Gamma \to X$		$\Gamma \to Y$	
	0.03	2.04	2.38	2.31

　　光电探测的第一步就是电子通过吸收光子的能量产生电子-空穴对，因此改进材料的光吸收能力是提高其光电特性的关键。图 4.6 展示了 BP 单层、InSe 单层和 InSe/BP 异质结的光吸收谱。从图中可以明显地观察到 InSe/BP 异质结具

有较宽的光探测能力，探测范围覆盖了紫外光区到近红外光区，这与实验中发现的红外光探测能力一致[8]。此外，与 BP 单层和 InSe 单层相比，InSe/BP 异质结的光吸收系数在紫外光区和近红外光区得到明显增强，这主要源于异质结中的带隙减小、电荷转移及层间耦合引起的新的光跃迁现象。

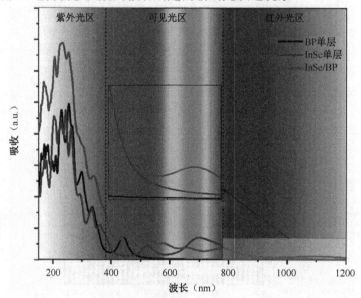

图 4.6 BP 单层、InSe 单层和 InSe/BP 异质结的光吸收谱

4.3.3 InSe/BP 异质结的功函数及自供电效应

功函数是指将一个电子从费米能级转移到无穷远所需的最小能量，其公式如下：

$$\varPhi = E_V - E_F \tag{4.4}$$

式中，$\varPhi$ 表示功函数，E_V 表示一个静止电子的真空能级，E_F 表示 InSe/BP 异质结的费米能级。

功函数是理解异质结界面电荷转移的关键因素。如图 4.7（a）～图 4.7（c）显示的 BP 单层、InSe 单层和 InSe/BP 异质结的功函数分别为 5.26 eV、6.32 eV 和 5.32 eV。由于 InSe 单层比 BP 单层具有更大的功函数，电子将自发地从 BP 单层转移到 InSe 单层上，直到它们的费米能级相等为止。此外，界面的电势降 E_P 反映了 BP 和 InSe 层间平均静电势的差异。通过跨界面计算可知，InSe/BP

异质结的电势降达到了 8.91 eV，其值远大于 InSe/MoS₂（2.55 eV）[30]、InSe/WS₂（4.46 eV）[30] 和 InSb/InSe（4.53 eV）[31]。较大的电势降将在异质结的层间产生较大的内置电场[32-34]，其非常有利于光生载流子的分离和暗电流的抑制[35]。更重要的是，由于异质结界面处内置电场的存在，使得 InSe/BP 异质结能够在零偏压下运行，从而实现自供电能力，这很好地解释了实验中发现的自供电现象[7]。

图 4.7（d）所示为 InSe/BP 异质结形成前后的能带排列示意图。BP 单层和 InSe 单层在接触前均为 P 型半导体，接触后的界面效应致使 InSe 单层转变为 N 型半导体，最终形成 N-P InSe/BP 异质结。由于界面电位的变化，InSe/BP 异质结中出现了能带弯曲的现象，对于电位上升（BP 单层上的空穴聚集）表面的能带向上弯曲，而电位下降（InSe 单层上的电子聚集）表面的能带向下弯曲。

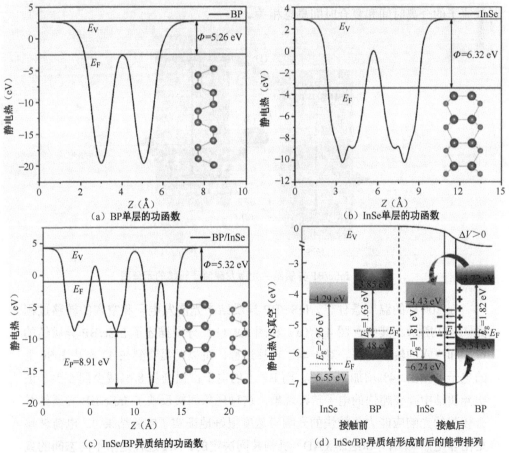

图 4.7   BP 单层、InSe 单层和 InSe/BP 异质结的功函数及 InSe/BP 异质结形成前后的能带排列

4.3.4　InSe/BP 异质结界面超快载流子转移的分子动力学

高效的光电探测器除需要具备宽的光谱范围、高的光吸收系数外，快的光响应速度及电荷分离和复合的时间竞争过程也是提高光电探测器性能的关键因素。这里通过分子动力学（NAMD）方法研究了 InSe/BP 异质结界面上光生载流子的转移和复合动力学过程。图 4.8 给出了 InSe/BP 异质结中光激发载流子转移的示意图。在光照条件下，电子吸收光子能量后从价带激发到导带，然后，CBO 的存在致使电子可以自发地从 BP 层的导带转移到 InSe 层的导带中。同时，VBO 的存在使得空穴可以自发地从 InSe 层的价带转移到 BP 层的价带中。此外，界面之间同样存在电子和空穴之间的复合，电子和空穴能否有效分离与载流子的分离时间和复合时间息息相关。

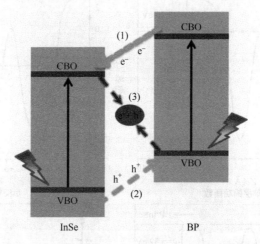

图 4.8　InSe/BP 异质结中光激发载流子转移的示意图

在 300 K 的温度条件下，InSe/BP 异质结中光激发电子和空穴的转移过程如图 4.9 所示。其中，图 4.9（a）和图 4.9（b）分别描述了 InSe/BP 异质结的电子和空穴的转移过程。对于电子转移过程，可以明显看到在 43 fs 内 InSe 上的电子占据由 14% 增加到 39%，而 BP 上的电子占据则从 86% 减少到 61%，证明异质结中存在超快的电子转移现象，这种现象间接反映了 InSe/BP 异质结具有较强的光响应能力，较快的光响应速度很好地证实了实验结果[7]。电荷转移是由非绝热（NA）和绝热（AD）机制共同决定的。NA 过程是指不同态间的直接电荷跳变，而由核运动引起的 AD 机制可以增加分子动力学轨迹之间的交叉，从而进一步加速电荷转移。从图 4.9（a）中可以明显地看到电子的超快转移过程主要归因于 AD 机制。随着时间的演化，电子的转移由 AD 机制和 NA 机制共同作用，并在 400~1500 fs 发生了明显的电荷振荡。相对于电子转移，空穴转移时间明显变慢，在 1500 fs 内 BP 的空穴占据从 8%增加到 32%，其中 NA 机制起着决定性的作用，而 AD 机制对这一过程的影响较小。空穴转移过程同样伴随着电荷振荡，但振荡的幅度小于电子转移过程。值得注意的是，电子转移和空穴转移过程的电荷振荡均主要来源于 AD 机制，这说明了核运动的重要作用。

在 NAMD 模拟中，载流子转移概率都是由非绝热耦合（NAC）元素决定的，非绝热耦合越大，载流子转移就越快。NAC 元素综合考虑了 AD 和 NA 机制，可以描述为[36]

$$d_{jk} = \left\langle \varphi_j \left| \frac{\partial}{\partial t} \right| \varphi_k \right\rangle = \frac{\left\langle \varphi_j \left| \nabla_R H \right| \varphi_k \right\rangle}{\varepsilon_k - \varepsilon_j} \dot{R} \qquad (4.5)$$

式中，H 表示 Kohn-Sham 哈密顿量；ε 表示电子态的本征值；$\left\langle \varphi_j \left| \nabla_R H \right| \varphi_k \right\rangle$ 表示电子-声子耦合元素；φ_j、φ_k、ε_j 和 ε_k 分别表示电子态 j 和 k 对应的波函数和本征值；$\dot{R}$ 表示核运动的速度。为便于可视化，图 4.9（c）和图 4.9（d）分别绘制了光生电子和空穴弛豫的非绝热耦合。相邻态间的 NAC 明显大于单独态间的 NAC，也就是说光生电子和空穴更容易在相邻态之间跳跃，主要原因在于 NAC 与相邻态的能量差成反比。

通过式（4.5）可知，NAC 主要由电子-声子耦合、态间能量差和核速度共同决定。其中，电子-声子耦合和核速度可用声子模来表征，而声子模又可由给体态和受体态之间能隙的傅里叶变换得到。从图 4.9（e）和图 4.9（f）中可以看出，空穴转移比电荷转移过程具有更大的相邻态间的能量差，因而导致空穴转移得较慢。此外，声子模对 NAC 的大小及载流子转移时间至关重要，电子从 BP 单层到 InSe 单层转移和空穴从 InSe 单层到 BP 单层转移的能隙波动如图 4.9（g）和图 4.9（h）所示。电子（空穴）转移的声子峰主要出现在 31~133 cm^{-1}（0~51 cm^{-1}）和 285~350 cm^{-1}（200~233 cm^{-1}）。InSe/BP 异质结层内的 P-P 拉伸模式主要控制了给体态，而受体态中约为 230 cm^{-1} 的峰主要归因于 InSe 层的 $A_1'(\Gamma_1^3)$ 振动模式[37,38]。与空穴转移相比，电子转移与更高频率的声子模耦合，从而使得电子转移的速度更快。

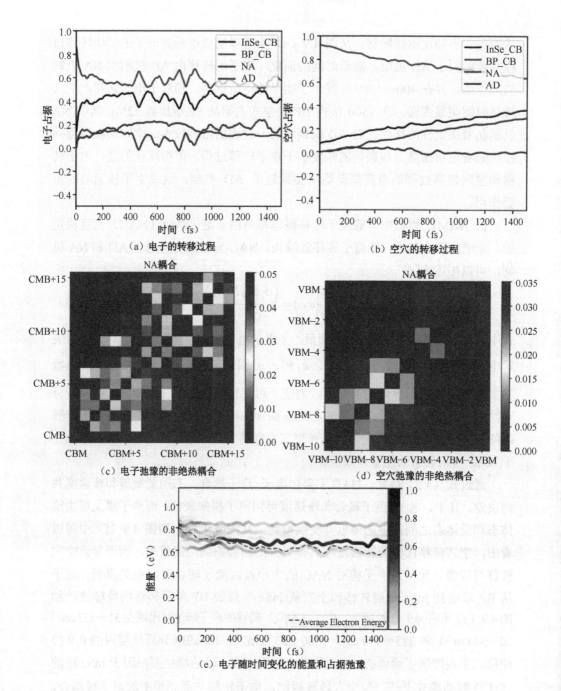

（a）电子的转移过程

（b）空穴的转移过程

（c）电子弛豫的非绝热耦合

（d）空穴弛豫的非绝热耦合

（e）电子随时间变化的能量和占据弛豫

图 4.9　在 300 K 的温度条件下，InSe/BP 异质结中光激发电子和

空穴的转移过程

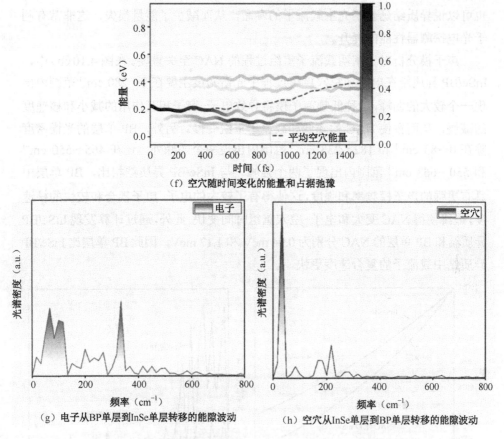

（f）空穴随时间变化的能量和占据弛豫

（g）电子从BP单层到InSe单层转移的能隙波动　　　（h）空穴从InSe单层到BP单层转移的能隙波动

图 4.9　在 300 K 的温度条件下，InSe/BP 异质结中光激发电子和

空穴的转移过程示意图（续）

　　电子–空穴复合不仅是产生能量损失的主要途径，也是影响光电探测器能量转换效率的重要因素。准确描述电子和空穴的重组动力学，对于表征 InSe/BP 异质结界面上光生载流子的分离非常重要，因此这里采用退相干诱导的表面跳变（DISH）方法研究 BP 单层和 InSe/BP 异质结中电子–空穴重组过程中的占据演化，如图 4.10（a）所示。通过指数拟合公式 $P(t) = \exp(-t/\tau)$ 获得 BP 单层和 InSe/BP 异质结的非辐射电子–空穴重组时间。BP 单层的电子–空穴重组寿命为 1.90 ns，其与 1.3 ns 的实验值[39]很好地达成一致，表明模拟可以有效地评价重组动力学。而 InSe/BP 异质结中载流子的重组时间约为 2.81 ns。较慢的复合时间表明 BP 单层和 InSe 单层构建的异质结可以有效地抑制电子和空穴的重组，

也可以说异质结延长了光生载流子的寿命，从而减少了能量损失，这非常有利于光电探测器性能的提升。

声子模分析对于阐明载流子重组过程的 NAC 至关重要。在图 4.10（b）中，InSe/BP 异质结在电子和空穴重组过程中光谱密度主要在 $0\sim280$ cm^{-1} 范围内出现一个较大的弱峰，这种低频声子模将导致电子–声子相互作用的减小和核速度的减慢，从而致使 NAC 的降低和载流子重组变慢。另外，BP 单层的光谱密度除在 $0\sim83$ cm^{-1} 和 $182\sim233$ cm^{-1} 范围内出现两个弱峰外，还在 $465\sim550$ cm^{-1} 和 $550\sim668$ cm^{-1} 范围内出现了两个强峰。与 InSe/BP 异质结相比，BP 单层中具有更强的声子模频率和强度，这使得有了较大的电子–声子耦合和较快的核速度，最终使得 NAC 变大和电子–空穴重组时间变快。此外，通过计算发现 InSe/BP 异质结和 BP 单层的 NAC 分别为 0.94 meV 和 1.17 meV，因此 BP 单层比 InSe/BP 异质结中载流子的复合速度更快。

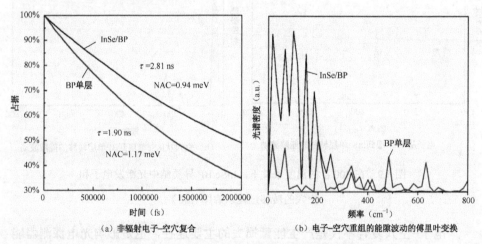

（a）非辐射电子–空穴复合　　　　　（b）电子–空穴重组的能隙波动的傅里叶变换

图 4.10　BP 单层和 BP/InSe 异质结中从 CBM 到 VBM 的非辐射电子–空穴复合及

电子–空穴重组的能隙波动的傅里叶变换

InSe/BP 异质结中电子–空穴复合过程要比电子和空穴转移过程慢得多，这可能主要与带隙、NAC 有关。在通常情况下，更大的带隙、较弱的 NAC 往往会导致较慢的电子–空穴重组动力学。II 型 InSe/BP 异质结不仅减小了带隙，而且形成了较强的内置电场，清晰分辨了空间中的导带和价带边缘，从而大大降低了 NAC，使异质结中光生载流子的寿命得以延长。

4.3.5　双轴应变对 InSe/BP 异质结光电特性的调控

研究发现，面内机械应变是调控异质结电子特性的重要途径。双轴应变可以被定义为

$$\varepsilon = \left| \frac{x - x_0}{x_0} \right| \tag{4.6}$$

式中，x 和 x_0 分别表示施加应变和无应变时的晶格常数。另外，为了更好地研究异质结施加应变与无应变时两者之间的能量变化，应变能（E_s）定义为

$$E_s = E_a - E_n \tag{4.7}$$

式中，E_a 和 E_n 分别表示施加应变和无应变时异质结的总能量。

图 4.11（a）显示了 InSe/BP 异质结在 -10%～+10% 范围的应变能。根据结果可知，由于双轴应变和应变能是比较完美的二次函数，所以施加的应变均在弹性极限之内，并且具有可逆性。图 4.11（b）展示了平面内不同双轴应变对 InSe/BP 异质结能带结构的影响。在压缩应变下，能带结构从直接带隙变为间接带隙，并且带隙随着压缩应变的增加而减小。当施加的压缩应变达到 -4% 或更高时，能带排列类型从 II 型变为 I 型。与压缩应变的影响类似，当拉伸应变逐渐增加时，带隙也会随之线性下降，在 +2%～+10% 的拉伸应变范围内异质结的能带结构属于直接带隙。在 +10% 的拉伸应变作用下，异质结获得了 0.22 eV 的最小带隙。此外，当施加拉伸应变时，InSe/BP 异质结始终保持着 II 型能带排列，这非常有利于电子-空穴对的分离。

不同双轴应变下 InSe/BP 异质结的功函数和电势降（E_p）的变化情况如图 4.11（c）所示。功函数随着压缩应变的增加而减少，而随着拉伸应变的增加而增大。E_p 随应变的变化与功函数的变化趋势正好相反。当拉伸应变增加时，E_p 值逐渐下降到 5.49 eV；而随着压缩应变的增加，E_p 值逐渐增加，在压缩应变增大到 -8% 时，E_p 值达到了最大的 12.08 eV，这将极大地增强 InSe/BP 异质结的内置电场，从而提升异质结的自供电能力。图 4.11（d）给出了双轴应变对 InSe/BP 异质结光吸收谱的影响。在压缩应变的作用下，异质结的光吸收边出现了红移，这源于带隙的下降。在整个光谱范围内，受到压缩应变的 InSe/BP 异质结比无应变的异质结表现出更高的光吸收强度。特别是当压缩应变增加到 -2% 以上时，近红外光区的吸收强度明显增加，使 InSe/BP 异质结具备了较强的红

外光探测能力。此外，随着拉伸应变的增加，吸收边出现了一个明显的蓝移，光吸收系数也有所减小。基于上述分析可知，对 InSe/BP 异质结施加双轴压缩应变是制造高性能自供电光电探测器的有效途径。

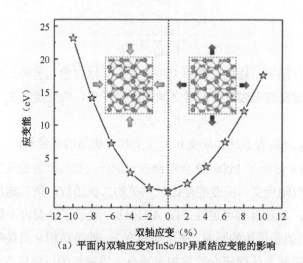

（a）平面内双轴应变对InSe/BP异质结应变能的影响

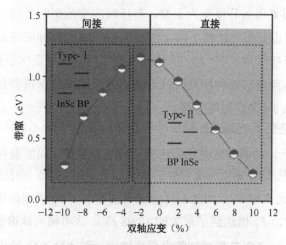

（b）平面内双轴应变对InSe/BP异质结能带结构的影响

图 4.11　在-10%～+10%范围内，平面内双轴应变对 InSe/BP 异质结应变能、能带结构、功函数、电势降和光吸收谱的影响

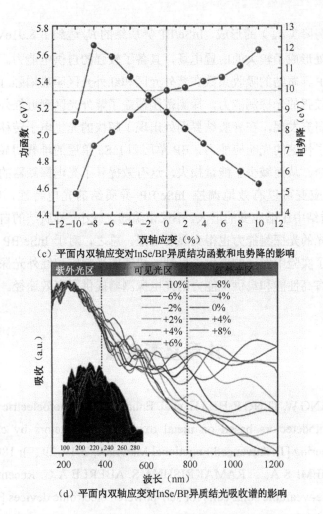

（c）平面内双轴应变对InSe/BP异质结功函数和电势降的影响

（d）平面内双轴应变对InSe/BP异质结光吸收谱的影响

图 4.11　在-10%到+10%范围内，平面内双轴应变对 InSe/BP 异质结应变能、

能带结构、功函数和电势降、光吸收谱的影响（续）

4.4　本章小结

本章利用第一性原理和非绝热分子动力学方法系统地研究了 InSe/BP 异质结的电子结构、光吸收谱及界面处载流子的转移和复合动力学。研究发现，InSe/BP 异质结具有稳定的结构和 II 型能带排列。平均静电势的不同导致异质

结界面处电势降（E_p）的形成，InSe/BP 异质结的 E_p 达到了 8.91eV，这证明异质结在界面处形成了较大的内置电场，具备了较强的自供电能力。与单层材料相比，InSe/BP 异质结的吸收系数在紫外光区和红外光区明显增强。而且 InSe/BP 异质结具有较强的光探测能力，探测范围覆盖了紫外光区到近红外光区。通过分子动力学研究发现，在异质结界面处出现了超快的光生电子转移现象，因此异质结具备了快速的光响应能力。BP 单层和 InSe 单层的堆叠明显延长了光生载流子的寿命，从而减少了能量损失，这有效提升了光电探测器的光电特性。此外，双轴应变可以有效地调控 InSe/BP 异质结的光电特性，特别是随着 InSe/BP 异质结中压缩应变的增大，不仅带隙随之减小，异质结的自供电能力和对于近红外光的光探测能力也得到显著增强。总之，对于 InSe/BP 异质结的研究不仅解释了实验中发现的自供电机制、快速的光响应和红外光探测能力，而且为制备具有高性能和自供电能力的光电探测器提供了有效途径。

本章参考文献

[1] OUYANG W, TENG F, HE J H, et al. Enhancing the photoelectric performance of photodetectors based on metal oxide semiconductors by charge-carrier engineering [J]. Advanced Functional Materials, 2019, 29 (9): 1807672.

[2] HASHEMI S A, RAMAKRISHNA S, ABERLE A G. Recent progress in flexible-wearable solar cells for self-powered electronic devices [J]. Energy & Environmental Science, 2020, 13(3): 685-743.

[3] ZONG X, HU H, OUYANG G, et al. Black phosphorus-based van der Waals heterostructures for mid-infrared light-emission applications [J]. Light: Science & Applications, 2020, 9: 114.

[4] YOUNGBLOOD N, CHEN C, KOESTER S J, et al. Waveguide-integrated black phosphorus photodetector with high responsivity and low dark current [J]. Nature Photonics, 2015, 9: 247-252.

[5] HE Y, ZHANG M, SHI J, et al. Improvement of Visible-Light Photocatalytic Efficiency in a Novel InSe/Zr_2CO_2 Heterostructure for Overall Water Splitting [J].

Journal of Physical Chemistry C, 2019, 123(20): 12781-12790.

[6]　BANDURIN D A, TYURNINA A V, YU G L, et al. High electron mobility, quantum Hall effect and anomalous optical response in atomically thin InSe [J]. Nature Photonics, 2017, 12: 223-227.

[7]　ZHAO S, WU J, JIN K, et al. Highly polarized and fast photoresponse of black phosphorus-InSe vertical p-n heterojunctions [J]. Advanced Functional Materials, 2018, 28(34): 1802011.

[8]　GAO A, LAI J, WANG Y, et al. Observation of ballistic avalanche phenomena in nanoscale vertical InSe/BP heterostructures [J]. Nature Nanotechnology, 2019, 14: 217-222.

[9]　DING Y, SHI J, XIA C, et al. Enhancement of hole mobility in InSe monolayer via an InSe and black phosphorus heterostructure [J]. Nanoscale, 2017, 9(38): 14682-14689.

[10]　NIU X, LI Y, ZHANG Y, et al. Highly efficient photogenerated electron transfer at a black phosphorus/indium selenide heterostructure interface from ultrafast dynamics [J]. Journal of Materials Chemistry C, 2019, 7(7): 1864-1870.

[11]　KRESSE G, FURTHMÜLLER J. Efficiency of ab-initio total energy calculations for metals and semiconductors using a plane-wave basis set [J]. Computational Materials Science, 1996, 6(1): 15-50.

[12]　KRESSE G, JOUBERT D. From ultrasoft pseudopotentials to the projector augmented-wave method [J]. Physical Review B: Condensed Matter and Materials Physics, 1999, 59(3): 1758-1775.

[13]　PERDEW J P, BURKE K, ERNZERHOF M. Generalized gradient approximation made simple [J]. Physical Review Letters, 1996, 77(18): 3865-3868.

[14]　HEYD J, SCUSERIA G E, ERNZERHOF M. Hybrid functionals based on a screened coulomb potential [J]. Journal of Chemical Physics, 2003, 118(18): 8207-8215.

[15]　GRIMME S, ANTONY J, EHRLICH S, et al. A consistent and accurate ab initio parametrization of density functional dispersion correction (DFT-D) for

the 94 elements H-Pu [J]. Journal of Chemical Physics, 2010, 132: 154104.

[16] BENGTSSON L. Dipole correction for surface supercell calculations [J]. Physical Review B, 1998, 59(19): 12301.

[17] CRAIG C F, DUNCAN W R, PREZHDO O V. Trajectory surface hopping in the time-dependent Kohn-Sham approach for electron-nuclear dynamics [J]. Physical Review Letters, 2005, 95: 163001.

[18] AKIMOV A V, PREZHDO O V. Advanced capabilities of the PYXAID program: Integration schemes, decoherence effects, multiexcitonic states, and field-matter interaction [J]. Journal of Chemical Theory and Computation, 2014, 10(2): 789-804.

[19] ZHENG Q, SAIDI W A, XIE Y, et al. Phonon assisted ultrafast charge transfer at van der Waals heterostructure interface [J]. Nano Letters, 2017, 17(10): 6435-6442.

[20] GUO H, CHU W, ZHENG Q, et al. Tuning the carrier lifetime in black Phosphorene through family atom doping [J]. Journal of Physical Chemistry Letters, 2020, 11: 4662-4667.

[21] TAO Z G, DENG S, PREZHDO O V, et al. Tunable ultrafast charge transfer across homojunction interface [J]. Journal of the American Chemical Society, 2024, 146 (34): 24016-24023.

[22] JAEGER H M, FISCHER S, PREZHDO O V. Decoherence-induced surface hopping [J]. Journal of Chemical Physics, 2012, 137(22): 22A545.

[23] ZHENG Q, XIE Y, LAN Z, et al. Phonon-coupled ultrafast interlayer charge oscillation at van der Waals heterostructure interfaces [J]. Physical Review B, 2018, 97(20): 205417.

[24] LIU B, LONG M, CAI M Q, et al. Interface engineering of $CsPbI_3$-black phosphorus van der Waals heterostructure [J]. Applied Physics Letters, 2018, 112(4): 043901.

[25] KONG Z, CHEN X, ONG W J, et al. Atomic-level insight into the mechanism of 0D/2D black phosphorus quantum dot/graphitic carbon nitride (BPQD/GCN) metal-free heterojunction for photocatalysis [J]. Applied Surface Science, 2019, 463: 1148-1153.

[26] HABIBA M, ABDELILAH B, ABDALLAH E K, et al. Enhanced photocatalytic activity of phosphorene under different pH values using density functional theory (DFT) [J]. RSC Advances, 2021, 11: 16004-16014.

[27] MALYI O, SOPIHA K, RADCHENKO I, et al. Tailoring electronic properties of multilayer phosphorene by siliconization [J]. Physical Chemistry Chemical Physics, 2018, 20(3): 2075-2083.

[28] ZHUANG H L, HENNIG R G. Single-layer group-III monochalcogenide photocatalysts for water splitting [J]. Chemistry of Materials, 2013, 25(15): 3232-3238.

[29] JU W, LI T, ZHOU Q, et al. Adsorption of 3d transition-metal atom on InSe monolayer: A first-principles study [J]. Computational Materials Science, 2018, 150: 33-41.

[30] NI J, QUINTANA M, JIA F, et al. Using van der Waals heterostructures based on two-dimensional InSe-XS$_2$ (X=Mo, W) as promising photocatalysts for hydrogen production [J]. Journal of Materials Chemistry C, 2020, 8(36): 12509-12515.

[31] WANG Z, SUN F, LIU J, et al. Electric field and uniaxial strain tunable electronic properties of the InSb/InSe heterostructure [J]. Physical Chemistry Chemical Physics, 2020, 22(36): 20712-20720.

[32] LI J, HUANG Z, KE W, et al. High solar-to-hydrogen efficiency in Arsenene/GaX (X=S, Se) van der Waals heterostructure for photocatalytic water splitting [J]. Journal of Alloys and Compounds, 2021, 866: 158774.

[33] SHOKRI A, YAZDANI A. Band alignment engineering, electronic and optical properties of Sb/PtTe$_2$ van der Waals heterostructure: effects of electric field and biaxial strain [J]. Journal of Materials Science, 2021, 56: 5658-5669.

[34] PHUC H V, HIEU N N, HOI B D, et al. Interlayer coupling and electric field tunable electronic properties and Schottky barrier in graphene/bilayer GaSe van der Waals heterostructure [J]. Physical Chemistry Chemical Physics, 2018, 20(26): 17899-17908.

[35] YAN Y, ABBAS G, LI F, et al. Self-driven high performance broadband photodetector based on SnSe/InSe van der Waals heterojunction [J]. Advanced

Materials Interfaces, 2022, 9(12): 2102068.

[36] REEVES K G, SCHLEIFE A, CORREA A A, et al. Role of surface termination on hot electron relaxation in silicon quantum dots: A first-principles dynamics simulation study [J]. Nano letters, 2015, 15(10): 6429-6433.

[37] FEI R, YANG L. Lattice vibrational modes and raman scattering spectra of strained phosphorene [J]. Applied Physics Letters, 2014, 105(8): 083120.

[38] LEI S, GE L, NAJMAEI S, et al. Evolution of the Electronic Band Structure and Efficient Photo-Detection in Atomic Layers of InSe [J]. ACS Nano, 2014, 8: 1263-1272.

[39] SUESS R J, JADIDI M M, MURPHY T E, et al. Carrier dynamics and transient photobleaching in thin layers of black Phosphorus [J]. Applied Physics Letters, 2015, 107(8): 081103.

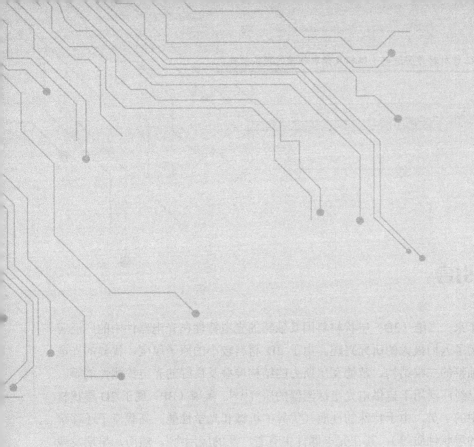

第 5 章

2D/2D BP/Cs₂SnI₄ 异质结的设计和光电特性

5.1 引言

近年来，二维（2D）层状材料因其独特的光电特性在光电器件中的广泛应用，引起了人们极大的研究兴趣。由于 2D 材料较小的原子厚度、优异的光电特性、独特的二维结构、范德瓦尔斯力的结构堆叠及良好的光电探测性能等，目前其已经广泛用于自供电光电探测器的研究[1-3]。黑磷（BP）属于 2D 层状材料家族中的一员，由于特殊的性质（优异的机械和光学性能、高载流子迁移率和固有的层状性质等），其在光电器件中有着广泛的应用[4-5]。然而，早期发现 BP 光电探测器的最大光响应率仅为几百 mA/W[6,7]，远低于过渡金属二卤化物（TMDs）的光响应率。此外，BP 的高化学活性和大激子结合能极大地限制了其在光电器件中的应用[8,9]。为提高光响应率，研究人员发现在 BP 上堆叠其他二维材料是一种非常有效的方法。因此，大量基于 BP 的异质结被制备和研究，研究结果表明其具有较大的载流子迁移率和良好的光电探测响应率。例如，BP/MoS_2[10]、石墨烯/BP[11]、BP/SnS_2[12]、InSe/BP[13]和$BP/HgCdTe$[14]。与众所周知的 2D 材料（如石墨烯、TMDCs 和黑磷）相比，二维 Ruddlesden-Popper（RP）钙钛矿是一种新型的二维材料[15]，化学式为 $A_{n+1}B_nX_{3n+1}$，其中，A 是间隔阳离子或长链有机阳离子，B 是金属元素（Pb 和 Sn 等），X 是卤化物阴离子（Br、Cl 和 I 等）。2D PR 钙钛矿具有优异的电子和光学特性，因此它已成为纳米电子学和光电子学中一个很有前途的候选材料。最近，已经通过实验合成了许多 2D PR 钙钛矿，如全无机 2D $Cs_2SnI_2Cl_2$[16]、$Cs_2PbI_2Cl_2$[17]、Cs_2PbI_4[18]、$Cs_{n+1}Sn_{n-x}I_{3n+1}$ 体系[19]，基于 2D PR 钙钛矿的异质结显示出良好的光电特性[20-22]。特别是由于 Cs_2SnI_4 具有无毒性、环境稳定性和良好的光电特性等，其已被认为在未来的光电器件中具有极大的应用潜力。

基于上述原因，本章设计和构建了由全无机 Cs_2SnI_4 和 BP 组成的二维范德瓦尔斯异质结，通过 VASP 计算了 BP/Cs_2SnI_4 异质结的电子结构、光生载流子转移、自供电效应和光学性质等。在 BP/Cs_2SnI_4 异质结中，研究了两种类型的范德瓦尔斯接触：Cs-I 与 BP（Cs-I-BP）和 Sn-I 与 BP（Sn-I-BP）的界面相互作用。此外，还全面讨论了双轴应变对该异质结能带结构、电势降和光吸收系数的影响。

5.2　计算方法与细节

本章利用 VASP[23]进行了相应的计算。电子与离子之间的相互作用和电子间的交换关联能量分别用 PAW 方法[24]和 PBE 方法[25]进行了处理。为获取更加准确的电子性质和带隙，包含 25% Hartree-Fock 交换能的 Heyd-Scuseria-Eenzerhof（HSE06）[26]方法被用来计算电子结构。平面波的动能截止能量设为 420 eV，Cs-I-BP 和 Sn-I-BP 异质结的简约布里渊区均采用 5×2×1 Gamma-Centered **k** 点进行能量和电子结构计算。体系完全弛豫的标准为总能量和原子间的相互作用力分别小于 10^{-5} eV 和 0.01 eV/Å。采用 Grimme 的 DFT-D3 方法[27]处理了 BP/Cs_2SnI_4 异质结中存在的长程范德瓦尔斯相互作用力，并利用偶极校正方法修正了体系的真空能级[28]。此外，在垂直于平板的方向（**Z** 方向）上设置了一个超过 15 Å 的真空区域，从而避免了周期性模型中相邻层间的相互作用。

5.3　计算结果与讨论

5.3.1　BP/Cs₂SnI₄异质结的结构设计

为合理地构建 BP/Cs_2SnI_4 异质结，首先分析了 BP 单层和 Cs_2SnI_4 表面（包括 Cs-I 和 Sn-I 两个面）的电子结构信息。BP 单层和 Cs_2SnI_4 表面优化后的晶格参数分别为 $a = 3.30$ Å，$b = 4.63$ Å 和 $a = b = 6.32$ Å，其与已知的理论和实验结果一致[29-31]。通过 PBE 和 HSE06 两种方法计算了 BP 单层、Cs-I 表面和 Sn-I 表面的能带结构如图 5.1 所示。使用 PBE 和 HSE06 方法计算得到 BP 单层的带隙分别为 0.89 eV［见图 5.1（a）］和 1.59 eV［见图 5.1（d）］，对于 Cs-I 和 Sn-I 表面，HSE06 方法计算的带隙分别为 1.31 eV［见图 5.1（e）］和 1.37 eV［见图 5.1（f）］。此外，BP 单层、Cs-I 和 Sn-I 表面的能带结构均表现出直接带隙，这些结果与之前的研究吻合得很好[32-34]，证明了计算的准确性和可靠性。因此，后续对 BP/Cs₂SnI₄ 异质结的能带结构、功函数、光学性质等均采用 HSE06 方法进行计算，以保证电子结构及性质计算的准确性。

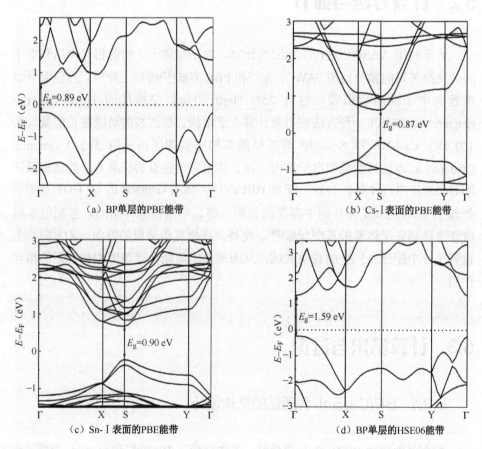

图 5.1　通过 PBE 和 HSE06 方法计算的 BP 单层、Cs-I 表面和 Sn-I 表面的能带结构

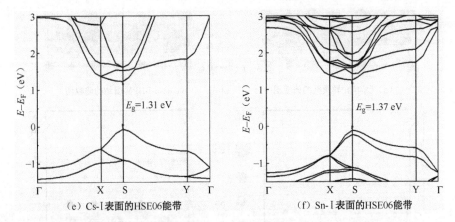

(e) Cs-I 表面的 HSE06 能带　　　　　　(f) Sn-I 表面的 HSE06 能带

图 5.1　通过 PBE 和 HSE06 方法计算的 BP 单层、Cs-I 表面和 Sn-I 表面的能带结构（续）

在 1×3 Cs₂SnI₄（001）表面上叠加 2×4 BP 单层，形成了 BP 和 Cs₂SnI₄ 异质结，异质结沿 a 和 b 方向的晶格失配分别为 4.24% 和 2.32%。因为 Cs₂SnI₄（001）表面暴露的原子不同（Cs-I 表面和 Sn-I 表面），所以构建了 Cs-I-BP 和 Sn-I-BP 两种类型的异质结。另外，在 Z 方向上添加了一个超过 15 Å 的真空区域用于避免相邻结构之间的相互作用。Cs-I-BP 异质结和 Sn-I-BP 异质结结构优化后的俯视图和侧视图如图 5.2 所示，BP 单层和 Cs-I（Sn-I）表面之间的最小距离为 $d_1 = 3.10$ Å（$d_2 = 3.36$ Å），这表明 BP 单层和 Cs-I 或 Sn-I 表面是通过范德瓦尔斯力进行结构堆叠的，因此 Cs-I-BP 和 Sn-I-BP 异质结属于典型的范德瓦尔斯异质结。此外，在初始异质结形成后，相对于 Cs-I 或 Sn-I 表面在 Z 方向移动 BP 单层，可以找到能量最低和最稳定的异质结。

为进一步判断 Cs-I-BP 和 Sn-I-BP 两种异质结的结构稳定性，界面结合能（E_b）被定义为

$$E_b = E_{Total} - E_{Cs\text{-}I/Sn\text{-}I} - E_{BP} \tag{5.1}$$

式中，E_{Total}、$E_{Cs\text{-}I/Sn\text{-}I}$ 和 E_{BP} 分别表示 Cs-I-BP 或 Sn-I-BP 异质结、Cs-I 或 Sn-I 表面和 BP 单层的总能量。结果表明，Cs-I-BP 和 Sn-I-BP 异质结的界面结合能分别为 -8.76 eV 和 -13.23 eV，负值说明了 Cs-I-BP 和 Sn-I-BP 异质结具有较好的结构稳定性。

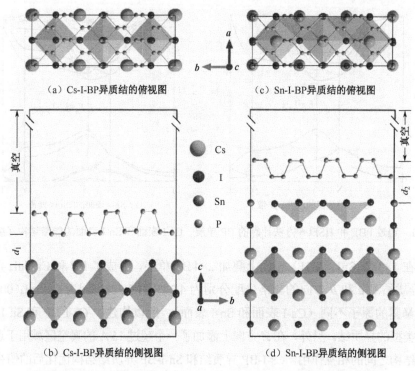

（a）Cs-I-BP异质结的俯视图　　　　　　（c）Sn-I-BP异质结的俯视图

（b）Cs-I-BP异质结的侧视图　　　　　　（d）Sn-I-BP异质结的侧视图

图 5.2　Cs-I-BP 异质结和 Sn-I-BP 异质结结构优化后的俯视图和侧视图

5.3.2　BP/Cs₂SnI₄异质结的电子结构及光吸收性质

Cs-I-BP 异质结和 Sn-I-BP 异质结的能带结构和分态密度分别如图 5.3（a）
和图 5.3（c）所示。从图 5.3（a）中可以看出，Cs-I-BP 异质结的间接带隙为
0.77 eV，这比 Cs-I 表面（1.31 eV）和 BP 单层（1.59 eV）的带隙要小得多，带
隙的降低将导致异质结吸收边的红移。价带最大值（VBM）和导带最小值（CBM）
分别由 Cs-I 表面和 BP 单层的原子轨道构成，因此证明了 Cs-I-BP 异质结属于
Ⅱ型能带排列，其有利于光生电子和空穴对的有效分离。同样，BP 单层和 Sn-
I 表面分别构成了 Sn-I-BP 异质结的 VBM 和 CBM，如图 5.3（c）所示，所以
Sn-I-BP 异质结也属于Ⅱ型能带排列。与 Cs-I-BP 异质结不同的是 Sn-I-BP 异质
结拥有一个 1.46 eV 的间接带隙，其与 BP 单层（1.59 eV）的带隙相差较小，甚
至比 Sn-I 表面（1.37 eV）的带隙还要略大。图 5.3（b）和图 5.3（d）反映了界
面效应对两种材料的影响，由于 Cs-I 和 BP 之间的界面效应，它们在 Cs-I-BP

异质结构中的带隙分别变为 1.46 eV 和 1.51 eV。而在形成 Sn-I-BP 异质结后，Sn-I 和 BP 的带隙变为 1.50 eV 和 1.54 eV。与图 5.1 相比，BP 单层、Cs-I 表面和 Sn-I 表面在相应异质结中的能带结构和带隙的变化较小，说明它们的单一特性得以保留。另外，在 Cs-I-BP（CBO：0.69 eV 和 VBO：0.74 eV）和 Sn-I-BP（CBO：0.08 eV 和 VBO：0.04 eV）异质结中存在导带偏移（CBO）和价带偏移（VBO）。从 VBO 和 CBO 的数值来看，Cs-I-BP 异质结要比 Sn-I-BP 异质结更加有利于光生电子和空穴的自发转移。

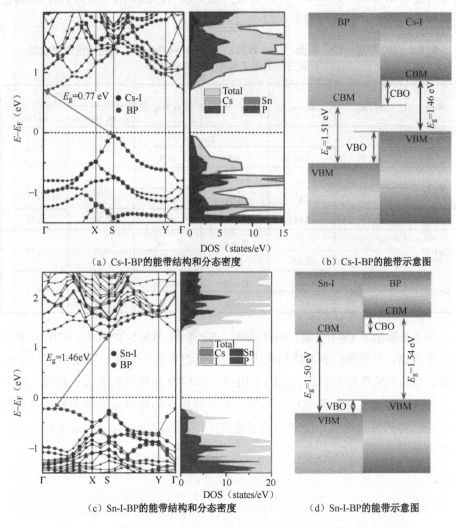

（a）Cs-I-BP的能带结构和分态密度　　　　（b）Cs-I-BP的能带示意图

（c）Sn-I-BP的能带结构和分态密度　　　　（d）Sn-I-BP的能带示意图

图 5.3　Cs-I-BP 和 Sn-I-BP 异质结的能带结构和分态密度及能带示意图

　　BP 单层、Cs-I 表面、Sn-I 表面、Cs-I-BP 和 Sn-I-BP 异质结沿倒易空间不同方向的电子和空穴的有效质量，如表 5.1 所示。总的来说，从高对称点到 Y 方向的有效质量比从高对称点到 X 方向的有效质量要小。有效质量与迁移率成反比。因此，沿 Y 方向的载流子迁移率比 X 方向的高。此外，两种异质结的形成均可以改善 BP 单层电子和空穴的迁移率。Cs-I-BP 异质结和 Sn-I-BP 异质结的最小平均有效质量分别为 0.27 和 0.63，与单层材料相比，它们分别具有良好的空穴迁移率和电子迁移率。有效质量的结果表明，Cs-I-BP 和 Sn-I-BP 均具备成为拥有高载流子迁移率器件的候选材料。

表 5.1　BP 单层、Cs-I 表面、Sn-I 表面、Cs-I-BP 和 Sn-I-BP 异质结沿倒易空间不同方向的电子和空穴的有效质量

体系	m_h^*/m_0	m_e^*/m_0	m_h^*/m_0	m_e^*/m_0	平均值	
					m_h^*/m_0	m_e^*/m_0
BP	$\Gamma \to X$		$\Gamma \to Y$		2.18	0.68
	4.15	1.14	0.2	0.23		
Cs-I	$S \to X$		$S \to Y$		0.25	0.47
	0.23	0.81	0.26	0.12		
Sn-I	0.17	0.84	0.35	0.62	0.26	0.73
Cs-I-BP	$S \to X$	$\Gamma \to X$	$S \to Y$	$\Gamma \to Y$	0.27	0.70
	0.27	1.07	0.27	0.33		
Sn-I-BP	$\Gamma\|X \to X$	$S \to X$	$\Gamma \to Y$	$S \to Y$	1.14	0.63
	1.95	1.03	0.32	0.23		

　　图 5.4 展示了 Cs-I 表面、Sn-I 表面、BP 单层、Cs-I-BP 和 Sn-I-BP 异质结的光吸收谱。为获得较为准确的光吸收边和吸收系数，采用了 HSE06 方法进行计算。与独立的单层材料相比，Cs-I-BP 和 Sn-I-BP 异质结的光吸收范围拓展到近红外区，拓宽了光探测范围。另外，两种异质结的吸收系数均在紫外光区和红外光区得到明显增强，使它们更适合应用在高性能的紫外光和红外光光电探测器中。

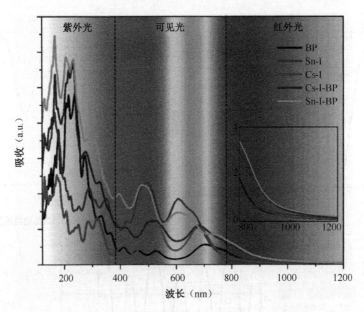

图 5.4　Cs-I 表面、Sn-I 表面、BP 单层、Cs-I-BP 和 Sn-I-BP 异质结的光吸收谱

5.3.3　BP 和 Cs₂SnI₄ 异质结的电荷转移及自供电效应

为深入理解异质结界面处的电荷转移机制，这里计算了单一材料和异质结的功函数。图 5.5 中 BP 单层、Cs-I 表面和 Sn-I 表面的功函数分别为 5.27 eV、4.49 eV 和 5.36 eV。由于 BP 单层比 Cs-I 表面具有更大的功函数，电子将自发地从 Cs-I 表面转移到 BP 单层，而空穴则从 BP 单层转移到 Cs-I 表面，直到它们的费米能级相等。同样，由于功函数的不同，在 Sn-I-BP 异质结中电子将从 BP 单层转移到 Sn-I 表面，而空穴则从 Sn-I 表面转移到 BP 单层。

Cs-I-BP 和 Sn-I-BP 异质结的功函数如图 5.6（a）和图 5.6（b）所示。通过跨界面计算可以得出 Cs-I-BP 和 Sn-I-BP 异质结的电势降（E_p）分别为 6.02 eV 和 5.64 eV，其值要大于许多 BP 基异质结，如 BP/MoS₂ 异质结（3.43 eV）[10]、(PEA)₂PbI₄/BP 异质结（3.12 eV）[35]和 BP/SiC 异质结（4.04 eV）[36]。较大的电势降将导致在异质结的耗尽区产生较大的内置电场，内置电场将促使光生电子和空穴进行有效分离[37-38]，从而产生光电流。因此，Cs-I-BP 异质结和 Sn-I-BP 异质结构成的光电探测器均能够在零偏压下运行，从而实现自供电功能。通过图 5.6（c）和图 5.6（d）可以发现，在两种异质结中，大量电荷在层间距中出

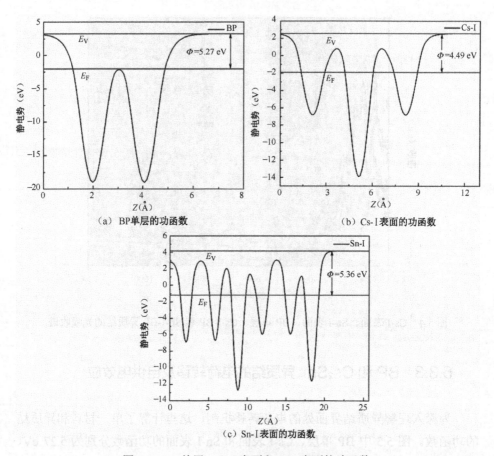

（a）BP单层的功函数

（b）Cs-I表面的功函数

（c）Sn-I表面的功函数

图 5.5　BP 单层、Cs-I 表面和 Sn-I 表面的功函数

现聚集和耗尽，这表明层间存在较强的电子–空穴相互作用。在 Cs-I-BP 和 Sn-I-BP 异质结中，电子分别倾向于聚集在 BP 单层和 Sn-I 表面，这将导致 Sn-I 表面的电势降低。同时，空穴的聚集位置正好与电子的聚集位置相反，该结论与功函数的结果一致。此外，这里使用贝德电荷方法对异质结界面处的电荷转移进行了量化分析。在 Cs-I-BP 异质结中，约 0.192 e 的电荷从 Cs-I 表面转移到 BP 单层，而在 Sn-I-BP 异质结中有 0.059 e 的电荷从 BP 单层转移到 Sn-I 表面，这可能与 CBO 的大小相关联。Cs-I-BP 和 Sn-I-BP 异质结形成前后能带排列如图 5.6（e）和图 5.6（f）所示。图 5.6（e）显示 BP 单层和 Cs-I 表面在接触之前都是 P 型半导体，由于层间的界面效应，Cs-I-BP 转变为 P-N 异质结。而 Sn-I 表面与 BP 单层接触前均为 P 型半导体，接触后形成典型的 P-P 异质结。此外，

随着界面电势的变化，两种异质结中的能带发生弯曲。电势上升（空穴聚集）促使表面的能带向上弯曲，而电势下降（电子聚集）促使表面的能带向下弯曲。能带弯曲可能会增强电子和空穴之间的库仑力，从而提高了异质结 CBM 中的电子和 VBM 中空穴的复合，进而促使载流子的循环流动。

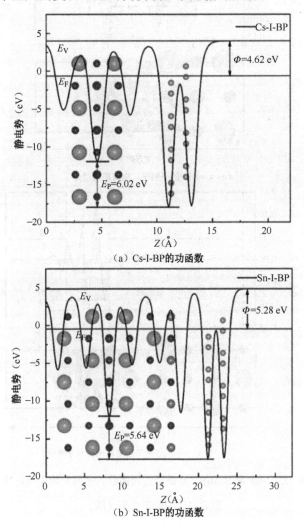

（a）Cs-I-BP的功函数

（b）Sn-I-BP的功函数

图 5.6　Cs-I-BP 和 Sn-I-BP 异质结的功函数、平面平均电荷密度差和
形成前后的能带排列

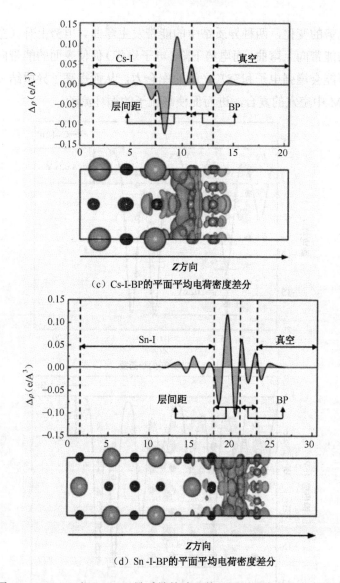

（c）Cs-I-BP的平面平均电荷密度差分

（d）Sn -I-BP的平面平均电荷密度差分

图 5.6　Cs-I-BP 和 Sn-I-BP 异质结的功函数、平面平均电荷密度差和
形成前后的能带排列（续）

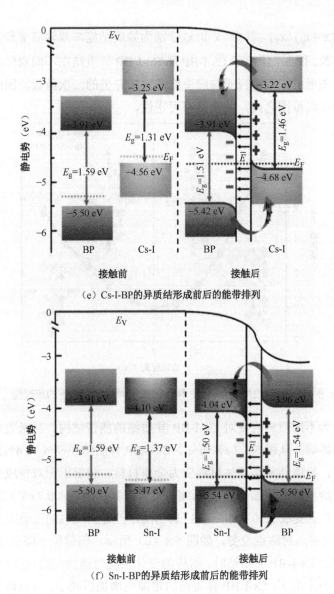

（e）Cs-I-BP的异质结形成前后的能带排列

（f）Sn-I-BP的异质结形成前后的能带排列

图 5.6　Cs-I-BP 和 Sn-I-BP 异质结的功函数、平面平均电荷密度差和

形成前后的能带排列（续）

5.3.4　双轴应变对 BP/Cs₂SnI₄ 异质结光电特性的影响

面内机械应变是调节异质结电子结构和光电特性的重要途径。双轴应变被

定义为 $\varepsilon=|(x-x_0)/x_0|$，其中，$x$ 和 x_0 分别为异质结施加双轴应变和无双轴应变时的晶格常数。图 5.7 给出了 Cs-I-BP 和 Sn-I-BP 异质结在不同双轴应变下的应变能。根据图形可知双轴应变与应变能是比较完美的二次函数，因此施加的应变均在弹性极限范围之内，并且具有可逆性。

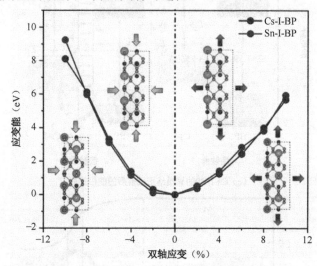

图 5.7　Cs-I-BP 与 Sn-I-BP 异质结在不同双轴应变下的应变能

　　图 5.8 为不同双轴应变对 Cs-I-BP 异质结的能带结构、功函数和电势降及投影能带的影响。从图 5.8（a）可知，Cs-I-BP 异质结在-8%～-4%范围的压缩应变作用下，异质结从半导体材料变为金属材料。相对于无双轴应变作用时的异质结，当给异质结施加-10%的压缩应变时，其带隙值（0.7 eV）基本没变，但 VBM 由 Γ 点变成 X 点，如图 5.8（c）所示；当施加-2%的压缩应变时，VBM 和 CBM 对应的高对称点没变，如图 5.8（c）所示，但带隙下降至 0.43 eV。施加拉伸应变给 Cs-I-BP 异质结时，结构的变化情况与施加压缩应变时完全不同。在拉伸应变的作用下，Cs-I-BP 异质结的带隙先增加后减小，但总体上均大于未施加应双轴变时异质结的带隙值，带隙的增加将会导致吸收边的蓝移。另外，异质结始终为Ⅱ型能带排列，这非常有利于电子-空穴对的分离。与没有施加双轴应变时的异质结相比，拉伸应变和压缩应变作用下的功函数（除-4%外）和电势降均明显增加。特别是随着拉伸或压缩应变的增大，电势降几乎呈现线性增大趋势，分别在+10%和-10%的应变作用下达到其最大值 8.69 eV 和 8.50 eV，如图 5.8（b）所示。增大的电势降将更加有利于载流子的有效分离，从而拥有

较强的自供电能力。

　　不同双轴应变对 Sn-I-BP 异质结能带结构、功函数和电势降及投影能带的影响如图 5.9 所示。双轴应变可使 Sn-I-BP 异质结的带隙在范围 0～1.9 eV 内进行调控。当施加拉伸应变时，异质结的带隙出现增加，这与能带的结构变化有关，如图 5.9（c）所示，带隙的增加将导致光吸收边的蓝移；而当施加压缩应变时，异质结的带隙出现下降，带隙的减小促使光吸收边红移，从而拓展了器件的光探测范围。特别是当施加的压缩应变达到-6%或更高时，Sn-I-BP 异质结的能隙变为零，这意味着在 Sn-I-BP 异质结中存在半导体-金属相变。另外，当拉伸应变达到+6%及以上时，Sn-I-BP 异质结的能带结构从间接带隙变为直接带

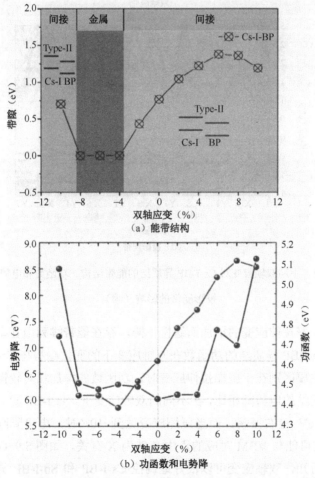

图 5.8　不同双轴应变对 Cs-I-BP 异质结的能带结构、功函数和电势降及投影能带的影响

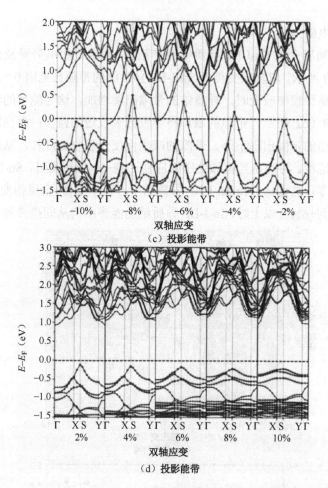

图 5.8　不同双轴应变对 Cs-I-BP 异质结的能带结构、功函数和电势降及

投影能带的影响（续）

隙，且带隙随着拉伸应变的增加而缓慢下降，存在能带排列由Ⅱ型向Ⅰ型的转变。此外，Sn-I-BP 异质结的功函数在双轴应变下的变化趋势与 Cs-I-BP 异质结极为相似，主要区别在于施加拉伸应变时，功函数的增加相对较慢。与没有施加应变时异质结的电势降相比，在不同的双轴应变下，Sn-I-BP 异质结的电势降一直在 5.64 eV 左右振荡。而当压缩应变达到-10%时，电势降则迅速增加到 10.12 eV，这可能与 VBM 对应的点由 S 转为 X 有关，如图 5.9（c）所示。基于上述分析可知，双轴应变可以很好地调控 Cs-I-BP 和 Sn-I-BP 异质结的电子结构和光电特性，是设计和制备高性能光电探测器的有效途径。

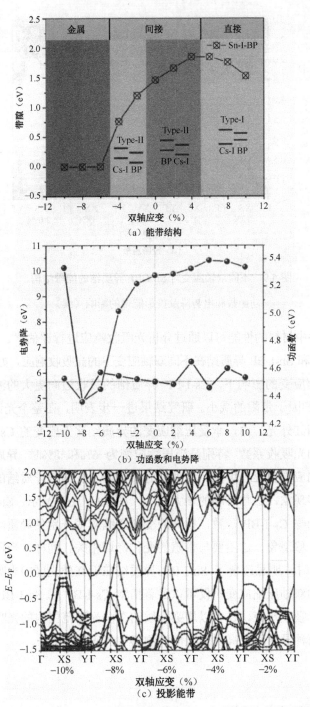

（a）能带结构

（b）功函数和电势降

（c）投影能带

图 5.9　不同双轴应变对 Sn-I-BP 异质结的能带结构、功函数和电势降及投影能带的影响

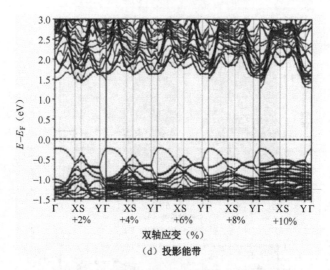

（d）投影能带

图 5.9   不同双轴应变对 Sn-I-BP 异质结的能带结构、

功函数和电势降及投影能带的影响（续）

光电器件中材料的性能可以通过分析光吸收响应进行评估[39]。如图 5.10 所示为 Cs-I-BP 和 Sn-I-BP 异质结在不同双轴应变下的光吸收响应。如图 5.10（a）所示，在压缩应变的影响下，Cs-I-BP 异质结的吸收边向更大的波长移动（红移），这主要归因于带隙的减小。研究结果进一步表明，在整个光谱范围（紫外光、可见光和红外光）内，承受压缩应变的异质结比无应变的 Cs-I-BP 异质结表现出更高的光吸收系数。特别是当压缩应变为-6%和-8%时，异质结在近红外光区的吸收响应得到显著增强。此外，施加拉伸应变导致异质结的吸收边出现了明显的蓝移现象，这与带隙的增大相关。图 5.10（b）显示，Sn-I-BP 异质结吸收边的移动与 Cs-I-BP 一致，拉伸应变和压缩应变分别使异质结的吸收边出现了蓝移和红移现象，这主要与带隙的变化密切相关。同样，当压缩应变增加到-6%及以上时，明显改善了 Sn-I-BP 异质结在近红外光区的光吸收响应。总之，通过施加双轴压缩应变不仅可以显著拓宽 Cs-I-BP 和 Sn-I-BP 异质结在近红外光区的光吸收响应，还可以增强异质结在全光谱范围内的光吸收系数，从而可以提升两种异质结在高性能光电探测器中的应用潜力。

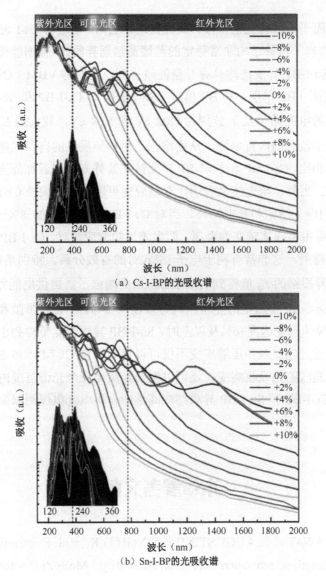

（a）Cs-I-BP的光吸收谱

（b）Sn-I-BP的光吸收谱

图 5.10　Cs-I-BP 和 Sn-I-BP 异质结在不同双轴应变下的光吸收响应

5.4　本章小结

本章利用第一性原理方法深入研究了 Cs-I-BP 和 Sn-I-BP 异质结的电子结

构、光生载流子转移和光电特性。研究发现，当 BP 单层与 Cs-I 表面或 Sn-I 表面叠加时，构建了两种结构非常稳定的范德瓦尔斯异质结。根据能带结构可知，Cs-I-BP 和 Sn-I-BP 异质结均具有 II 型能带排列，它们的 VBM（CBM）主要归因于 Cs-I 表面（BP 单层）和 BP 单层（Sn-I 表面）。Cs-I-BP 和 Sn-I-BP 异质结界面上计算的电势降（E_p）分别为 6.02 eV 和 5.64 eV，较大的 E_p 说明两种异质结中形成了较大的内置电场，从而增强了两种异质结的自供电能力。与独立的单一材料相比，Cs-I-BP 和 Sn-I-BP 异质结在紫外光区和近红外光区的吸收系数显著提高。另外，研究结果表明，双轴应变可以有效地调控 Cs-I-BP 和 Sn-I-BP 异质结的电子结构和光电特性。当对 Cs-I-BP 异质结施加-8%～-4%的压缩应变时，其可由半导体转变为金属；而当施加拉伸应变时，Cs-I-BP 异质结保持了 II 型能带排列，这非常有利于电子-空穴对的有效分离。特别是在施加±10%的应变时，异质结的 E_p 值得到明显增加，从而增强了其自供电能力。在双轴应变作用下，Sn-I-BP 异质结的能带结构可以在间接带隙、直接带隙和金属之间进行转换。当拉伸应变达到+6%及以上时，Sn-I-BP 异质结能带排列由 II 型变为 I 型。此外，通过施加双轴压缩应变不仅可以显著拓宽 Cs-I-BP 和 Sn-I-BP 异质结在近红外光区的光吸收响应，还可以增强异质结在全光谱范围内的光吸收系数。总之，Cs-I-BP 和 Sn-I-BP 异质结在高性能自供电光电探测器中具有良好的应用前景。

本章参考文献

[1] KUMAWAT K L, AUGUSTINE P, SINGH D K, et al. Electrically modulated wavelength-selective photodetection enabled by MoS$_2$/ZnO heterostructure [J]. Physical Review Applied, 2022, 17(6): 064036.

[2] LU J, ZHENG Z, YAO J, et al. An asymmetric contact-induced self-powered 2D In$_2$S$_3$ photodetector towards high-sensitivity and fast-response [J]. Nanoscale, 2020, 12(13): 7196-7205.

[3] HU X, XU H, LIU Y, et al. Incorporating an aromatic cationic spacer to assemble 2D polar perovskite crystals toward self-powered detection of quite

weak polarized light [J]. Journal of Physical Chemistry Letters, 2022, 13(26): 6017-6023.

[4]　DEBNATH P C, PARK K, SONG Y W. Recent advances in black-phosphorus-based photonics and optoelectronics devices [J]. Small Methods, 2018, 2(4): 1700315.

[5]　MIAO J, ZHANG L, WANG C. Black phosphorus electronic and optoelectronic devices [J]. 2D Materials, 2019, 6: 032003.

[6]　YOUNGBLOOD N, CHEN C, KOESTER S J, et al. Waveguide-integrated black phosphorus photodetector with high responsivity and low dark current [J]. Nature Photonics, 2015, 9: 247-252.

[7]　AFZAL A M, JAVED Y, SHAD N A, et al. Tunneling-based rectification and photoresponsivity in black phosphorus/hexagonal boron nitride/rhenium diselenide van der Waals heterojunction diode [J]. Nanoscale, 2020, 12(5): 3455-3468.

[8]　LIU X, WOOD J D, CHEN K, et al. In situ thermal decomposition of exfoliated two-dimensional black phosphorus [J]. Journal of Physical Chemistry Letters, 2015, 6(5): 773-778.

[9]　WOOMER A H, FARNSWORTH T W, Hu J, et al. Phosphorene: synthesis, scale-up, and quantitative optical spectroscopy [J]. ACS Nano, 2015, 9(9): 8869-8884.

[10]　TANG K, QI W, LI Y, et al. Electronic properties of van der Waals heterostructure of black phosphorus and MoS₂ [J]. Journal of Physical Chemistry C, 2018, 122(12): 7027-7032.

[11]　LIU Y, SHIVANANJU B N, WANG Y, et al. Highly efficient and air-stable infrared photodetector based on 2D layered graphene-black phosphorus heterostructure [J]. ACS Applied Materials & Interfaces, 2017, 9(41): 36137-36145.

[12]　LEI T, LV W, LV W, et al. High detectivity and responsivity in black phosphorus/SnS₂ heterostructure with broken-gap energy band alignment [J]. Japanese Journal of Applied Physics, 2021, 60(6): 065003.

[13]　DING Y, SHI J, XIA C, et al. Enhancement of hole mobility in InSe

monolayer via an InSe and black phosphorus heterostructure [J]. Nanoscale, 2017, 9(38): 14682-14689.

[14] JIAO H, WANG X, CHEN Y, et al. HgCdTe/black phosphorus van der Waals heterojunction for high-performance polarization-sensitive midwave infrared photodetector [J]. Science Advances, 2022, 8(19): eabn1811.

[15] ZHOU X, HU X, YU J, et al. 2D layered material-based van der Waals heterostructures for optoelectronics [J]. Advanced Functional Materials, 2018, 28(14): 1706587.

[16] LI J, STOUMPOS C C, TRIMARCHI G G, et al. Air-stable direct bandgap perovskite semiconductors: all-inorganic tin-based heteroleptic halides $A_xSnCl_yI_z$ (A = Cs, Rb) [J]. Chemistry of Materials, 2018, 30(14): 4847-4856.

[17] LI J, YU Q, HE Y, et al. $Cs_2PbI_2Cl_2$, all-inorganic two-dimensional Ruddlesden-Popper mixed halide perovskite with optoelectronic response [J]. Journal of the American Chemical Society, 2018, 140(35): 11085-11090.

[18] DING Y F, ZHAO Q Q, YU Z L, et al. Strong thickness-dependent quantum confinement in all-inorganic perovskite Cs_2PbI_4 with a Ruddlesden-Popper structure [J]. Journal of Materials Chemistry C, 2019, 7(24): 7433-7471.

[19] BALA A, DEB A K, KUMAR V. Atomic and electronic structure of two-dimensional inorganic halide perovskites $A_{n+1}MnX_{3n+1}$ ($n = 1 \sim 6$, A = Cs, M = Pb and Sn, and X = Cl, Br, and I) from ab initio calculations [J]. Journal of Physical Chemistry C, 2018, 122(13): 7464-7473.

[20] DING Y, YU Z, HE P, et al. High-performance photodetector based on $InSe/Cs_2XI_2Cl_2$ (X = Pb, Sn and Ge) heterostructures [J]. Physical Review Applied, 2020, 13(6): 064053.

[21] ZHAO Y, LIU Z, NIE G, et al. Structural, electronic, and charge transfer features for two kinds of MoS_2/Cs_2PbI_4 interfaces with optoelectronic applicability: Insights from first-principles [J]. Applied Physics Letters, 2021, 118(17): 173104.

[22] ZHAO Y, XU Y, ZOU D, et al. First-principles study on photovoltaic properties of 2D Cs_2PbI_4-black phosphorus heterojunctions [J]. Journal of Physics: Condensed Matter, 2020, 32(19): 195501.

[23]　KRESSE G, FURTHMÜLLER J. Efficiency of ab-initio total energy calculations for metals and semiconductors using a plane-wave basis set [J]. Computational materials science, 1996, 6(1): 15-50.

[24]　KRESSE G, JOUBERT D. From ultrasoft pseudopotentials to the projector augmented-wave method [J]. Physical Review B: Condensed Matter and Materials Physics, 1999, 59(3): 1758-1775.

[25]　PERDEW J P, BURKE K, ERNZERHOF M. Generalized gradient approximation made simple [J]. Physical Review Letters, 1996, 77(18): 3865-3868.

[26]　HEYD J, SCUSERIA G E, ERNZERHOF M. Hybrid functionals based on a screened coulomb potential [J]. Journal of Chemical Physics, 2003, 118(18): 8207-8215.

[27]　GRIMME S, ANTONY J, EHRLICH S, et al. A consistent and accurate ab initio parametrization of density functional dispersion correction (DFT-D) for the 94 elements H-Pu [J]. Journal of Chemical Physics, 2010, 132: 154104.

[28]　BENGTSSON L. Dipole correction for surface supercell calculations [J]. Physical Review B, 1998, 59(19): 12301.

[29]　LIU B, LONG M, CAI M Q, et al. Interface engineering of CsPbI₃-black phosphorus van der Waals heterostructure [J]. Applied physics letters, 2018, 112(4): 043901.

[30]　KONG Z, CHEN X, ONG W J, et al. Atomic-level insight into the mechanism of 0D/2D black phosphorus quantum dot/graphitic carbon nitride (BPQD/GCN) metal-free heterojunction for photocatalysis [J]. Applied Surface Science, 2019, 463: 1148-1153.

[31]　LIU B, WU L J, ZHAO Y Q, et al. Tuning the Schottky contacts in the phosphorene and graphene heterostructure by applying strain [J]. Physical Chemistry Chemical Physics, 2016, 18(29): 19918-19925.

[32]　YANG J H, YUAN Q, YAKOBSON B I. Chemical trends of electronic properties of two-dimensional halide perovskites and their potential applications for electronics and optoelectronics [J]. Journal of Physical Chemistry C, 2016, 120(43): 24682-24687.

[33] HABIBA M, ABDELILAH B, ABDALLAH E K, et al. Enhanced photocatalytic activity of phosphorene under different pH values using density functional theory (DFT) [J]. RSC Advances, 2021, 11: 16004-16014.

[34] MALYI O, SOPIHA K, RADCHENKO I, et al. Tailoring electronic properties of multilayer phosphorene by siliconization [J]. Physical Chemistry Chemical Physics, 2018, 20(3): 2075-2083.

[35] LI D, LI D, YANG A, et al. Electronic and optical properties of van der Waals heterostructures based on two-dimensional perovskite (PEA)₂PbI₄ and black phosphorus [J]. ACS omega, 2021, 6(32): 20877-20886.

[36] TANG K, QI W, LI Y, et al. Tuning the electronic properties of van der Waals heterostructures composed of black phosphorus and graphitic SiC [J]. Physical Chemistry Chemical Physics, 2018, 20(46): 29333-29340.

[37] SHOKRI A, YAZDANI A. Band alignment engineering, electronic and optical properties of Sb/PtTe₂ van der Waals heterostructure: effects of electric field and biaxial strain [J]. Journal of Materials Science, 2021, 56: 5658-5669.

[38] YAN Y, ABBAS G, LI F, et al. Self-driven high performance broadband photodetector based on SnSe/InSe van der Waals heterojunction [J]. Advanced Materials Interfaces, 2022, 9(12): 2102068.

[39] OBEID M M. Tuning the electronic and optical properties of Type-I PbI₂/α-tellurene van der Waals heterostructure via biaxial strain and external electric field [J]. Applied Surface Science, 2020, 508: 144824.

第 6 章

2D/3D Cs$_2$SnI$_2$Cl$_2$/Cs$_2$TiI$_6$ 异质结的
光电特性和载流子输运

6.1 引言

    光电探测器可以将光信号转换为电信号，其在传感、光通信和环境监测等方面具有良好的应用前景[1]。钙钛矿因其具有优异的光吸收系数和较长的载流子扩散长度，被认为是制备高性能光电器件的候选材料，基于钙钛矿的探测器通常表现出高灵敏度、快响应速度的优异性能[2-3]。传统的金属卤化物钙钛矿（MAPbI$_3$、MAPbBr$_3$ 等）由于其高吸收系数、适当的带隙、长载流子寿命等已经在光电探测领域发挥了重要作用[4]，但由于离子迁移和对空气的不稳定性，3D钙钛矿制备的光电器件在实际应用中仍然存在较多的困难[5]。近年来，新发现的 2D 鲁德尔斯登-波普尔钙钛矿具有结构新颖、稳定性高和抗离子迁移等优点，是构建高性能光电探测器的理想材料[6]。但是，这些基于二维钙钛矿材料的光电器件与常用的 3D 钙钛矿材料相比，存在吸收系数较差、带隙较宽、性能较低等问题[7-9]。如何克服 2D 和 3D 钙钛矿材料的劣势，充分利用它们的优势来构建高性能的光电探测器已经成为一个迫切需要解决的问题。

    研究发现，不同材料堆叠而成的范德瓦尔斯异质结可以很好地形成多功能及高性能的光电器件。范德瓦尔斯集成提供了一种直接的物理组装方法，而可以不局限于材料的晶体结构。因此，关于基于范德瓦尔斯异质结的发光器件和光电探测器的集成是一个非常值得深入探索的课题[10-11]。通过与其他功能材料集成的钙钛矿混合光电探测器具有许多优异的性能，一方面钙钛矿混合光电探测器显示出了更高的光响应率、宽的光探测范围、高的光吸收系数和快的光响应速度等，另一方面可以通过能带工程和应变工程来调控异质结中光生载流子的分离和输运过程，通过内置电场的作用而产生输出电流，从而使异质结具备自供电能力及在智能可穿戴设备中得到广泛应用。如 2D 材料/钙钛矿异质结，包括石墨烯/钙钛矿和 TMDCs/钙钛矿，它们由于层间弱相互作用、新颖的电子性质和可调带隙等已经成为研究热点[12-13]。

虽然 2D/3D 异质结可以很好地增强体系的稳定性，但其性能却有一定的损失。为了在异质结的稳定性和光电器件效率之间达到平衡，人们一直致力设计和研究 2D/3D 混合钙钛矿异质结。例如，2D/3D (HOOC(CH₂)₄NH₃)₂PbI₄/CH₃NH₃PbI₃ 混合钙钛矿异质结很好地提高了结构的稳定性[14]，Cs₂SnCl₆:Bi NPs/GaN 异质结具备较好的光探测率和快的光响应速度[15]，Cs₂SnI₆/SnS₂ 异质结具有超快载流子分离和Ⅱ型能带排列结构[16]，(4-AMP)(MA)₂Pb₃Br₁₀/MAPbBr₃ 异质结表现出优异的光电探测性能和自供电能力[17]，MAPbI₃/MoS₂ 异质结拥有自供电能力[18]，CsPbBr₃/MoSe₂[19]和 InSe/Cs₂XI₂Cl₂（X＝Pb, Sn, Ge）[20]均显现出高性能的光探测能力。以上结果充分证明了 2D/3D 混合钙钛矿异质结在制备高性能自供电光电探测器方面具有重要意义和潜力。

此外，研究发现把 Sn 元素引入 2D/3D 混合钙钛矿异质结后，不但可以使其保持较好的结构稳定性，还可以提高光吸收系数和光电器件的性能。因此，本章利用 Cs₂SnI₂Cl₂ 和 Cs₂TiI₆ 构建了 2D/3D 异质结，使用第一性原理计算方法系统研究了新型 2D/3D Cs₂SnI₂Cl₂/Cs₂TiI₆ 异质结的结构稳定性和电子、光学和输运特性。另外，通过对 2D/3D Cs₂SnI₂Cl₂/Cs₂TiI₆ 异质结施加双轴应变，调控了其电子结构和光电特性。此项工作有望为进一步设计和研究 2D/3D 混合钙钛矿的特性提供理论指导。

6.2　计算方法与细节

本章利用 VASP[21]进行了相应的计算。电子与离子之间的相互作用和电子间的交换关联能量分别用 PAW 方法[22]和 PBE 方法[23]进行了处理。平面波的动能截止能量设为 420 eV，简约布里渊区采用 3×3×1 Gamma-Centered **k** 点网格进行了异质结的能量和电子结构计算。体系完全弛豫的标准为总能量和原子间的相互作用力分别小于 10^{-5} eV 和 0.01 eV/Å。采用 Grimme 的 DFT-D3 方法[24]处理了 Cs₂SnI₂Cl₂/Cs₂TiI₆ 异质结中存在的长程范德瓦尔斯相互作用力，并利用偶极校正方法修正了体系的真空能级[25]。此外，在垂直于平板的方向（Z 方向）

上设置了一个超过 15 Å 的真空区域，从而避免了周期性模型中相邻层间的相互作用。

利用基于 TDDFT 和 FSSH[26,27]的分子动力学程序包（Hefei-NAMD）[28-30]研究了 $Cs_2SnI_2Cl_2$ 和 $Cs_2SnI_2Cl_2/Cs_2TiI_6$ 异质结中激发态载流子的动力学问题。首先，在 0 K 温度条件下将初始结构进行几何优化。然后，采用速度重新标定的算法将体系升温到 300 K，从而实现热平衡。接下来，在设定为 1 fs 时间步长的微正则系综中进行了 5 ps 的分子动力学模拟，选取最后 2 ps 分子动力学轨迹中的结构进行自洽计算并得到相应的波函数。最后，根据 Kohn-Sham 轨道占据情况选取不少于 100 个初始结构进行 NAMD 计算，利用统计平均得出最后的载流子转移和复合结果。对于 $Cs_2SnI_2Cl_2/Cs_2TiI_6$ 界面上的载流子转移过程用最少面跳跃方法来处理，而对于界面上的电子–空穴复合动力学，则采用了退相干诱导的表面跳变（DISH）[31]方法。在所有的模拟中，布里渊区都采用了 Γ 点采样。另外，为了在计算精度和计算时间之间做出合理的平衡，利用 PBE 方法模拟计算了 $Cs_2SnI_2Cl_2$ 和 $Cs_2SnI_2Cl_2/Cs_2TiI_6$ 异质结的光激发载流子动力学。

为了获取更加准确的电子性质和带隙，本章使用 DFT-1/2 方法[32-33]进行了第一性原理计算。为了测试其准确性，利用包含 25% Hartree-Fock 交换能的 Heyd-Scuseria-Eenzerhof（HSE06）[34]方法来进行对比。随着理论的不断发展，为更好地改善材料的带隙，许多理论方法被提出，如 meta-GGA 势[35]、DFT+U[36]、混合函数[34,37]、多体的扰动理论的 GW 近似[38]和 DFT-1/2[32,33]等。尽管 GW 近似在形式上被认为是预测材料带隙最为精确的方法之一，但按照目前的计算能力，其主要应用于小型体系，对于大型体系（超过数百个电子）的计算，要想得到具有精确收敛的结果极其困难。因此，兼具高效和计算成本的带隙方案才是最为可取的。其中，DFT-1/2 方法已在包括经典半导体、金属氧化物和三维杂化钙钛矿的各种材料的带隙计算中得到应用，并且其精度可与 GW 近似[39]相媲美，而其计算量则与 GGA-1/2 方法相当。

在 GGA-1/2 方法[40]中，空穴的固有能量校正应用于离子半导体中的所有阴离子。固有能量电势是一个孤立的中性原子与其有 1/2 电子剥离的离子之间的原子势之差，在进行周期性固态计算时把它加到相应原子（阴离子）的赝势上。原子的固有能势本身是长程的，但在固体中必须是局部的，以便仅校正相应的阴离子。因此，需要在计算中引入截止半径 r_{cut}，则修剪后的自能势 V_s 可表示为

$$V_s = V_s^0 \Theta(r) = \begin{cases} V_s^0 \left[1 - \left(\dfrac{r}{r_{cut}} \right)^8 \right]^3, & r \leqslant r_{cut} \\ 0, r > r_{cut} \end{cases} \quad (6.1)$$

其中，V_s^0 为未屏蔽原子的固有能势，Θ 为阶梯函数，r_{cut} 为截止半径。原子赝势由孤立的原子获取，而固有能势则强烈依赖于材料本身，因此一种特定材料的最佳 r_{cut} 可能因材料而异。本章中针对 Cs₂SnI₂Cl₂ 和 Cs₂TiI₆ 两种材料，电子剥离和功率指数分别选用-0.5 e 和 20，而 Cl 元素和 I 元素的截止半径分别为 2.34 Bohr 和 2.10 Bohr。

6.3　计算结果与讨论

6.3.1　Cs₂SnI₂Cl₂/Cs₂TiI₆ 异质结的稳定性和电子结构分析

首先，为验证 GGA-1/2 方法计算带隙的准确性，分别用 PBE 方法、HSE06、HSE06+SOC 和 GGA-1/2 方法计算了 Cs₂TiI₆ 和 Cs₂SnI₂Cl₂ 的带隙，如表 6.1 所示。从表中可以看到，PBE 方法会低估 Cs₂TiI₆ 的带隙，HSE06 和 HSE06+SOC 方法又会高估其带隙，本章使用 GGA-1/2 方法得到的带隙可以很好地与实验值达成一致。此外，不同的方法均低估了 Cs₂SnI₂Cl₂ 的带隙，但相对其他方法，采用 GGA-1/2 方法的带隙与实验值较为接近。因此，本章采用 GGA-1/2 方法计算了 Cs₂SnI₂Cl₂/Cs₂TiI₆ 的能带结构及光学性质。

表 6.1　采用不同方法得到的 Cs₂TiI₆ 和 Cs₂SnI₂Cl₂ 带隙

体系	PBE 方法	HSE06	HSE06+SOC	GGA-1/2	实验值
Cs₂TiI₆	0.86 eV	1.90 eV	1.7 eV [41]	1.03 eV	1.02 eV [42]
Cs₂SnI₂Cl₂	1.59 eV	2.23 eV	2.07 eV [43]	2.34 eV	2.62 eV [44]

为了更好地构建 Cs₂SnI₂Cl₂/Cs₂TiI₆ 异质结，首先对 Cs₂SnI₂Cl₂ 和 Cs₂TiI₆ 块体材料进行了几何结构弛豫。Cs₂SnI₂Cl₂ 和 Cs₂TiI₆ 优化后的晶格参数分别为 $a = b = 5.69$ Å 和 $a = b = 11.81$ Å，优化后的晶格参数与之前的理论结果和实验结果很好地达成了一致[42-46]。然后，将 2×2 Cs₂SnI₂Cl₂ 层状材料堆叠在 1×1

Cs₂TiI₆（001）表面构建了 Cs₂SnI₂Cl₂/Cs₂TiI₆ 异质结，异质结的晶格失配比为 3.6%，在 5%的应变范围内。为消除相邻周期性结构的影响，在 Z 方向上添加了一个超过 15 Å 的真空层。此外，为模拟异质结 Cs₂TiI₆ 的性质，将 Cs₂TiI₆ 最下面的三层进行了固定，在保证晶格矢量不变的情况下，对 Cs₂SnI₂Cl₂/Cs₂TiI₆ 异质结进行了完全弛豫。

根据块体材料切取（001）表面时漏出的不同原子，构建了 4 种堆叠结构的异质结，如图 6.1 所示。为了判断 Cs₂SnI₂Cl₂/Cs₂TiI₆ 异质结不同堆叠结构的稳定性，界面结合能（E_b）被定义为

$$E_b = E_{Total} - E_{Cs_2SnI_2Cl_2} - E_{Cs_2TiI_6} \tag{6.2}$$

式中，E_{Total}、$E_{Cs_2SnI_2Cl_2}$ 和 $E_{Cs_2TiI_6}$ 分别表示 Cs₂SnI₂Cl₂/Cs₂TiI₆ 异质结、Cs₂SnI₂Cl₂ 和 Cs₂TiI₆ 的总能量。

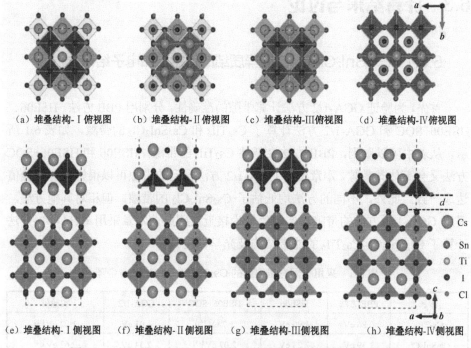

（a）堆叠结构-Ⅰ俯视图　（b）堆叠结构-Ⅱ俯视图　（c）堆叠结构-Ⅲ俯视图　（d）堆叠结构-Ⅳ俯视图

（e）堆叠结构-Ⅰ侧视图　（f）堆叠结构-Ⅱ侧视图　（g）堆叠结构-Ⅲ侧视图　（h）堆叠结构-Ⅳ侧视图

图 6.1　不同 Cs₂SnI₂Cl₂/Cs₂TiI₆ 异质结堆叠结构的俯视图和侧视图

表 6.2 列出了结构优化后 Cs₂SnI₂Cl₂/Cs₂TiI₆ 异质结四种不同堆叠结构的层间距（d）和界面结合能（E_b），层间距离定义为 Cs₂SnI₂Cl₂ 和 Cs₂TiI₆ 中原子之间的最小距离。从表 6.2 中可以看出，四种堆叠结构的层间距为 2.68～3.39 Å，

这表明它们都属于范德瓦尔斯异质结。另外，四种堆叠结构的界面结合能均为负值，表明所有堆叠结构的稳定性都较好。在所有堆叠结构中，堆叠结构Ⅰ具有−17.99 eV 的界面结合能，证明它具有最稳定的范德瓦尔斯异质结。另外，为更深入地研究堆叠结构-Ⅰ异质结的动态稳定性，在室温条件下（300 K），采用时间步长为 1 fs 的微正则系综对堆叠结构-Ⅰ异质结进行了分子动力学模拟，如图 6.2 所示。结果表明，经过 5000 步的分子动力学模拟后异质结的总能量和温度均实现了动态平衡，而且结构框架依然完整，这充分证实了堆叠结构-Ⅰ异质结具有良好的动态稳定性。以上结论证明了堆叠结构-Ⅰ异质结的堆叠结构较

表 6.2   结构优化后 Cs$_2$SnI$_2$Cl$_2$/Cs$_2$TiI$_6$ 异质结四种不同堆叠结构的
层间距（d）和界面结合能（E_b）

	堆叠结构-Ⅰ	堆叠结构-Ⅱ	堆叠结构-Ⅲ	堆叠结构-Ⅳ
d（Å）	3.16	3.39	3.26	2.68
E_b（eV）	−17.99	−15.75	−17.33	−16.97

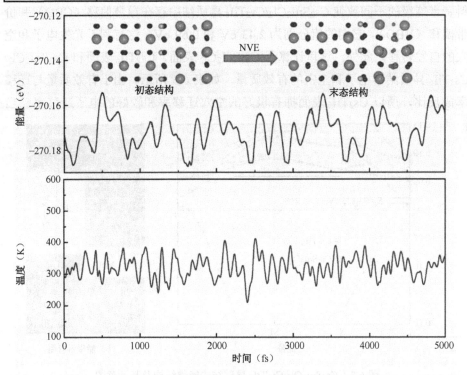

图 6.2 在 300 K 温度条件下，Cs$_2$SnI$_2$Cl$_2$/Cs$_2$TiI$_6$ 异质结分子动力学的总能量和温度波动

为稳定，其可为计算结果的可靠性提供一定的结构基础。因此，本章将采用堆叠结构-Ⅰ异质结来进行接下来的所有计算，包括电子结构、光吸收系数和光激发载流子动力学等。

$Cs_2SnI_2Cl_2/Cs_2TiI_6$ 异质结的能带结构及其示意图如图 6.3（a）和图 6.3（b）所示。从图 6.3（a）中可以看出，$Cs_2SnI_2Cl_2/Cs_2TiI_6$ 异质结具有直接带隙，其值为 0.0135 eV，这比 $Cs_2SnI_2Cl_2$ 表面（2.31 eV）和 Cs_2TiI_6（001）表面（0.22 eV）的带隙要小得多，带隙的减小将导致异质结吸收边的红移，从而扩展了异质结的光探测范围。价带最大值（VBM）和导带最小值（CBM）分别由 $Cs_2SnI_2Cl_2$ 和 Cs_2TiI_6 的原子轨道构成，因此证明了 $Cs_2SnI_2Cl_2/Cs_2TiI_6$ 异质结属于Ⅱ型能带排列，其有利于光生电子和空穴对的有效分离。另外，异质结的费米能级进入了价带，相当于空穴浓度的增大。图 6.3（b）反映了界面效应对 $Cs_2SnI_2Cl_2/Cs_2TiI_6$ 能带结构的影响，由于 $Cs_2SnI_2Cl_2$ 和 Cs_2TiI_6 之间的界面效应，它们在 $Cs_2SnI_2Cl_2/Cs_2TiI_6$ 异质结中的带隙分别变为 2.44 eV 和 0.70 eV。另外，两种材料费米能级的不同致使 $Cs_2SnI_2Cl_2/Cs_2TiI_6$ 异质结中存在导带偏移（CBO）和价带偏移（VBO），它们的值分别为 2.43 eV 和 0.69 eV，这有利于光生电子和空穴的自发转移。此外，这里计算了 $Cs_2SnI_2Cl_2$ 表面、Cs_2TiI_6 表面和 $Cs_2SnI_2Cl_2/Cs_2TiI_6$ 异质结中电子和空穴的有效质量，如表 6.3 所示。由于有效质量与迁移率成反比，所以 Cs_2TiI_6 表面拥有极好的空穴迁移率和较好的电子迁移率。当

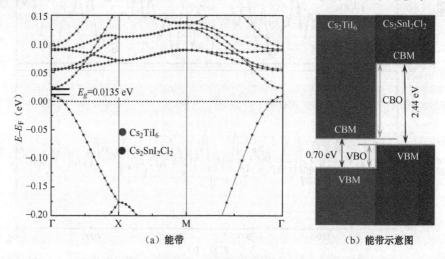

图 6.3　$Cs_2SnI_2Cl_2/Cs_2TiI_6$ 异质结的能带结构及其示意图

Cs₂SnI₂Cl₂ 表面和 Cs₂TiI₆ 表面堆叠形成异质结后，由于界面效应的影响，Cs₂SnI₂Cl₂ 表面的电子和空穴的迁移率均得到改善，从而使 Cs₂SnI₂Cl₂/Cs₂TiI₆ 异质结拥有了高载流子迁移率。

表 6.3　Cs₂SnI₂Cl₂ 表面、Cs₂TiI₆ 表面和 Cs₂SnI₂Cl₂/Cs₂TiI₆ 异质结中电子和空穴的有效质量

体系	m_h^*/m_0	m_e^*/m_0	m_h^*/m_0	m_e^*/m_0
Cs₂SnI₂Cl₂/Cs₂TiI₆	Γ→X		Γ→M	
	0.63	0.35	0.64	0.34
Cs₂SnI₂Cl₂	1.03	0.40	1.05	1.43
Cs₂TiI₆	M→X	Γ→X	M→Γ	Γ→M
	0.02	0.31	0.01	0.31

图 6.4 给出了 Cs₂SnI₂Cl₂ 表面、Cs₂TiI₆ 表面和 Cs₂SnI₂Cl₂/Cs₂TiI₆ 异质结的光吸收谱。从图中可知，Cs₂SnI₂Cl₂/Cs₂TiI₆ 异质结将 Cs₂SnI₂Cl₂ 的光吸收范围拓展到了红外光区。与单一的表面材料相比，异质结的吸收系数在紫外光区和红外光区得到明显改善，这与带隙的减小息息相关。因此，Cs₂SnI₂Cl₂/ Cs₂TiI₆ 异质结有望成为制备高性能的光电探测器的候选材料。

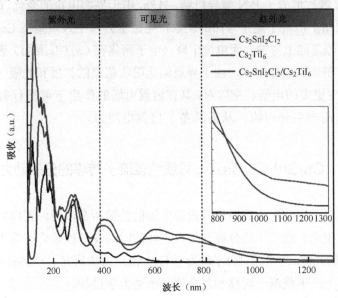

图 6.4　Cs₂SnI₂Cl₂ 表面、Cs₂TiI₆ 表面和 Cs₂SnI₂Cl₂/Cs₂TiI₆ 异质结的光吸收谱

6.3.2　$Cs_2SnI_2Cl_2/Cs_2TiI_6$异质结的自供电效应

高性能的光电探测器件依赖于对半导体材料有效吸收入射辐射并在光激发下产生电子-空穴对，以及在内置或外部电场作用下有效分离光载流子，从而产生电流输出。特别是依靠内置电场导致的自供电效应将在未来的新型光电探测器中占有重要地位，而功函数是理解异质结界面电荷转移和产生内置电场的关键，图 6.5（a）～图 6.5（c）分别给出 $Cs_2SnI_2Cl_2$ 表面、Cs_2TiI_6 表面和 $Cs_2SnI_2Cl_2/Cs_2TiI_6$ 异质结的功函数为 4.45 eV、5.65 eV 和 4.76 eV。由于 $Cs_2SnI_2Cl_2$ 比 Cs_2TiI_6 的功函数小，电子将自发地从 $Cs_2SnI_2Cl_2$ 转移到 Cs_2TiI_6 上，直到它们的费米能级相等为止。

界面的电势降 E_p 反映了 $Cs_2SnI_2Cl_2$ 和 Cs_2TiI_6 层间平均静电势的差值。通过跨界面计算可知，$Cs_2SnI_2Cl_2/Cs_2TiI_6$ 异质结的 E_p 值为 2.72 eV，如图 6.5（c）所示，电势降 E_p 将在异质结的空间电荷区产生内置电场[47-49]，其非常有利于光生载流子的分离和暗电流的抑制[50]。更重要的是异质结界面处内置电场的存在，导致 $Cs_2SnI_2Cl_2/Cs_2TiI_6$ 异质结能够在零偏压下运行，从而实现了自供电能力。图 6.5(d)所示为异质结的真空带边位置对齐示意图，从图中可以看出 $Cs_2SnI_2Cl_2$ 和 Cs_2TiI_6 接触后形成了 P-N 型异质结。另外，由于界面电位的变化，$Cs_2SnI_2Cl_2/Cs_2TiI_6$ 异质结中出现了能带弯曲的现象，电位上升（空穴聚集在 $Cs_2SnI_2Cl_2$ 表面）表面的能带向上弯曲，而电位下降（电子聚集在 Cs_2TiI_6 表面）表面的能带向下弯曲。在光照的作用下，由于异质结光吸收范围的扩展和光吸收系数的增强，将会产生更多的电子和空穴对，其在内置电场的作用下可进行有效和定向的分离，从而产生光电流，从而具备了自供电能力。

6.3.3　$Cs_2SnI_2Cl_2/Cs_2TiI_6$异质结载流子转移的分子动力学

高效的电子和空穴分离是形成内置电场的关键所在，而内置电场又与自供电能力息息相关。载流子的分离和复合之间的时间竞争就成为衡量光电探测器自供电能力的关键。这里通过分子动力学（NAMD）方法研究了 $Cs_2SnI_2Cl_2/Cs_2TiI_6$ 异质结界面上光生载流子转移和复合的分子动力学过程。

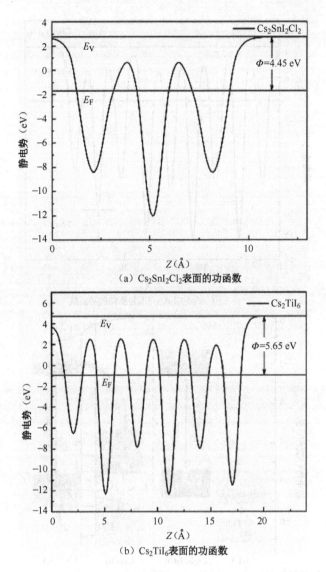

（a）Cs₂SnI₂Cl₂ 表面的功函数

（b）Cs₂TiI₆ 表面的功函数

图 6.5　Cs₂SnI₂Cl₂ 表面、Cs₂TiI₆ 表面和 Cs₂SnI₂Cl₂/Cs₂TiI₆ 异质结的功函数及

异质结的真空带边位置对齐示意图

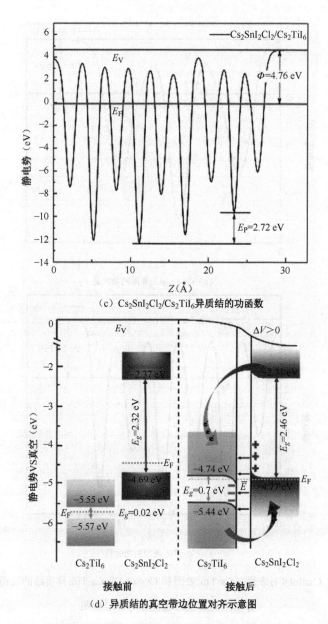

（c）Cs₂SnI₂Cl₂/Cs₂TiI₆异质结的功函数

（d）异质结的真空带边位置对齐示意图

图 6.5　Cs₂SnI₂Cl₂ 表面、Cs₂TiI₆ 表面和 Cs₂SnI₂Cl₂/Cs₂TiI₆ 异质结的功函数及

异质结的真空带边位置对齐示意图（续）

图 6.6 给出了 Cs₂SnI₂Cl₂/Cs₂TiI₆ 异质结中光激发电子和空穴的转移过程。其中，图 6.6（a）和图 6.6（b）分别描述了 Cs₂SnI₂Cl₂/Cs₂TiI₆ 异质结中电子和空穴随时间变化的占据情况。对于电子转移过程，可以明显地看到在 140 fs 内 Cs₂TiI₆ 上的电子占据由 1.5% 增加到 50%，而 Cs₂SnI₂Cl₂ 上的电子占据则从 98.5% 减少到 50%，证明 Cs₂SnI₂Cl₂/Cs₂TiI₆ 异质结界面处存在超快的电子转移现象，这反映出异质结可能具备快速的光响应能力。非绝热（NA）和绝热（AD）机制共同决定了电荷转移的情况，NA 机制是指不同态间的直接电荷跳变，而由核运动引起的 AD 机制可以增加分子动力学轨迹之间的交叉，从而进一步加速电荷转移。从图 6.6（a）中可以看到电子的超快转移过程主要归因于非绝热机制。随着时间的演化，在 140～1000 fs 发生了幅度较大的电荷振荡，非绝热机制同样起到了决定性的作用。相对于电子转移，空穴转移时间稍慢，在 396 fs 内 Cs₂SnI₂Cl₂ 的空穴占据从 2.5% 增加到 50%，其中 AD 机制起着决定性的作用，而 NA 机制对这一过程的影响较小，如图 6.6（b）所示。空穴转移过程同样伴随着电荷振荡，其主要归因于 AD 机制，说明了核运动的重要作用。

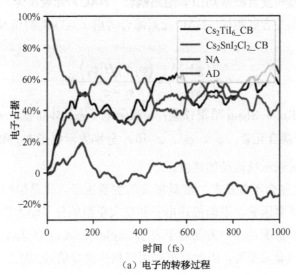

（a）电子的转移过程

图 6.6   Cs₂SnI₂Cl₂/Cs₂TiI₆ 异质结中光激发电子和空穴的转移过程

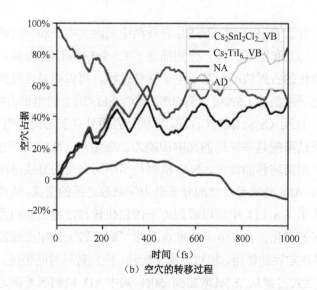

（b）空穴的转移过程

图 6.6　Cs$_2$SnI$_2$Cl$_2$/Cs$_2$TiI$_6$ 异质结中光激发电子和空穴的转移过程（续）

载流子转移和复合概率均由非绝热耦合（NAC）元素决定，非绝热耦合越大载流子转移和复合就越快。NAC 元素综合考虑了 AD 机制和 NA 机制，可以描述为[51]

$$d_{jk} = \left\langle \varphi_j \left| \frac{\partial}{\partial t} \right| \varphi_k \right\rangle = \frac{\left\langle \varphi_j \left| \nabla_R H \right| \varphi_k \right\rangle}{\varepsilon_k - \varepsilon_j} \dot{R} \tag{6.3}$$

式中，H 表示 Kohn-Sham 哈密顿量；ε 表示电子态的本征值；$<\varphi_j |\nabla_R H| \varphi_k >$ 表示电子-声子耦合元素；φ_j、φ_k、ε_j 和 ε_k 分别表示电子态 j 和 k 对应的波函数和本征值；$\dot{R}$ 表示核运动的速度。

电子-空穴复合不仅是产生能量损失的主要途径，也是影响光电探测器能量转换效率的重要因素。准确描述电子和空穴重组的分子动力学一方面可以描述载流子的复合情况，另一方面对于表示 Cs$_2$SnI$_2$Cl$_2$/Cs$_2$TiI$_6$ 异质结界面上光生载流子的分离也非常重要，因此这里采用退相干诱导的表面跳变（DISH）方法研究了 Cs$_2$SnI$_2$Cl$_2$ 和 Cs$_2$SnI$_2$Cl$_2$/Cs$_2$TiI$_6$ 异质结中电子-空穴重组过程中的占据演化，如图 6.7（a）所示。通过指数拟合公式 $P(t) = \exp(-t/\tau)$ 获得 Cs$_2$SnI$_2$Cl$_2$ 和 Cs$_2$SnI$_2$Cl$_2$/Cs$_2$TiI$_6$ 异质结的非辐射电子-空穴重组时间。Cs$_2$SnI$_2$Cl$_2$ 的电子-空穴重组时间为 0.02 ns，而 Cs$_2$SnI$_2$Cl$_2$/Cs$_2$TiI$_6$ 异质结中载流子的复合时间约为 2.88 ns，异质结的载流子复合时间约为 Cs$_2$SnI$_2$Cl$_2$ 的 100 倍。因此，异质结中载流子较慢的复合时间表明 2D Cs$_2$SnI$_2$Cl$_2$ 表面和 3D Cs$_2$TiI$_6$ 表面构建的异质结可以有效地抑制电子和空穴的重组，也可以说异质结延长了光生载流子的寿命，从而减少了能量损失，这非常有利于光电探测器性能的提升。另外，这里还计算了 Cs$_2$SnI$_2$Cl$_2$ 和 Cs$_2$SnI$_2$Cl$_2$/Cs$_2$TiI$_6$ 异质结的非绝热耦合，分别为 8.74 meV 和 0.81 meV。又因为非绝热耦合与载流子复合的快慢成正比，所以 Cs$_2$SnI$_2$Cl$_2$ 比 Cs$_2$SnI$_2$Cl$_2$/Cs$_2$TiI$_6$ 异质结的载流子复合时间更快，这与指数拟合的结果达成一致。

通过式（6.3）可知，非绝热耦合（NAC）主要由电子–声子耦合、不同态间能量差和核速度这三项共同决定，其中电子–声子耦合的强度可通过声子模的大小和数量进行表示。图 6.7（b）描述了 Cs$_2$SnI$_2$Cl$_2$ 和 Cs$_2$SnI$_2$Cl$_2$/Cs$_2$TiI$_6$ 中从 CBM 到 VBM 的 e-h 重组能隙波动的傅里叶变换。Cs$_2$SnI$_2$Cl$_2$/Cs$_2$TiI$_6$ 异质结在电子和空穴重组过程中的声子峰主要出现在范围 0~100 cm^{-1}、101~185 cm^{-1}、232~282 cm^{-1}、282~316 cm^{-1} 和 316~367 cm^{-1} 内。而 Cs$_2$SnI$_2$Cl$_2$ 除在范围 0~101 cm^{-1} 和 148~216 cm^{-1} 内出现两个声子峰外，还在范围 265~300 cm^{-1}、316~351 cm^{-1} 和 467~500 cm^{-1} 内出现了三个频率较大的声子峰。Cs$_2$SnI$_2$Cl$_2$ 中 148~216 cm^{-1} 和 Cs$_2$SnI$_2$Cl$_2$/Cs$_2$TiI$_6$ 中 101~185 cm^{-1} 的声子峰主要负责产生大部分的非绝热耦合，从而促进电子和空穴的重组。而 200 cm^{-1} 以上的高频振动也可能参与非辐射复合，它们为电子–声子耦合提供了额外的通道[52]。相比之下，Cs$_2$SnI$_2$Cl$_2$ 中的高频声子峰不仅比 Cs$_2$SnI$_2$Cl$_2$/Cs$_2$TiI$_6$ 中的频率更高，而且光谱密度更大。因此，Cs$_2$SnI$_2$Cl$_2$/Cs$_2$TiI$_6$ 异质结中的电子–声子耦合的强度相比 Cs$_2$SnI$_2$Cl$_2$ 更弱，从而致使其具有更长的载流子复合时间，从而延长了光生载流子的寿命。

Cs$_2$SnI$_2$Cl$_2$/Cs$_2$TiI$_6$ 和 Cs$_2$SnI$_2$Cl$_2$ 的态密度和 VBM 和 CBM 的电荷密度如图 6.7（c）和图 6.7（d）所示。Cs$_2$SnI$_2$Cl$_2$/Cs$_2$TiI$_6$ 异质结的 VBM 和 CBM 分别来自 Cs$_2$SnI$_2$Cl$_2$ 和 Cs$_2$TiI$_6$，它们形成了 Ⅱ 型能带排列，与能带结构的计算结果一致。通过空间的电荷密度分布可知，VBM 的电荷密度分布在 Cs$_2$SnI$_2$Cl$_2$ 表面上，而 CBM 的电荷密度分布在 Cs$_2$TiI$_6$ 表面上。另外，异质结中 Cs$_2$SnI$_2$Cl$_2$ 表面和 Cs$_2$TiI$_6$ 表面的态密度几乎没有杂化，而且空间分辨的导带和价带边缘将使电子和空穴波函数的重叠较小，这将导致 NAC 的强度下降。图 6.7（d）显示 Cs$_2$SnI$_2$Cl$_2$ 表面的 VBM 和 CBM 都主要由 Sn-5s、Sn-Ss、I-5p 和 Cl-3p 轨道构成，而且它们之间存在较强的杂化现象，这也可以通过 VBM 和 CBM 的电荷密度分布情况得出，电子和空穴波函数大量的重叠将导致 NAC 的强度增加。因此，$Cs_2SnI_2Cl_2$ 表面的 NAC（8.74 meV）比 $Cs_2SnI_2Cl_2/Cs_2TiI_6$ 异质结的 NAC（0.81 meV）要大，从而促使较快的载流子复合。

总之，通过分子动力学的计算可知 $Cs_2SnI_2Cl_2/Cs_2TiI_6$ 异质结中的电子-空穴复合时间要比电子和空穴转移过程慢 3～4 个数量级，这主要归因于弱的电子-声子耦合及电子和空穴波函数较小的重叠。因此，II 型 $Cs_2SnI_2Cl_2/Cs_2TiI_6$ 异质结不仅能够促使电子和空穴的有效分离和延长载流子的寿命，而且降低了光电转换过程中的能量损耗，从而提升了光电探测器的性能。

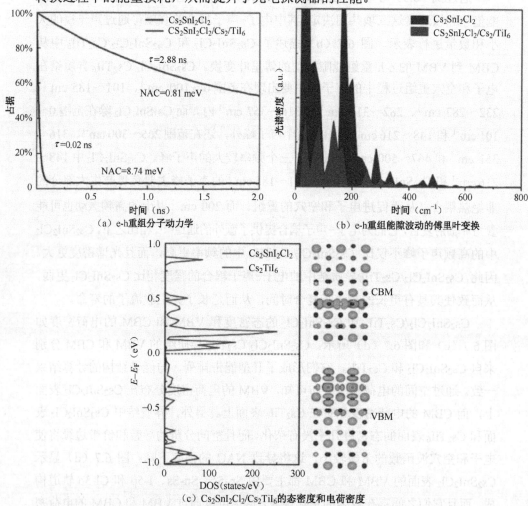

（a）e-h重组分子动力学

（b）e-h重组能隙波动的傅里叶变换

（c）$Cs_2SnI_2Cl_2/Cs_2TiI_6$的态密度和电荷密度

图 6.7　$Cs_2SnI_2Cl_2$ 和 $Cs_2SnI_2Cl_2/Cs_2TiI_6$ 异质结的 e-h 重组分子动力学、态密度和电荷密度

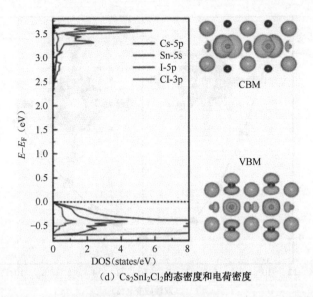

（d）Cs$_2$SnI$_2$Cl$_2$的态密度和电荷密度

图 6.7　Cs$_2$SnI$_2$Cl$_2$ 和 Cs$_2$SnI$_2$Cl$_2$/Cs$_2$TiI$_6$ 异质结的 e-h 重组分子动力学、

态密度和电荷密度（续）

6.3.4　双轴应变对 Cs$_2$SnI$_2$Cl$_2$/Cs$_2$TiI$_6$ 异质结光电特性的影响

研究发现，异质结的电子结构和光电特性可以通过面内应变进行调控。双轴应变被定义为 $\varepsilon = |(x - x_0)/x_0|$，其中 x 和 x_0 分别为异质结施加双轴应变和无双轴应变时的晶格常数。图 6.8 给出了 Cs$_2$SnI$_2$Cl$_2$/Cs$_2$TiI$_6$ 异质结在不同双轴应变下的应变能，根据图形可知双轴应变与应变能是比较完美的二次函数，因此施加的应变均在弹性极限范围之内，并且具有可逆性。

图 6.9 给出了双轴应变对 Cs$_2$SnI$_2$Cl$_2$/Cs$_2$TiI$_6$ 异质结能带结构、功函数和电势降（E_p）的影响。当施加双轴拉伸应变时，异质结的带隙先增加后减小，但其一直大于未施加应变时的带隙，如图 6.9（a）所示，因此对异质结施加双轴拉伸应变将导致光吸收边的蓝移。当拉伸应变达到+6%时，异质结的带隙达到最大的 0.12 eV，能带排列由Ⅱ型转变为Ⅰ型，由直接带隙转变为间接带隙。而除+6%外，在其他拉伸应变作用下的异质结均保持直接带隙和Ⅱ型能带排列，

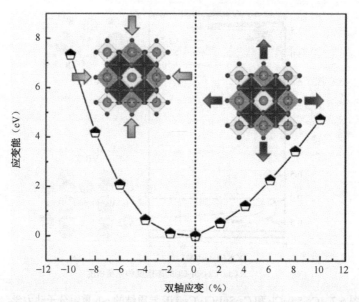

图 6.8　$Cs_2SnI_2Cl_2/Cs_2TiI_6$ 异质结在不同双轴应变下的应变能

这有助于电子和空穴对的分离。当施加双轴压缩应变时,异质结的带隙出现下降,且带隙为 $0.0005\sim0.0083\ eV$。当带隙为零或很小时电子就能容易地从价带跃迁到导带上,使得在导带和价带中同时存在能自由运动的电子和空穴,因此,施加双轴压缩应变的异质结将由半导体转变为半金属状态,而且带隙的减小将促使异质结的光吸收边红移,从而拓展了器件的光探测范围。特别是随着拉伸应变的增加,异质结的费米能级将会更加深入到价带中,这相当于给 $Cs_2SnI_2Cl_2$ 进行 P 型掺杂,从而导致 N-P $Cs_2SnI_2Cl_2/Cs_2TiI_6$ 异质结空间电荷区变窄及内置电场减弱。双轴应变对 $Cs_2SnI_2Cl_2/Cs_2TiI_6$ 异质结功函数和电势降的影响如图 6.9(b)所示。总体上,$Cs_2SnI_2Cl_2/Cs_2TiI_6$ 异质结的功函数随着双轴拉伸应变的增加而增大,而随着双轴压缩伸应变的增加而减小,这主要与半导体到半金属的转变相关。电势降随应变的变化恰好与功函数相反,电势降随着双轴压缩应变的增加而增大,而当压缩应变达到-10%时,电势降增加到了 $5.1\ eV$。而电势降随着双轴拉伸应变的增加而减小,这主要归因于 P 型掺杂效果。基于以上分析可知,双轴应变可以很好地调控 $Cs_2SnI_2Cl_2/Cs_2TiI_6$ 异质结的电子结构和光电特性,是设计和制备高性能光电探测器的有效手段。

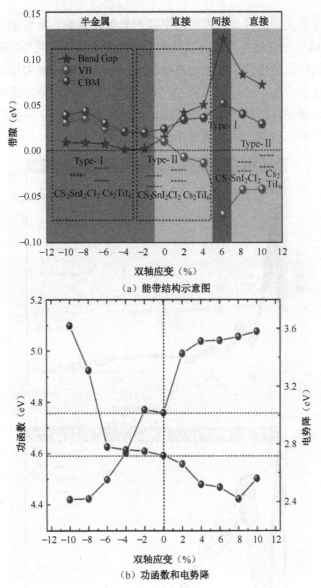

（a）能带结构示意图

（b）功函数和电势降

图 6.9　双轴应变对 Cs₂SnI₂Cl₂/Cs₂TiI₆ 异质结能带结构、功函数和电势降的影响

　　图 6.10 研究了 Cs₂SnI₂Cl₂/Cs₂TiI₆ 异质结在不同双轴应变下的光吸收谱。如图 6.10（a）～图 6.10（d）所示，在压缩应变的影响下 Cs₂SnI₂Cl₂/Cs₂TiI₆ 异质结的吸收边向更高的波长移动（红移），这主要归因于带隙的减小。研究结果进一步表明，在整个光谱范围（紫外光、可见光和红外光）内，施加压缩应

变的异质结比无应变的异质结表现出更高的光吸收系数。特别是当压缩应变为
−10%时，异质结在近红外光区的吸收响应得到显著增强。此外，施加拉伸应变
导致异质结的吸收边出现了明显的蓝移现象，这与带隙的增大相关。总之，通
过施加双轴压缩应变不仅可以拓宽 $Cs_2SnI_2Cl_2/Cs_2TiI_6$ 异质结在近红外光区的响
应性，还可以增强异质结在全光谱范围内的光吸收系数，从而提升 $Cs_2SnI_2Cl_2/$
Cs_2TiI_6 异质结在高性能光电探测器中的应用潜力。

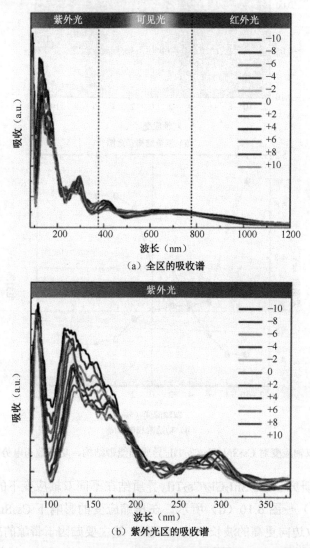

（a）全区的吸收谱

（b）紫外光区的吸收谱

图 6.10　$Cs_2SnI_2Cl_2/Cs_2TiI_6$ 异质结在不同双轴应变下的光吸收谱

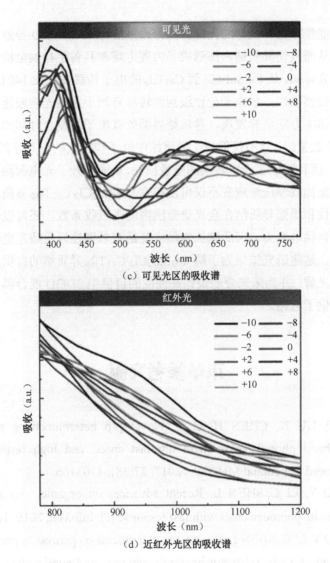

（c）可见光区的吸收谱

（d）近红外光区的吸收谱

图 6.10　Cs₂SnI₂Cl₂/Cs₂TiI₆ 异质结在不同双轴应变下的光吸收谱（续）

6.4　本章小结

本章结合 DFT 计算和分子动力学方法，系统研究了 Cs₂SnI₂Cl₂/Cs₂TiI₆ 异质结的电子结构、光学性质和载流子动力学。结果表明，Cs₂SnI₂Cl₂/Cs₂TiI₆ 异质结表现出 II 型能带排列和优异的光捕获能力，并且 CBO 和 VBO 导致了载流子的自发转移，从而致使异质结内部形成了内置电场和具备了自供电能力。通过分子动力学研究可知，从 $Cs_2SnI_2Cl_2$ 到 Cs_2TiI_6 的电子转移发生在 140 fs 内，比 396 fs 内的空穴转移稍快，载流子分秒级别的转移有利于提高光响应速度。更重要的是通过 DISH 方法研究发现，异质结界面处载流子的复合时间比电荷的分离要慢 3～4 个数量级，这不仅促使了异质结中电子和空穴的有效分离，延长了载流子的寿命，而且降低了光电转换的能量损耗，从而提升了光电探测器的性能。另外，通过施加双轴压缩应变不仅可以拓宽 $Cs_2SnI_2Cl_2/Cs_2TiI_6$ 异质结在近红外光区的响应性和增强异质结在全光谱范围内的光吸收系数，还可以增强异质结的电势降及自供电能力，因此施加双轴应变是有效调控异质结光电特性的一种手段。总之，这些研究结果为了解 $Cs_2SnI_2Cl_2/Cs_2TiI_6$ 异质结的自供电机制提供了有价值的见解，并为未来合理设计高性能的自供电 2D/3D 混合范德瓦尔斯光电探测器提供了思路。

本章参考文献

[1] YU P, HU K, CHEN H, et al. Novel p-p heterojunctions self-powered broadband photodetectors with ultrafast speed and high responsivity [J]. Advanced Functional Materials, 2017, 27(38): 1703166.

[2] ZHAO Y, LI C, SHEN L. Recent advances on organic‐inorganic hybrid perovskite photodetectors with fast response [J]. InfoMat, 2019, 1(2): 164-182.

[3] ZHAO Y, LI C, SHEN L. Recent research process on perovskite photodetectors: A review for photodetector-materials, physics, and applications [J]. Chinese Physics B, 2018, 27(12): 127806.

[4] WANG H P, LI S, LIU X, et al. Low-dimensional metal halide perovskite photodetectors [J]. Advanced Materials, 2021, 33(7): 2003309.

[5] CHEN S, SHI G. Two-dimensional materials for halide perovskite‐based optoelectronic devices [J]. Advanced Materials, 2017, 29(24): 1605448.

[6] ZHENG Y, NIU T, RAN X,   et al. Unique characteristics of 2D Ruddlesden-

Popper (2DRP) perovskite for future photovoltaic application [J]. Journal of Materials Chemistry A, 2019, 7(23): 13860-13872.

[7] XU J, BOYD C C, YU Z J, et al. Triple-halide wide-band gap perovskites with suppressed phase segregation for efficient tandems [J]. Science, 2020, 367(6482): 1097-1104.

[8] YANG J, SONG Y, YAO J, et al. Potassium bromide surface passivation on CsPbI$_{3-x}$Br$_x$ nanocrystals for efficient and stable pure red perovskite light-emitting diodes [J]. Journal of the American Chemical Society, 2020, 142(6): 2956-2967.

[9] GUO Y, APERGI S, LI N, et al. Phenylalkylammonium passivation enables perovskite light emitting diodes with record high-radiance operational lifetime: the chain length matters [J]. Nature Communications, 2021, 12: 644.

[10] WITHERS F, POZO-ZAMUDIO O D, MISHCHENKO A, et al. Light-emitting diodes by band-structure engineering in van der Waals heterostructures [J]. Nature Materials, 2015, 14: 301-306.

[11] CHEN Y, WANG Y, WANG Z, et al. Unipolar barrier photodetectors based on van der Waals heterostructures [J]. Nature Electronics, 2021, 4(5): 357-363.

[12] LIU X, NIU L, WU C, et al. Periodic organic-inorganic halide perovskite microplatelet arrays on silicon substrates for room - temperature lasing [J]. Advanced Science, 2016, 3(11): 1600137.

[13] MA C, SHI Y, HU W, et al. Heterostructured WS$_2$/CH$_3$NH$_3$PbI$_3$ photoconductors with suppressed dark current and enhanced photodetectivity [J]. Advanced Science, 2016, 28(19): 3683-3689.

[14] GRANCINI G, ROLDÁN-CARMONA C, ZIMMERMANN I, et al. One-year stable perovskite solar cells by 2D/3D interface engineering [J]. Nature Communications, 2017, 8: 15684.

[15] SHAO D, ZHU W, XIN G, et al. Inorganic vacancy-ordered perovskite Cs$_2$SnCl$_6$: Bi/GaN heterojunction photodiode for narrowband, visible-blind UV detection [J]. Applied Physics Letters, 2019, 115:121106.

[16] WANG X, HUANG Y, LIAO J, et al. In stu construction of a Cs$_2$SnI$_6$ perovskite nanocrystal/SnS$_2$ nanosheet heterojunction with boosted interfacial

charge transfer [J]. Journal of the American Chemical Society, 2019, 141(34): 13434-13441.

[17] ZHANG X, JI C, LIU X, et al. Solution-grown large-sized single-crystalline 2D/3D perovskite heterostructure for self-powered photodetection [J]. Advanced Optical Materials, 2020, 8(19): 2000311.

[18] QI J, MA N, MA X, et al. Enhanced photocurrent in $BiFeO_3$ materials by coupling temperature and thermo-phototronic effects for self-powered ultraviolet photodetector system [J]. ACS Applied Materials & Interfaces, 2018, 10(16): 13712-13719.

[19] HUANG L, HUO N, ZHENG Z, et al. Two-dimensional transition metal dichalcogenides for lead halide perovskites-based photodetectors: band alignment investigation for the case of $CsPbBr_3/MoSe_2$ [J]. Journal of Semiconductors, 2020, 41(5): 052206.

[20] DING Y, YU Z, HE P, et al. High-performance photodetector based on $InSe/Cs_2XI_2Cl_2$ (X = Pb, Sn and Ge) heterostructures [J]. Physical Review Applied, 2020, 13(6): 064053.

[21] KRESSE G, FURTHMÜLLER J. Efficiency of ab-initio total energy calculations for metals and semiconductors using a plane-wave basis set [J]. Computational materials science, 1996, 6(1): 15-50.

[22] KRESSE G, JOUBERT D. From ultrasoft pseudopotentials to the projector augmented-wave method [J]. Physical Review B: Condensed Matter and Materials Physics, 1999, 59(3): 1758-1775.

[23] PERDEW J P, BURKE K, ERNZERHOF M. Generalized gradient approximation made simple [J]. Physical Review Letters, 1996, 77(18): 3865-3868.

[24] GRIMME S, ANTONY J, EHRLICH S, et al. A consistent and accurate ab initio parametrization of density functional dispersion correction (DFT-D) for the 94 elements H-Pu [J]. Journal of Chemical Physics, 2010, 132: 154104.

[25] BENGTSSON L. Dipole correction for surface supercell calculations [J]. Physical Review B, 1998, 59(19): 12301.

[26] CRAIG C F, DUNCAN W R, PREZHDO O V. Trajectory surface hopping in the time-dependent Kohn-Sham approach for electron-nuclear dynamics [J].

Physical Review Letters, 2005, 95: 163001.

[27]　AKIMOV A V, PREZHDO O V. Advanced capabilities of the PYXAID program: Integration schemes, decoherence effects, multiexcitonic states, and field-matter interaction [J]. Journal of Chemical Theory and Computation, 2014, 10(2): 789-804.

[28]　ZHENG Q, SAIDI W A, XIE Y, et al. Phonon assisted ultrafast charge transfer at van der Waals heterostructure interface [J]. Nano Letters, 2017, 17(10): 6435-6442.

[29]　GUO H, CHU W, ZHENG Q, et al. Tuning the carrier lifetime in black Phosphorene through family atom doping [J]. Journal of Physical Chemistry Letters, 2020, 11: 4662-4667.

[30]　ZHENG Q, SAIDI W A, XIE Y, et al. Phonon-assisted ultrafast charge transfer at van der Waals heterostructure interface [J]. Nano Letters, 2017, 17(10): 6435-6442.

[31]　JAEGER H M, FISCHER S, PREZHDO O V. Decoherence-induced surface hopping [J]. Journal of Chemical Physics, 2012, 137(22): 22A545.

[32]　FERREIRA L G, MARQUES M, TELES L K. Approximation to density functional theory for the calculation of band gaps of semiconductors [J]. Physical Review B, 2008, 78: 125116.

[33]　TRAORE B, EVEN J, PEDESSEAU L, et al. Band gap, effective masses, and energy level alignment of 2D and 3D halide perovskites and heterostructures using DFT-1/2 [J]. Physical Review Materials, 2022, 6(1): 014604.

[34]　HEYD J, SCUSERIA G E, ERNZERHOF M. Hybrid functionals based on a screened coulomb potential [J]. Journal of Chemical Physics, 2003, 118(18): 8207-8215.

[35]　BECKE A D, JOHNSON E R. A simple effective potential for exchange [J]. Journal of Chemical Physics, 2006, 124(24): 221101.

[36]　LUTFALLA S, SHAPOVALOV V, BELL A T. Calibration of the DFT/GGA+U method for determination of reduction energies for transition and rare earth metal oxides of Ti, V, Mo, and Ce [J]. Journal of Chemical Theory and Computation, 2011, 7(7): 2218-2223.

[37]   PERDEW J P, ERNZERHOF M, BURKE K. Rationale for mixing exact exchange with density functional approximations [J]. Journal of Chemical Physics, 1996, 105(22): 9982-9985.

[38]   HYBERTSEN M S, LOUIE S G. Electron correlation in semiconductors and insulators: Band gaps and quasiparticle energies [J]. Physical Review B, 1986, 34: 5390.

[39]   GUEDES-SOBRINHO D, GUILHON I, MARQUES M, et al. Relativistic DFT-1/2 calculations combined with a statistical approach for electronic and optical properties of mixed metal hybrid perovskites [J]. Journal of Physical Chemistry Letters, 2019, 10(15): 4245-4251.

[40]   XUE K, FONSECAC L R C, MIAO X. Ferroelectric fatigue in layered perovskites from self-energy corrected density functional theory [J]. RSC advances, 2017, 7: 21856-21868.

[41]   KAVANAGH S R, SAVORY C N, LIGA S M, et al. Frenkel excitons in vacancy-ordered titanium halide perovskites (Cs_2TiX_6) [J]. Journal of Physical Chemistry Letters 2022, 13: 10965-10975.

[42]   JU M G, CHEN M, ZHOU Y, et al. Earth-abundant nontoxic titanium (IV)-based vacancy-ordered double perovskite halides with tunable 1.0~1.8 eV bandgaps for photovoltaic applications [J]. ACS Energy Letters, 2018, 3 (2): 297-304.

[43]   XU Z, CHEN M, LIU S F. Layer-dependent ultrahigh-mobility transport properties in all-Inorganic two-dimensional $Cs_2PbI_2Cl_2$ and $Cs_2SnI_2Cl_2$ perovskites [J]. Journal of Physical Chemistry C, 2019, 123(45): 27978-27985.

[44]   LI J, STOUMPOS C C, TRIMARCHI G G, et al. Air-stable direct bandgap perovskite semiconductors: All-inorganic tin-based heteroleptic halides $A_xSnCl_yI_z$ (A= Cs, Rb) [J]. Chemistry of Materials, 2018, 30, 4847-4856.

[45]   CUCCO B, BOUDER G, PEDESSEAU L, et al. Electronic structure and stability of Cs_2TiX_6 and Cs_2ZrX_6 (X = Br, I) vacancy ordered double perovskites [J]. Applied Physics Letters, 2021, 119(18): 181903.

[46]   LIU D, SA R. Theoretical study of Zr doping on the stability, mechanical, electronic and optical properties of Cs_2TiI_6 [J]. Optical Materials, 2020, 110:

110497.

[47] LI J, HUANG Z, KE W, et al. High solar-to-hydrogen efficiency in Arsenene/GaX (X=S, Se) van der Waals heterostructure for photocatalytic water splitting [J]. Journal of Alloys and Compounds, 2021, 866: 158774.

[48] SHOKRI A, YAZDANI A. Band alignment engineering, electronic and optical properties of Sb/PtTe₂ van der Waals heterostructure: effects of electric field and biaxial strain [J]. Journal of Materials Science, 2021, 56: 5658-5669.

[49] PHUC H V, HIEU N N, HOI B D, et al. Interlayer coupling and electric field tunable electronic properties and Schottky barrier in graphene/bilayer GaSe van der Waals heterostructure [J]. Physical Chemistry Chemical Physics, 2018, 20(26): 17899-17908.

[50] YAN Y, ABBAS G, LI F, et al. Self‐driven high performance broadband photodetector based on SnSe/InSe van der Waals heterojunction [J]. Advanced Materials Interfaces, 2022, 9(12): 2102068.

[51] REEVES K G, SCHLEIFE A, CORREA A A, et al. Role of surface termination on hot electron relaxation in silicon quantum dots: A first-principles dynamics simulation study [J]. Nano letters, 2015, 15(10): 6429-6433.

[52] DOU W, JIA Y, HAO X, et al. Time-domain Ab initio insights into the reduced nonradiative electron-hole recombination in ReSe₂/MoS₂ van der Waals heterostructure [J]. Journal of Physical Chemistry Letters, 2021, 12(10): 2682-2690.

第 7 章

2D/2D/2D GaN/WS₂/MoS₂ 异质结的
界面效应及分子动力学

7.1　引言

　　TMDCs 作为二维家族的典型材料，其独特的性质（原子厚度、可调谐带隙、高载流子迁移率和机械灵活性等），使其在智能可穿戴设备及下一代自供电光电探测器方面有着极大的应用潜力[1,2]。对光的探测可以通过光电探测器中的光吸收材料来实现，它可以将入射的光子转换为电信号。但单个 TMDCs 的原子厚度和宽带隙限制了其光利用能力[3]。对于在光探测方面的应用，单个 2D 材料并不能同时具有足够宽的光探测范围、快的响应速度及自供电探测能力[4]。

　　为解决 TMDCs 遇到的这些问题，近年来，范德瓦尔斯异质结被认为是全面提高光电探测器性能和自供电能力的一种可行方法。TMDCs 与其他具有不同带隙 2D 材料的集成，不仅可以很好地保留单一材料的性质，还可以结合不同材料的优势，从而改善材料的光吸收系数、拓宽光探测范围等。此外，范德瓦尔斯异质结的构建还可以调节不同材料之间的载流子输运和能带结构排列，从而为设计多功能和高性能的异质结提供了一个新的平台。Zhang 等人[5]实验合成了二维 MoS_2/GaN 范德瓦尔斯异质结，内置电场的存在促使光生载流子发生迅速分离，使 MoS_2/GaN 异质结具备了高的光响应率（328 A/W）和短的响应时间（400 ms），比单一 MoS_2 快了近 7 倍。此外，光电探测器的响应光谱也扩大到紫外光区，并表现出良好的协同效应。Sinha 等人[6]使用直接生长法（脉冲激光沉积）制备了 MoS_2/WS_2 范德瓦尔斯异质结，其具有高达 $2.51×10^5$ 的电流开/关比，45 ms 的响应速度及良好的光电流探测能力。此外，MoS_2/WS_2 异质结具有很强的层间耦合，形成了内置电场，导致了有效的层间电荷转移，使其具备了自供电能力[7]。目前，对于高性能光电探测器的研究主要以两种不同材料构成的异质结为主，为深入探索具有多功能、低功耗和高性能的下一代光电探测器，研究者也对由三种不同带隙材料构建而成的异质结进行了研究。Li 等人[8]创建了一种新型 $MoTe_2$/石墨烯/SnS_2 的红外光电探测器，其光响应率为 2600 A/W，探测率达到了约 10^{13} Jones，而且其可以吸收从紫外光到近红外区的宽带波长。Xiong 等人[9]利用逐层转移法成功制备了多层石墨烯/ MoS_2/WS_2 异质结，由于异质结的强光吸收和内置电场，光电探测器表现出超高的光响应率（$\approx 6.6 \times 10^7$ A/W）和较快的时间响应（7 ms，在 400 nm 光波下）。

　　TMDCs 异质结诱导的内置电场或能级偏差可以加速光生载流子分离，抑制光生载流子重组，降低暗电流，这有利于实现高性能的光探测[10]。近些年，Ⅲ 族氮化物，特别是氮化镓，其具有的独特性质（宽带隙和高电子迁移率），让其在半导体器件研究领域引起了广泛的关注[11]。最近，研究者们通过迁移增强封装生长技术制备了蜂窝结构的单层 GaN，这种新型材料是一种宽带隙并保持了其结构稳定性的半导体[12]。基于其构建的异质结可以形成Ⅱ型能带排列结构，内部电场促进了电子–空穴对的分离，从而表现出了良好的光电特性，在传感器方面有潜在应用[13]。研究人员研究了 2D GaN 的物理性质，结果表明 2D 氮化镓在能量转换中具有广阔的应用前景[14]。构建由两种或两种以上不同带隙的光吸收材料组成的光电探测器是实现高性能光探测的有效途径。因此，本章利用 GaN 单层、WS₂ 单层和 MoS₂ 单层构建了 2D/2D/2D GaN/WS₂/MoS₂ 异质结，使用第一性原理计算方法和分子动力学系统地研究了新型 2D/2D/2D GaN/WS₂/MoS₂ 异质结的结构稳定性、光电特性和载流子的输运特性。另外，还利用双轴应变调控了异质结的电子结构和光电特性。

7.2　计算方法与细节

　　本章利用 VASP[15]进行了相应的计算。电子与离子之间的相互作用和电子间的交换关联能量分别用 PAW 方法[16]和 PBE 方法[17]进行了处理。为获取更加准确的电子性质和带隙，包含 25% Hartree-Fock 交换能的 Heyd-Scuseria-Eenzerhof（HSE06）[18]方法被用来计算电子结构。平面波的动能截止能量设为 520 eV，简约布里渊区采用 3×3×1 和 4×4×1 Gamma-Centered **k** 点网格分别对异质结的结构弛豫和电子结构进行了计算。体系完全弛豫的标准为总能量和原子间的相互作用力分别小于 10^{-5} eV 和 0.01 eV/Å。采用 Grimme 的 DFT-D3 方法[19]处理了 GaN/WS$_2$/MoS$_2$ 异质结中存在的长程范德瓦尔斯相互作用力，并利用偶极校正方法修正了体系的真空能级[20]。此外，在垂直于平板的方向（Z 方向）设置了一个超过 15 Å 的真空区域，从而避免了周期性模型中相邻层间的相互作用。

利用基于 TDDFT 和 FSSH[21,22]的分子动力学程序包（Hefei-NAMD）[23-24]研究了 MoS$_2$ 和 GaN/WS$_2$/MoS$_2$ 异质结中激发态载流子的动力学问题。首先，在 0 K 的温度条件下将初始结构进行几何优化。然后，采用速度重新标定的算法将体系升温到 300 K，从而实现热平衡。接下来，在设定为 1 fs 时间步长的微正则系综中进行了 5 ps 的分子动力学模拟，选取最后 2 ps 分子动力学轨迹中的结构进行自洽计算，并得到相应的波函数。最后，根据 Kohn-Sham 轨道占据情况选取不少于 100 个初始结构进行 NAMD 计算，利用统计平均得出最后的载流子转移和复合结果。对于 GaN/WS$_2$/MoS$_2$ 界面上的载流子转移过程用最少面跳跃方法来处理，而对于界面上的电子-空穴复合动力学，则采用了退相干诱导的表面跳变（DISH）[25]方法。另外，为对比单层材料和异质结的载流子复合时间，构建了 3×3×1 的单层 MoS$_2$ 四方型超胞。在所有的模拟中，布里渊区都采用了 Γ 点采样。另外，为了在计算精度和计算时间之间做出合理的平衡，利用 PBE 方法模拟计算了 MoS$_2$ 和 GaN/WS$_2$/MoS$_2$ 异质结的光激发载流子动力学。

7.3 计算结果与讨论

7.3.1 GaN/WS$_2$/MoS$_2$异质结的堆叠结构

为更好地构建 GaN/WS$_2$/MoS$_2$ 异质结，首先对 MoS$_2$、WS$_2$ 和 GaN 单层材料进行了几何结构完全弛豫。MoS$_2$、WS$_2$ 和 GaN 单层材料优化后的晶格参数分别为 $a=b=3.18$ Å、$a=b=3.19$ Å 和 $a=b=3.21$ Å，这些晶格参数与之前报道的结果一致[26-28]。然后，用 3×3 MoS$_2$ 单层与 3×3 WS$_2$ 单层和 3×3 GaN 单层构建了 GaN/WS$_2$/MoS$_2$ 异质结，a 和 b 矢量方向上的晶格最大失配比均为0.93 %。

为消除邻近层间的相互作用，在 Z 方向添加了一个超过 15 Å 的真空区域。此外，在保证晶格矢量不变的情况下，对 GaN/WS$_2$/MoS$_2$ 异质结进行了完全弛豫。

　　根据 MoS$_2$ 和 WS$_2$ 之间原子的排列顺序，首先确定了 MoS$_2$ 和 WS$_2$ 之间最稳定的 C7 堆叠结构[29,30]，然后在 C7 堆叠结构不变的情况下，分别将 GaN 扭转了 0°、60°、120° 和 180°，从而形成了堆叠结构-Ⅰ、堆叠结构-Ⅱ、堆叠结构-Ⅲ和堆叠结构-Ⅳ异质结，如图 7.1（a）～图 7.1（d）所示。还考虑了三种单层材料之间的不同排列结构 MoS$_2$/WS$_2$/GaN、WS$_2$/MoS$_2$/GaN 和 MoS$_2$/GaN/WS$_2$，分别用堆叠结构-Ⅴ、堆叠结构-Ⅵ、堆叠结构-Ⅶ表示，如图 7.1（e）～图 7.1（j）所示。特别指出堆叠结构-Ⅰ和堆叠结构-Ⅴ的异质结是一样的，只是堆叠结构-Ⅴ多展示了结构的俯视图。为判断 GaN/WS$_2$/MoS$_2$ 异质结不同堆叠结构的稳定性，界面结合能（E_b）被定义为：

$$E_b = E_{Total} - E_{NoS_2} - E_{WS_2} - E_{GaN} \tag{7.1}$$

式中的 E_{Total}、E_{NoS_2}、E_{WS_2} 和 E_{GaN} 分别表示 GaN/WS$_2$/MoS$_2$ 异质结、MoS$_2$ 单层、WS$_2$ 单层和 GaN 单层的总能量。

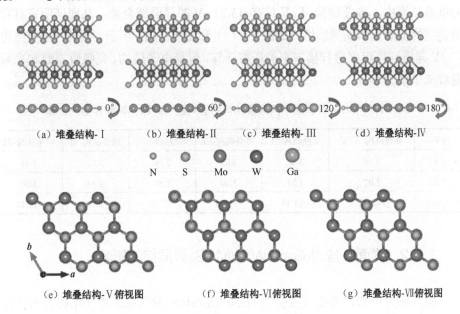

（a）堆叠结构-Ⅰ　　（b）堆叠结构-Ⅱ　　（c）堆叠结构-Ⅲ　　（d）堆叠结构-Ⅳ

N　　S　　Mo　　W　　Ga

（e）堆叠结构-Ⅴ俯视图　　　（f）堆叠结构-Ⅵ俯视图　　　（g）堆叠结构-Ⅶ俯视图

图 7.1　GaN/WS$_2$/MoS$_2$ 异质结不同堆叠结构的俯视图和侧视图

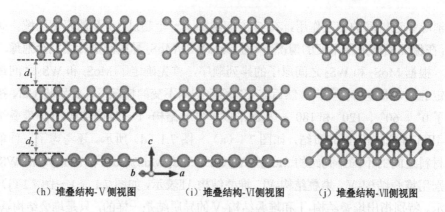

（h）堆叠结构-Ⅴ侧视图　　　（i）堆叠结构-Ⅵ侧视图　　　（j）堆叠结构-Ⅶ侧视图

图 7.1　GaN/WS$_2$/MoS$_2$ 异质结不同堆叠结构的俯视图和侧视图（续）

表 7.1 列出了 GaN/WS$_2$/MoS$_2$ 异质结不同堆叠结构的层间距和界面结合能，层间距定义为单层材料和单层材料原子之间的最小距离。从表 7.1 中可以看出，所有堆叠结构的层间距在 3.06～3.51 Å，这表明它们均属于范德瓦尔斯异质结。另外，所有堆叠结构的界面结合能均为负值，表明它们的稳定性较好。在所有的堆叠结构中，堆叠结构-Ⅰ/Ⅴ具有-13.72 eV 的界面结合能，从而证明它具有最稳定的范德瓦尔斯异质结，如图 7.1（e）和图 7.1（h）所示。因此，堆叠结构-Ⅰ/Ⅴ异质结将用来进行接下来的所有计算，包括电子结构、光吸收系数和光激发载流子动力学。

表 7.1　GaN/WS$_2$/MoS$_2$ 异质结不同堆叠结构的层间距（d_1 和 d_2）和界面结合能（E_b）

体系	堆叠结构-Ⅰ/Ⅴ	堆叠结构-Ⅱ	堆叠结构-Ⅲ	堆叠结构-Ⅳ	堆叠结构-Ⅵ	堆叠结构-Ⅶ
d_1（Å）	3.10	3.07	3.09	3.06	3.11	3.45
d_2（Å）	3.07	3.21	3.20	3.48	3.51	3.06
E_b（eV）	-13.72	-13.59	-13.64	-13.19	-13.18	-13.43

7.3.2　界面效应对 GaN/WS$_2$/MoS$_2$ 异质结的影响

根据研究可知，界面效应会对 GaN/WS$_2$/MoS$_2$ 异质结的电子结构及相关性质产生较大的影响。图 7.2 给出了 GaN/WS$_2$/MoS$_2$ 异质结的投影能带结构、分态密度、电荷密度分布和能带示意图。从图 7.2（a）可知，GaN/WS$_2$/MoS$_2$ 异质结是具有直接带隙的半导体，带隙值为 1.53 eV，远小于 GaN 单层的 3.44 eV、

WS₂ 单层的 2.28 eV 和 MoS₂ 单层的 2.16 eV，异质结带隙的减小将会导致其光吸收边的红移，异质结中价带最大值（VBM）和导带最小值（CBM）分别归因于 GaN 单层和 MoS₂ 单层的贡献。另外，从分态密度图可知单一材料之间的态密度杂化程度很小。从图 7.2（b）可以明显看出，VBM 处的电荷来自 GaN 单层，而 CBM 处的电荷来自 MoS₂ 单层。图 7.2（c）给出了 GaN/WS₂/MoS₂ 异质结的能带示意图。一方面可知 GaN 和 WS₂ 之间属于 II 型能带排列，同样 WS₂ 和 MoS₂ 之间也属于 II 型能带排列，因此 GaN/WS₂/MoS₂ 异质结总体也应属于 II 型能带排列。另一方面由于 GaN 单层、WS₂ 单层和 MoS₂ 单层之间的界面效应，它们在 GaN/WS₂/MoS₂ 异质结中的带隙变为 4.15 eV、2.01 eV 和 2.16 eV，其中 GaN 单层的带隙变化量达到了 0.71 eV。异质结中 GaN 单层与 WS₂ 单层之间的价带偏移（VBO）和导带偏移（CBO）分别为 0.04 eV 和 2.18 eV，而 WS₂ 单层

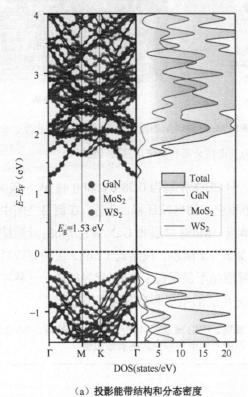

（a）投影能带结构和分态密度

图 7.2　GaN/WS₂/MoS₂ 异质结的投影能带结构、分态密度、电荷密度分布和能带示意图

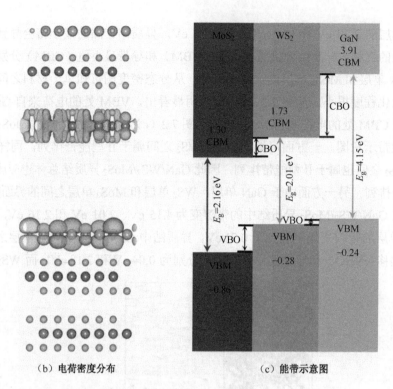

（b）电荷密度分布 （c）能带示意图

图 7.2　GaN/WS₂/MoS₂ 异质结的投影能带结构、分态密度、

电荷密度分布和能带示意图（续）

与 MoS₂ 单层之间的 VBO 和 CBO 分别为 0.58 eV 和 0.43 eV，较大的 VBO 和
CBO 非常有利于光生电子和空穴的自发迁移。此外，在倒易空间中沿不同方向
计算了 GaN 单层、WS₂ 单层、MoS₂ 单层和 GaN/WS₂/MoS₂ 异质结沿不同方向
电子和空穴的有效质量，如表 7.2 所示。根据式（2.48）可知有效质量与迁移率
成反比，GaN/WS₂/MoS₂ 异质结不仅保留了 GaN 优异的电子迁移率，而且很好
地改善了 WS₂ 单层和 MoS₂ 单层的电子和空穴迁移率。

表 7.2　倒易空间中 GaN 单层、WS₂ 单层、MoS₂ 单层和 GaN/WS₂/MoS₂ 异质结沿
不同方向电子和空穴的有效质量

体系	m_h^*/m_0	m_e^*/m_0	m_h^*/m_0	m_e^*/m_0	平均值	
					m_h^*/m_0	m_e^*/m_0
	$\Gamma \rightarrow M$	$M|K \rightarrow M$	$\Gamma \rightarrow K$	$M|K \rightarrow K$		
MoS₂	2.33	1.30	2.31	1.13	2.32	1.22

体系	m_h^*/m_0	m_e^*/m_0	m_h^*/m_0	m_e^*/m_0	平均值	
					m_h^*/m_0	m_e^*/m_0
WS₂	1.94	0.88	1.98	0.84	1.96	0.86
GaN	$K \to M$	$\Gamma \to M$	$K \to \Gamma$	$\Gamma \to M$	1.21	0.29
	1.36	0.29	1.05	0.28		
GaN/WS₂/MoS₂	$\Gamma \to M$		$\Gamma \to M$		1.41	0.43
	1.33	0.41	1.48	0.44		

　　由于材料是通过吸收光子的能量从而产生用于光探测的电子-空穴对的，因此改进材料的光吸收能力是提高探测器光电特性的关键。图 7.3 展示了 GaN 单层、WS₂ 单层、MoS₂ 单层和 GaN/WS₂/MoS₂ 异质结的光吸收谱。从图中可以明显地观察到 GaN/WS₂/MoS₂ 异质结拓宽了 GaN 的光探测能力，探测范围从紫外光区（100～380 nm）扩展到可见光区（380～780 nm）和近红外光区（780～1200 nm）。此外，与单一材料相比，GaN/WS₂/MoS₂ 异质结的光吸收系数在全光谱区均得到相应增强，特别是在紫外光区得到明显增强，这可能主要与异质结中带隙的减小和载流子的有效分离相关。

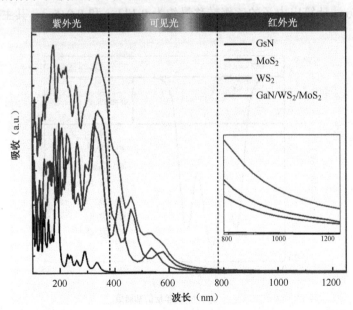

图 7.3　GaN 单层、MoS₂ 单层、WS₂ 单层和 GaN/WS₂/MoS₂ 异质结的光吸收谱

功函数是指将一个电子从费米能级转移到无穷远所需的最小能量，其公式如下：

$$\varPhi = E_V - E_F \qquad (7.2)$$

式中，$\varPhi$ 表示功函数，E_V 表示一个静止电子的真空能级，E_F 表示 GaN/WS$_2$/MoS$_2$ 异质结的费米能级。

功函数是理解异质结界面电荷转移的关键。图 7.4 给出了 MoS$_2$ 单层、WS$_2$ 单层、GaN 单层和 GaN/WS$_2$/MoS$_2$ 异质结的功函数分别为 6.15 eV、5.78 eV、5.72 eV 和 5.93 eV。由于 GaN 单层比 WS$_2$ 单层具有更小的功函数，电子将自发地从 GaN 转移到 WS$_2$ 上，基于同样的原因电子将自发地从 WS$_2$ 转移到 MoS$_2$ 上，直到它们的费米能级相等为止。界面的电势降 E_P 反映了 GaN、WS$_2$ 和 MoS$_2$ 层间平均静电势的差值。通过跨界面计算可知，GaN/WS$_2$/MoS$_2$ 异质结的 E_P 值为 1.79 eV。电势降将致使异质结的层间产生内置电场[31-33]，其非常有利于光生载流子的分离和暗电流的抑制[34]。更重要的是异质结界面处内置电场的存在，导致 GaN/WS$_2$/MoS$_2$ 异质结能够在零偏压下运行，从而实现了自供电能力。另外，在 GaN/WS$_2$/MoS$_2$ 异质结中，光生电子将从 GaN 单层逐级转移到 WS$_2$ 单层和 MoS$_2$ 单层上，而空穴则从 MoS$_2$ 单层逐级转移到 WS$_2$ 单层和 GaN 单层上，通过贝德方法计算出电子的逐级转移量约为 0.132 e 和 0.015 e，其主要与导带偏移相关。

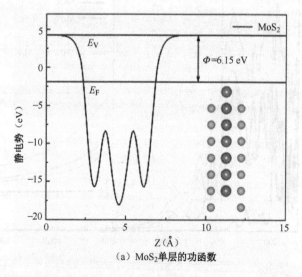

（a）MoS$_2$ 单层的功函数

图 7.4 MoS$_2$ 单层、WS$_2$ 单层、GaN 单层和 GaN/WS$_2$/MoS$_2$ 异质结的功函数

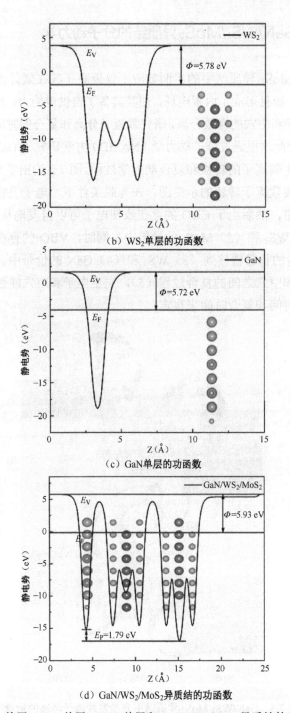

（b）WS₂ 单层的功函数

（c）GaN 单层的功函数

（d）GaN/WS₂/MoS₂ 异质结的功函数

图 7.4　MoS₂ 单层、WS₂ 单层、GaN 单层和 GaN/WS₂/MoS₂ 异质结的功函数（续）

7.3.3 GaN/WS₂/MoS₂异质结的分子动力学

GaN/WS₂/MoS₂ 异质结中的界面效应不仅提高了其在紫外光区和可见光区的光吸收能力，而且形成了内置电场，使其具备了自供电能力。但是内置电场的产生来源于电子和空穴的有效分离，研究载流子分离和复合的时间竞争过程就变得极其重要，因此这里通过分子动力学（NAMD）方法研究了 GaN/WS₂/MoS₂ 异质结界面上光生载流子的转移和复合动力学过程。图 7.5 给出了 GaN/WS₂/MoS₂ 异质结中光激发载流子转移的示意图。在光照条件下，电子吸收光子能量后从价带激发到导带，然后由于 CBO 的存在致使电子可以自发地从 GaN 的导带逐级转移到（1）WS₂ 和（2）MoS₂ 的导带中。同时，VBO 的存在导致空穴可以自发地从 MoS₂ 的价带转移到（3）WS₂ 和（4）GaN 的价带中。此外，界面处同样存在电子和空穴之间的复合过程（5），光生电子和空穴能否有效分离可由载流子的分离时间和复合时间来决定。

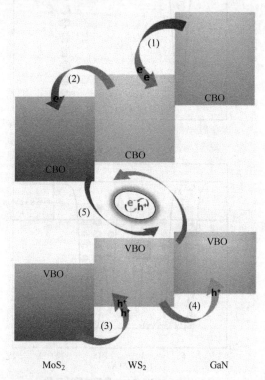

图 7.5 GaN/WS₂/MoS₂异质结中光激发载流子转移的示意图

图 7.6 给出了 GaN/WS₂/MoS₂ 异质结中载流子随时间演化的分子动力过程。其中，图 7.6（a）和图 7.6（b）分别描述了 GaN/WS₂/MoS₂ 异质结中电子由 GaN 转移到 WS₂ 和空穴由 WS₂ 转移到 GaN 过程中随时间变化的占据情况。对于电子转移过程，可以明显看到在 82 fs 内 WS₂ 上的电子占据由 8%增加到 45%，而 GaN 上的电子占据则从 92%减少到 55%，证明电子由 GaN 转移到 WS₂ 的过程属于超快的电子转移现象。从图 7.6（a）中可以看到电子的超快转移过程主要归因于 AD（由核运动引起的能态交叉）机制，这说明了核运动的重要作用。随着时间的演化，电子的转移过程发生了电荷振荡，电荷振荡的幅度随着时间的演化慢慢变弱，特别是在 475 fs 后 NA（不同态之间的直接电荷跳跃）机制决定了转移的过程。相对于电子转移，空穴转移时间则要长得多，AD 和 NA 机制共同起着决定性的作用，如图 7.6（b）所示。另外，通过指数拟合公式 $P(t) = \exp(-t/\tau)$ 获得电子和空穴的转移时间尺度，电子和空穴转移时间分别为 129 fs 和 6.75 ps，空穴的转移时间为电子转移时间的 50 多倍。

在 NAMD 模拟中，载流子转移和复合概率均由非绝热耦合（NAC）元素决定，非绝热耦合越大，载流子转移和复合就越快。NAC 元素综合考虑了 AD 和 NA 机制，可以描述为[35]

$$d_{jk} = \left\langle \varphi_j \left| \frac{\partial}{\partial t} \right| \varphi_k \right\rangle = \frac{\left\langle \varphi_j \left| \nabla_R H \right| \varphi_k \right\rangle}{\varepsilon_k - \varepsilon_j} \dot{R} \tag{7.3}$$

式中，H 表示 Kohn-Schan 哈密顿量，ε 表示电子态的本征值，$\left\langle \varphi_j \left| \nabla_R H \right| \varphi_k \right\rangle$ 表示电子-声子耦合元素，φ_j、φ_k、ε_j 和 ε_k 分别表示电子态 j 和 k 对应的波函数和本征值，$\dot{R}$ 表示核运动的速度。

通过式（7.3）可知，非绝热耦合（NAC）主要由电子-声子耦合、不同态间能量差和核速度共同决定，其中电子-声子耦合的强度可通过声子模的大小和数量来进行表征。图 7.6（c）和图 7.6（d）分别描述了电子从 GaN 转移到 WS₂ 和空穴从 WS₂ 转移到 GaN 的能隙波动的傅里叶变换。电子转移过程中的声子峰主要出现在 0~68 cm⁻¹、200~333 cm⁻¹ 和 333~379 cm⁻¹ 的范围内。而空穴的声子峰仅在 220~333 cm⁻¹ 范围内出现。电子和空穴中主要负责产生非绝热耦合的声子峰分别位于 200~333 cm⁻¹ 和 220~333 cm⁻¹ 的范围。两者对于电子和

空穴的转移时间贡献相当，但电子转移过程还存在一个 333～379 cm^{-1} 范围的
高频峰，从而导致了较强的电声耦合，致使电子的转移速度比空穴的转移速度
更快。

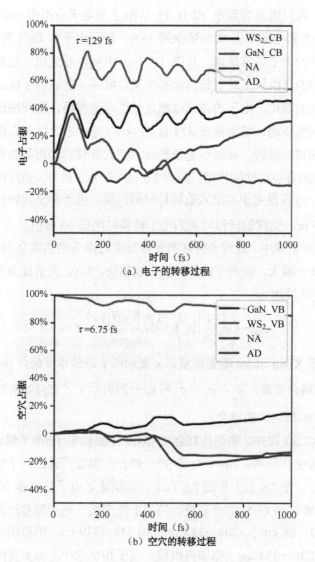

（a）电子的转移过程

（b）空穴的转移过程

图 7.6　GaN/WS$_2$/MoS$_2$ 异质结中载流子随时间演化的分子动力过程

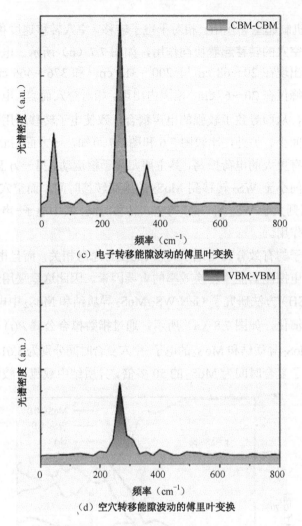

（c）电子转移能隙波动的傅里叶变换

（d）空穴转移能隙波动的傅里叶变换

图 7.6   GaN/WS₂/MoS₂ 异质结中载流子随时间演化的分子动力过程（续）

图 7.7（a）和图 7.7（b）分别描述了 GaN/WS₂/MoS₂ 异质结中电子由 WS₂
转移到 MoS₂ 和空穴由 MoS₂ 转移到 WS₂ 过程中随时间变化的占据情况。通过
指数拟合公式 $P(t) = \exp(-t/\tau)$ 获得了电子和空穴的转移时间尺度，电子和空穴
转移时间分别为 0.83 ps 和 1.96 ps，空穴的转移时间约为电子转移时间的 2 倍
多。对于电子转移过程，可以看到在 1 ps 内 MoS₂ 上的电子占据由 0.2%增加
到 51.8%，而 WS₂ 上的电子占据则从 98.8%减少到 48.2%。从图 7.7（a）中可
以看到在 500 fs 之前，电子的转移过程主要由 NA 和 AD 机制共同作用，而 500 fs

后，则由 NA 机制起主导作用。相对于电子转移，空穴转移速度稍慢，AD 机制和 NA 机制对空穴的转移起着协同作用，如图 7.7（b）所示。电子转移过程中的声子峰主要出现在 20～68 cm^{-1}、200～312 cm^{-1} 和 376～466 cm^{-1} 的范围内。而空穴的声子峰仅在 20～67 cm^{-1} 范围内出现。相对空穴而言，电子转移过程存在两个高频峰，从而导致了较强的电声耦合，致使电子转移所用的时间比空穴转移所用的时间少。另外，比较图 7.6 和图 7.7 可知，一方面 GaN 到 WS$_2$ 的电荷转移过程具有更大的电荷振荡，其主要归因于核运动。另一方面 GaN 到 WS$_2$ 的电荷转移时间小于 WS$_2$ 转移到 MoS$_2$ 的电荷转移时间，而空穴由 MoS$_2$ 转移到 WS$_2$ 的时间则大于 WS$_2$ 到 GaN 的空穴转移时间，其中电子-声子之间的耦合起到了重要的作用。

光生载流子的有效分离与电子-空穴的复合息息相关，而且电子-空穴的复合也是影响光电探测器能量转换效率的重要因素。因此这里采用退相干诱导的表面跳变（DISH）方法研究了 GaN/WS$_2$/MoS$_2$ 异质结和 MoS$_2$ 中电子-空穴重组过程中的占据演化，如图 7.8（a）所示。通过指数拟合公式 $P(t) = \exp(-t/\tau)$ 获得 GaN/WS$_2$/MoS$_2$ 异质结和 MoS$_2$ 的电子-空穴复合时间分别为 3.61 μs 和 70.4 ns，异质结的载流子复合时间为 MoS$_2$ 的 50 多倍。异质结中载流子较慢的复合时间

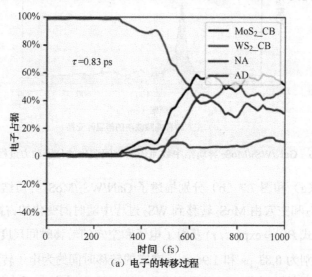

（a）电子的转移过程

图 7.7　GaN/WS$_2$/MoS$_2$ 异质结中光激发电子转移过程及其能隙波动的傅里叶变换

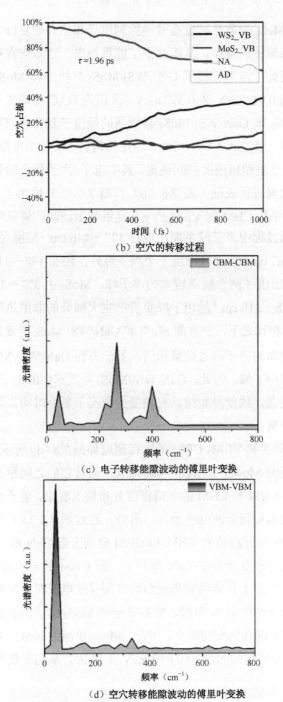

（b）空穴的转移过程

（c）电子转移能隙波动的傅里叶变换

（d）空穴转移能隙波动的傅里叶变换

图 7.7　GaN/WS₂/MoS₂ 异质结中光激发电子转移过程及其能隙波动的傅里叶变换（续）

表明 GaN/WS$_2$/MoS$_2$ 异质结可以有效地抑制电子和空穴的复合，也可以说异质结延长了光生载流子的寿命，从而减少了能量损失，这非常有利于光电探测器性能的提升。另外，这里计算了 GaN/WS$_2$/MoS$_2$ 异质结和 MoS$_2$ 的非绝热耦合（NAC），分别为 0.019 meV 和 0.592 meV。又因为 NAC 与载流子复合的快慢成正比，所以 MoS$_2$ 比 GaN/WS$_2$/MoS$_2$ 异质结的载流子复合时间更快，这与指数拟合的结果一致。通过式（7.3）可知，非绝热耦合（NAC）主要由电子-声子耦合、不同态间能量差和核速度共同决定，其中电子-声子耦合的强度可通过声子模的大小和数量来进行表征。图 7.8（b）和图 7.8（c）描述了 GaN/WS$_2$/MoS$_2$ 异质结和 MoS$_2$ 中从 CBM 到 VBM 的 e-h 重组能隙波动的傅里叶变换。MoS$_2$ 在电子和空穴重组过程中声子峰主要出现在 377～446 cm^{-1} 范围内，而 GaN/WS$_2$/MoS$_2$ 除在 21～67 cm^{-1} 范围内出现一个声子峰外，还在 198～310 cm^{-1} 和 377～422 cm^{-1} 范围内出现了两个频率较大的声子峰。MoS$_2$ 中 377～446 cm^{-1} 和 GaN/WS$_2$/MoS$_2$ 中 198～310 cm^{-1} 的声子峰负责产生大部分的非绝热耦合，促进电子和空穴的重组。相比之下，一方面 MoS$_2$ 和 GaN/WS$_2$/MoS$_2$ 异质结均在 400 cm^{-1} 左右存在频率较高的声子峰且数量相当，另一方面 GaN/WS$_2$/MoS$_2$ 异质结中还存在频率较低的声子峰。因此，GaN/WS$_2$/MoS$_2$ 异质结中的电子-声子耦合的强度相比 MoS$_2$ 更弱，致使异质结具有较慢的载流子复合时间，从而促使了电子和空穴的有效分离。

MoS$_2$ 的态密度和 VBM、CBM 的电荷密度如图 7.8（d）所示。MoS$_2$ 的 VBM 和 CBM 都主要由 Mo-4d 和 S-3p 轨道构成，而且它们之间存在较强的杂化现象，这也可以从 VBM 和 CBM 的电荷密度分布情况看出，电子和空穴波函数大量的重叠将导致 NA 耦合的强度增大。另外，通过图 7.2（a）和图 7.2（b）可知，GaN/WS$_2$/MoS$_2$ 异质结的 VBM 和 CBM 分别来自 GaN 单层和 MoS$_2$ 单层，而且 VBM 的电荷密度分布在 GaN 单层上，而 CBM 的电荷密度分布在 MoS$_2$ 单层上，这说明空间上分离的导带底和价带顶促使电子和空穴波函数重叠率的减少。此外，异质结中 GaN 单层、WS$_2$ 单层和 MoS$_2$ 单层的态密度几乎没有杂化，这导致了 NA 耦合强度的减小。因此，MoS$_2$ 单层的 NAC （0.592 meV）比 GaN/WS$_2$/MoS$_2$ 异质结的 NAC（0.019 meV ）要大，从而促使其较快的载流子复合。

　　总之，通过分子动力学的计算可知 GaN/WS₂/MoS₂ 异质结中的载流子复合时间要比电子和空穴的转移时间约慢 6 个数量级，因此 GaN/WS₂/MoS₂ 异质结不仅可以极大地促使电子和空穴的有效分离，延长载流子的寿命，而且降低了光电转换的能量损耗，从而提升了光电探测器的性能。

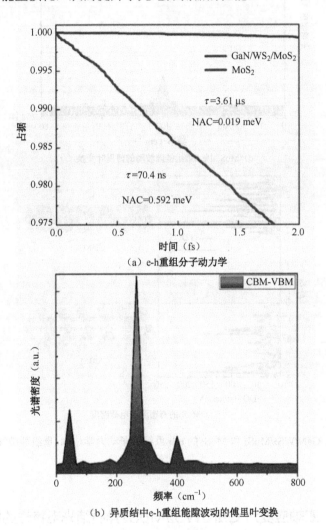

（a）e-h重组分子动力学

（b）异质结中e-h重组能隙波动的傅里叶变换

图 7.8　GaN/WS₂/MoS₂ 和 MoS₂ 的 e-h 重组分子动力学、e-h 重组能隙波动的
傅里叶变换及电荷密度

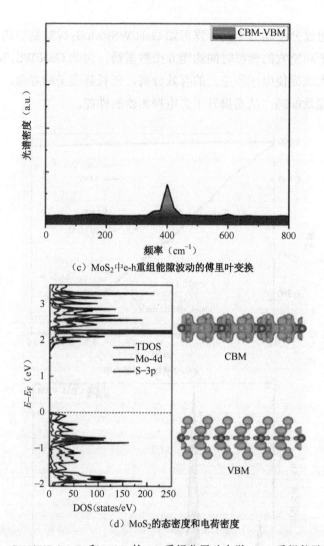

（c）MoS₂中e-h重组能隙波动的傅里叶变换

（d）MoS₂的态密度和电荷密度

图 7.8 GaN/WS₂/MoS₂ 和 MoS₂ 的 e-h 重组分子动力学、e-h 重组能隙波动的

傅里叶变换及电荷密度（续）

7.3.4 双轴应变对 GaN/WS₂/MoS₂ 异质结光电特性的影响

图 7.9（a）显示了 GaN/WS₂/MoS₂ 异质结在-10%～+10%范围的应变能。根据结果可知，由于双轴应变和应变能是比较完美的二次函数，所以施加的应变均在弹性极限之内，并且具有可逆性。图 7.9（b）展示了平面内双轴应变对能带

结构的影响。在压缩应变的作用下，能带结构从直接带隙变为间接带隙，且带隙随着压缩应变的增加先增加后减小，但总体上均大于未施加应变的带隙。当施加的压缩应变到-4%或更高时，GaN 和 WS₂ 之间的能带排列类型由Ⅱ型变为Ⅲ型。但是，当施加的拉伸应变逐渐增加时，异质结的带隙会随之减小，特别是在+10%的拉伸应变作用下，异质结由半导体转变为金属，带隙的减小将导致异质结光吸收边的红移。此外，当施加拉伸应变时，GaN 和 WS₂ 之间能带排列的变化与施加压缩应变时一样，将由Ⅱ型变为Ⅲ型。

　　不同双轴应变下 GaN/WS₂/MoS₂ 异质结的功函数和电势降（E_P）的变化情况如图 7.9（c）所示。真空能级（E_V）和费米能级（E_F）随着压缩应变的增加而增大，随着拉伸应变的增加而减小，但变化的幅度差距较小，导致功函数的变化较小。电势降（E_P）无论是在压缩应变还是在拉伸应变的作用下，其相对未施加应变的电势降均出现了小幅度的增加。当拉伸应变达到+8%时，E_P 值达到了 1.98 eV，而当压缩应变达到-4%时，E_P 值达到了 2.34 eV，E_P 值的增加将导致 GaN/WS₂/MoS₂ 异质结中内置电场的增强，从而提升异质结的自供电能力。不同双轴应变下光吸收谱如图 7.9（d）所示。在压缩应变的作用下，异质结的光吸收边出现了蓝移，使异质结在紫外光区的吸收系数得到小幅度的提升。而当 GaN/WS₂/MoS₂ 异质结受到拉伸应变时，其在可见光区和近红外光区比无应

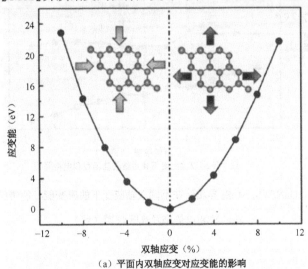

（a）平面内双轴应变对应变能的影响

图 7.9　GaN/WS₂/MoS₂ 异质结在不同双轴应变下的应变能、能带结构、
功函数和电势降及光吸收谱

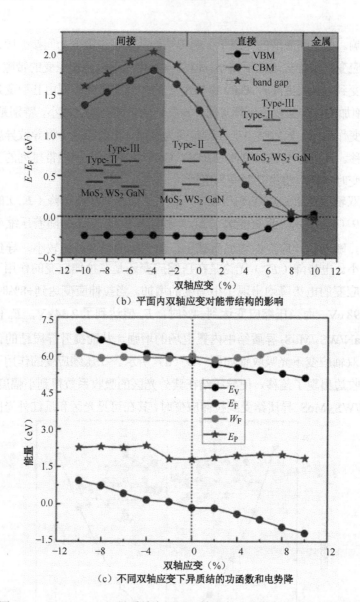

（b）平面内双轴应变对能带结构的影响

（c）不同双轴应变下异质结的功函数和电势降

图 7.9　GaN/WS₂/MoS₂ 异质结在不同双轴应变下的应变能、能带结构、

功函数和电势降及光吸收谱（续）

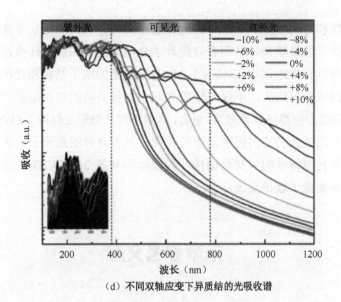

（d）不同双轴应变下异质结的光吸收谱

图 7.9　GaN/WS₂/MoS₂ 异质结在不同双轴应变下的应变能、能带结构、
功函数和电势降及光吸收谱（续）

变的异质结表现出更好的光探测能力。特别是当拉伸应变增加到+6%以上时，其在近红外区的吸收强度明显增加，使 GaN/WS₂/MoS₂ 异质结具备了较强的近红外光探测能力。基于上述分析可知，对 GaN/WS₂/MoS₂ 异质结施加双轴应变不仅可以调控异质结的能带结构，还可以增强异质结的自供电能力和改善其在近红外光区的光探测能力。

7.4　本章小结

　　本章利用第一性原理和分子动力学方法系统研究了 GaN/WS₂/MoS₂ 异质结的电子结构、光吸收谱及界面处载流子转移和复合的分子动力学。研究发现 GaN/WS₂/MoS₂ 异质结具有稳定的结构，电势降（E_p）的形成致使异质结在界面处形成了内置电场和具备了自供电能力。与单一材料相比，GaN/WS₂/MoS₂ 异质结的吸收系数在紫外光区、可见光区和红外光区均得到增强。通过分子动力学研究发现在异质结界面处的载流子复合时间达到了微秒量级，其远大于电子和空穴的转移时间（皮秒量级），因此异质结的构建极大地延长了光生载流子的寿命和减少了能量损失，从而有效提升了光电探测器的能量转换性能。此外，双轴应变可以有效地调控 GaN/WS$_2$/MoS$_2$ 异质结的电子结构和光电特性，特别是随着拉伸应变的增大，不仅带隙随之减小，异质结的自供电能力和对近红外光的光探测能力也得到显著增强。总之，本章不仅从微观上解释了 GaN/WS$_2$/MoS$_2$ 异质结的界面效应和协同机制，而且发现其具备高效的载流子分离、较好的自供电能力和光电特性的应变可调性，为设计和制备 2D/2D/2D 异质结的自供电光电探测器提供了理论支撑。

本章参考文献

[1]   NALWA H S. A review of molybdenum disulfde (MoS$_2$) based photodetectors: from ultra-broadband, self-powered to fexible devices [J]. RSC advances, 2020, 10(51): 30529-30602.

[2]   MU C, XIANG J, LIU Z. Photodetectors based on sensitized two-dimensional transition metal dichalcogenides-A review [J]. Journal of Materials Research, 2017, 32(22): 4115-4131.

[3]   LI F, XU B, YANG W, et al. High-performance optoelectronic devices based on van der Waals vertical MoS$_2$/MoSe$_2$ heterostructures [J]. Nano Research, 2020, 13: 1053-1059.

[4]   LONG M, WANG P, FANG H, HU W. Progress, challenges, and opportunities for 2D material based photodetectors [J]. Advanced Functional Material, 2019, 29(19): 1803807.

[5]   ZHANG X, LI J, MA Z, et al. Design and integration of lyered MoS$_2$/GaN van der Waals heterostructure for wide spectral detection and enhanced photoresponse [J]. ACS Applied Materials & Interfaces, 2020, 12(42): 47721-47728.

[6]   SINHA S, KUMAR S, ARORA S K, et al. Enhanced interlayer coupling and efficient photodetection response of in-situ grown MoS$_2$-WS$_2$ van der Waals heterostructures [J]. Journal of Applied Physics, 2021, 129(15): 155304.

[7]   ZHANG J, WANG J H, CHEN P, et al. Observation of strong interlayer coupling in MoS₂/WS₂ heterostructures [J]. Advanced Materials, 2016, 28(10): 1950-1956.

[8]   LI A, CHEN Q, WANG P, et al. Ultrahigh-sensitive broadband photodetectors based on dielectric shielded MoTe₂/graphene/SnS₂ p-g-n junctions [J]. Advanced Materials, 2018, 31(6): 1805656.

[9]   XIONG Y F, CHEN J H, LU Y Q, et al. Broadband optical-fiber-compatible photodetector based on a graphene MoS₂-WS₂ heterostructure with a synergetic photogenerating mechanism[J]. Advanced Electronic Materials, 2019, 5(1): 1800562.

[10]   DOU W, JIA Y, HAO X, et al. Time-domain Ab initio insights into the reduced nonradiative electron-hole recombination in ReSe₂/MoS₂ van der Waals heterostructure [J]. Journal of Physical Chemistry Letters, 2021, 12(10): 2682-2690.

[11]   HU W D, CHEN X S, YIN F, et al. Two-dimensional transient simulations of drain lag and current collapse in GaN-based high-electron-mobility transistors [J]. Journal of Applied Physics, 2009, 105(8): 084502.

[12]   BALUSHI Z, WANG K, GHOSH R K, et al. Two-dimensional gallium nitride realized via graphene encapsulation [J]. Nature materials, 2016, 15: 1166-1171.

[13]   GUO J, ZHOU Z, WANG T, et al. Electronic structure and optical properties for blue phosphorene/graphene-like GaN van der Waals heterostructures [J]. Current Applied Physics, 2017, 17(12): 1714-1720.

[14]   QIN Z, QIN G, ZUO X, et al. Orbitally driven low thermal conductivity of monolayer gallium nitride (GaN) with planar honeycomb structure: a comparative study [J]. Nanoscale, 2017, 9(12): 4295-4309.

[15]   KRESSE G, FURTHMÜLLER J. Efficiency of ab-initio total energy calculations for metals and semiconductors using a plane-wave basis set [J]. Computational materials science, 1996, 6(1): 15-50.

[16]   KRESSE G, JOUBERT D. From ultrasoft pseudopotentials to the projector augmented-wave method [J]. Physical Review B: Condensed Matter and Materials Physics, 1999, 59(3): 1758-1775.

[17]   PERDEW J P, BURKE K, ERNZERHOF M. Generalized gradient approximation
        made simple [J]. Physical Review Letters, 1996, 77(18): 3865-3868.

[18]   HEYD J, SCUSERIA G E, ERNZERHOF M. Hybrid functionals based on a
        screened coulomb potential [J]. Journal of Chemical Physics, 2003, 118(18):
        8207-8215.

[19]   GRIMME S, ANTONY J, EHRLICH S, et al. A consistent and accurate ab
        initio parametrization of density functional dispersion correction (DFT-D) for
        the 94 elements H-Pu [J]. Journal of Chemical Physics, 2010, 132: 154104.

[20]   BENGTSSON L. Dipole correction for surface supercell calculations [J].
        Physical Review B, 1998, 59(19): 12301.

[21]   AKIMOV A V, PREZHDO O V. Advanced capabilities of the PYXAID
        program: Integration schemes, decoherence effects, multiexcitonic states, and
        field-matter interaction [J]. Journal of Chemical Theory and Computation,
        2014, 10(2): 789-804.

[22]   ZHENG Q, SAIDI W A, XIE Y, et al. Phonon assisted ultrafast charge transfer
        at van der Waals heterostructure interface [J]. Nano Letters, 2017, 17(10):
        6435-6442.

[23]   GUO H, CHU W, ZHENG Q, et al. Tuning the carrier lifetime in black
        Phosphorene through family atom doping [J]. Journal of Physical Chemistry
        Letters, 2020, 11: 4662-4667.

[24]   ZHENG Q, SAIDI W A, XIE Y, et al. Phonon-assisted ultrafast charge transfer
        at van der Waals heterostructure interface [J]. Nano Letters, 2017, 17(10):
        6435-6442.

[25]   JAEGER H M, FISCHER S, PREZHDO O V. Decoherence-induced surface
        hopping [J]. Journal of Chemical Physics, 2012, 137(22): 22A545.

[26]   MOMBRÚ D, FACCIO R, MOMBRÚ Á W. Possible doping of single-layer
        MoS_2 with Pt: A DFT study [J]. Applied Surface Science, 2018, 462: 409-416.

[27]   ZHANG D, ZHOU Z, HU Y, et al. WS_2/BSe van der Waals type-II
        heterostructure as a promising water splitting photocatalyst [J]. Materials
        Research Express, 2019, 6(3): 035513.

[28]   SUN R, YANG G, WANG F, et al. A theoretical study on the metal contacts of

monolayer gallium nitride (GaN) [J]. Materials Science in Semiconductor Processing, 2018, 84: 64-70.

[29]　LI W, WANG T, DAI X, et al. Electric field modulation of the band structure in MoS$_2$/WS$_2$ van der waals heterostructure [J]. Solid State Communications, 2017, 250: 9-13.

[30]　FARKOUS M, BIKEROUINE M, THUAN D V, et al. Strain effects on the electronic and optical properties of Van der Waals heterostructure MoS$_2$/WS$_2$: A first-principles study [J]. Physica E: Low-dimensional Systems and Nanostructures, 2020, 116: 113799.

[31]　LI J, HUANG Z, KE W, et al. High solar-to-hydrogen efficiency in Arsenene/GaX (X=S, Se) van der Waals heterostructure for photocatalytic water splitting [J]. Journal of Alloys and Compounds, 2021, 866: 158774.

[32]　SHOKRI A, YAZDANI A. Band alignment engineering, electronic and optical properties of Sb/PtTe$_2$ van der Waals heterostructure: effects of electric field and biaxial strain [J]. Journal of Materials Science, 2021, 56: 5658-5669.

[33]　PHUC H V, HIEU N N, Hoi B D, et al. Interlayer coupling and electric field tunable electronic properties and Schottky barrier in graphene/bilayer GaSe van der Waals heterostructure [J]. Physical Chemistry Chemical Physics, 2018, 20(26): 17899-17908.

[34]　YAN Y, ABBAS G, LI F, et al. Self‑driven high performance broadband photodetector based on SnSe/InSe van der Waals heterojunction [J]. Advanced Materials Interfaces, 2022, 9(12): 2102068.

[35]　REEVES K G, SCHLEIFE A, CORREA A A, et al. Role of surface termination on hot electron relaxation in silicon quantum dots: A first-principles dynamics simulation study [J]. Nano letters, 2015, 15(10): 6429-6433.

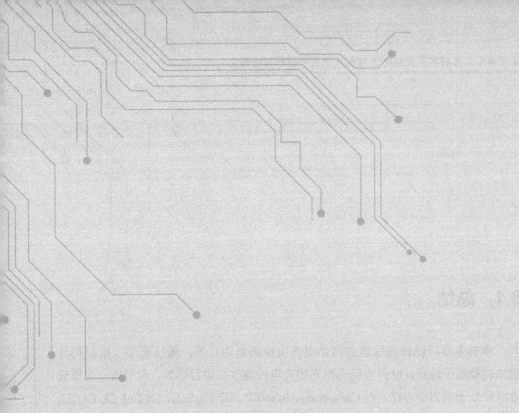

第 8 章

总结与展望

8.1　总结

本书主要以设计高性能的自供电光电探测器为目的，围绕新型二维材料异质结的载流子转移、自供电机理探究和光电性能改善进行研究。利用第一性原理方法和分子动力学方法，对 GaSe/SnS$_2$、InSe/BP、BP/Cs$_2$SnI$_4$、Cs$_2$SnI$_2$Cl$_2$/Cs$_2$TiI$_6$ 和 GaN/WS$_2$/MoS$_2$ 异质结的电子结构进行了计算，分析了界面效应对异质结自供电机制的影响，研究了异质结界面处载流子分离和复合的竞争机制，探究了应变对异质结能带结构及光电特性的调控。

（1）基于第一性原理方法计算了 GaSe/SnS$_2$ 异质结的电子结构、光吸收谱和界面处载流子的转移等问题。研究发现 GaSe/SnS$_2$ 异质结属于 P-N 型异质结，具有稳定的异质结和 II 型能带排列，较大的 VBO 和 CBO 促进了光生电子和空穴对的有效分离，而较大的电势降促使异质结在层间产生了内置电场，从而抑制了光生载流子的复合和暗电流的产生，而且使异质结具备了自供电能力。与单一材料相比，GaSe/SnS$_2$ 异质结的吸收系数在紫外光区和可见光区明显增强。垂直拉伸应变可以小幅度地增大异质结的内置电场和自供电能力，而垂直压缩应变可以很好地改善异质结在紫外光区和可见光区的光吸收强度。此外，在双轴拉伸应变的作用下，GaSe/SnS$_2$ 异质结的光吸收边出现了明显的红移，导致了带隙的减小，光吸收范围拓展到近红外光区，光吸收强度得到明显改善。

（2）通过分子动力学方法发现 InSe/BP 异质结属于 II 型能带排列，异质结界面处电势降的形成使其具备了自供电能力。InSe/BP 异质结不仅在紫外光区和红外光区的吸收系数得到明显增强，而且具备了较宽的光探测能力。超快的光生电子转移（43 fs）发生在异质结界面上，反映了 InSe/BP 异质结具有快速的光响应能力。InSe/BP 异质结的界面效应极大地抑制了光生载流子的复合，从而可以减少光电探测器的能量损失，并提升能量转换性能。此外，随着 InSe/BP 异质结中压缩应变的增大，不仅带隙随之减小，更重要的是异质结的自供电能力和对近红外光的光探测能力得到显著增强。

（3）设计和构建了 Cs-I-BP 和 Sn-I-BP 异质结。根据计算结果可知，Cs-I-BP 和 Sn-I-BP 异质结均具有 II 型能带排列，界面上计算的电势降分别为 6.02 eV 和 5.64 eV，从而形成了内置电场，具备了自供电能力。Cs-I-BP 和 Sn-I-BP 异质结在可以改善单一材料在紫外光区和近红外光区的光探测能力。特别是双轴应变可以有效地调控两种异质结的电子结构和光电特性。当对 Cs-I-BP 异质结施加 –8%～–4% 的压缩应变时，其可由半导体转变为金属；特别是在施加 ±10% 应变时，异质结的电势降得到明显增加，从而增强了其自供电能力。而 Sn-I-BP 异质结的能带结构可以在间接带隙、直接带隙和金属之间进行转换。通过施加双轴压缩应变不仅可以显著拓宽 Cs-I-BP 和 Sn-I-BP 异质结在近红外光区的响应性，还可以增强异质结在全光谱范围内的光吸收系数。

（4）基于 $Cs_2SnI_2Cl_2$ 和 Cs_2TiI_6 钙钛矿构建的 2D/3D 异质结具有较好的晶格匹配度，采用 GGA-1/2 方法研究了异质结的带隙和光电特性。计算结果表明，异质结具有 II 型能带排列和优异的光捕获能力，界面效应使异质结内部形成了内置电场，使其具备了自供电能力。通过分子动力学研究可知，异质结界面处载流子的复合时间比电荷的分离要慢 3～4 个数量级，这不仅促使了异质结中电子和空穴的有效分离，延长了载流子的寿命，而且降低了光电转换的能量损耗，从而提升了光电探测器的性能。另外，通过施加双轴压缩应变不仅可以拓宽 $Cs_2SnI_2Cl_2$/Cs_2TiI_6 异质结在近红外光区的响应性和增强异质结在全光谱范围内的光吸收系数，还可以增强异质结的电势降及自供电能力。这些结论为未来合理设计高性能和自供电 2D/3D 混合范德瓦尔斯光电探测器提供了思路。

（5）利用分子动力学方法研究了 $GaN/WS_2/MoS_2$ 异质结界面处载流子转移和复合机制之间的竞争。与单一材料相比，$GaN/WS_2/MoS_2$ 异质结的吸收系数在紫外光区、可见光区和红外光区均得到增强。异质结界面处的载流子复合时间达到了微秒量级，而电子和空穴的转移时间则为皮秒量级，这充分抑制了光生载流子的复合，从而极大地延长了光生载流子的寿命，有效提升了光电探测器性能。此外，随着双轴拉伸应变的增大，不仅使带隙趋向于零，而且使异质结的自供电能力和对近红外光的探测能力得到显著增强。为设计和制备 2D/2D/2D 异质结的自供电光电探测器提供了理论支撑。

8.2　展望

本书通过第一性原理方法和分子动力学方法研究发现，基于新型二维材料构建的不同维度堆叠的异质结具有自供电能力和优异的光电探测性能，在未来的柔性器件、智能可穿戴设备中具有重要的应用潜力。

（1）理论计算一方面可以较好地解释实验中发现的现象，另一方面可以低成本地筛选出大量性能优越的异质结，为实验制备提供理论依据。这就需要在精确得到实验带隙的基础上，减少计算代价。目前较为流行的算法都还存在一定的缺陷，如 PBE 方法会严重低估材料的带隙，而 HSE06 方法虽然可以较好地得到精确的带隙值，但计算成本又较高。所以在理论层面上，急需改善现有的计算方法和寻求新的理论方法，从而达到计算精度与计算资源的平衡。

（2）设计和开发柔性、可拉伸、高性能及自供电一体化光电探测器是实现智能可穿戴设备实际应用的关键，但目前仍面临着巨大的挑战。后续可在以下两个方面继续进行探索和研究。一方面，利用结构搜索软件（CALYPSO、USPEX 和 CrySPY 等）寻找结构（柔性、可拉伸性）和性能更加优异的二维材料。另一方面，可调控特性使压电光电子学为传统光电探测器件引入新的活力，对压电光电子学的深入理解将有助于提高光电探测器的性能。

（3）目前，大多数自供电光电探测器主要在紫外光区到可见光区有较好的光响应，但对近红外光和远红外光的光电探测性能还不够理想。因此，设计和开发高性能自供电红外光电探测器还面临着极大的挑战。

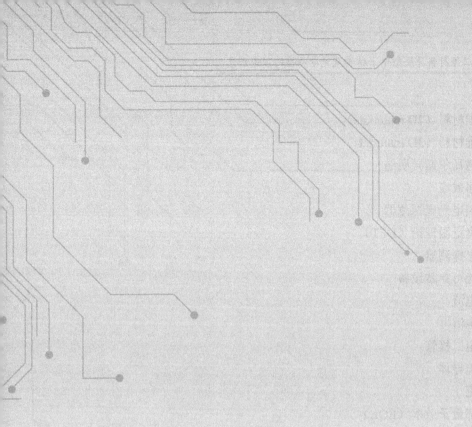

附录 A

本书关键词

二维材料（2D materials）

三维材料（3D materials）

范德瓦尔斯异质结

界面效应

自供电光电探测器

密度泛函理论（DFT）

光电探测器

智能可穿戴设备

光电流

暗电流

光电二极管

光电导体

载流子

外部量子效率（EQE）

光响应率（Photoresponsivity，R）

噪声等效功率（NEP）

比探测率（$D*$）

响应速度（Response Speed）

薛定谔方程

波恩-奥本海默近似（绝热近似）

第一性原理

波函数

势能

布洛赫理论

截止能量

赝势

简约布里渊区

Thomas-Fermi 模型

Hohenberg-Kohn 定理

Kohn-Sham 方程

局域密度近似（LDA）

广义梯度近似（GGA）

PAW 方法

DFT-1/2 方法

GGA-1/2 方法

截止半径（r_{cut}）

PBE 方法

HSE06 方法

范德华密度泛函（vdW-DF）

DFT-D3 方法

偶极校正方法

分子动力学

拉格朗日方程

非绝热分子动力学

非绝热耦合（NAC）

最小开关表面跳跃（FSSH）方法

退相干诱导的表面跳变（DISH）

弛豫

带隙

能带结构

价带最大值（VBM）

导带最小值（CBM）

态密度（DOS）

分态密度（PDOS）

有效质量

光吸收系数

介电函数

电荷密度

差分电荷密度

功函数（Φ）

真空能级（E_V）

费米能级（E_F）

附录 B

部分输入文件和结构文件

B.1 INCAR 文件

B.1.1 INCAR-relax

#############通用参数#########################
SYSTEM = heterojunction

###如何输入或构造初始的电荷密度和波函数###
ISTART = 1
ICHARG = 1

###计算精度###
PREC= Normal

###electronic relaxation###
ENCUT = 420 eV
LREAL = Auto
NELMIN = 5
NELM = 120
EDIFF = 1E-5
ALGO= F
ADDGRID= TRUE

###定义态密度积分的方法和参数###
ISMEAR = 0
SIGMA = 0.05

###ionic relaxation###
NSW = 300

EDIFFG = -0.01

IBRION = 2

ISIF=2

POTIM = 0.2

###输出参数###

LCHARG = F

LWAVE = F

###磁性计算###

ISPIN = 1

#MAGMOM =

#VOSKOWN=1

###偶极矫正：

LDIPOL = .TRUE.

IDIPOL = 3

###van der Waals interactions###

IVDW = 11

#ISYM = 0

NPAR = 4

B.1.2　INCAR-scf

#############通用参数######################

SYSTEM = heterojunction

###如何输入或构造初始的电荷密度和波函数###

```
ISTART = 1
ICHARG = 1

###计算精度###
PREC = Accurate

###electronic relaxation###
ENCUT = 420 eV
LREAL = Auto
NELM = 120
EDIFF = 1E-5
#ALGO = Fast
#ADDGRID = .TRUE.

###定义态密度积分的方法和参数###
ISMEAR = 0
SIGMA = 0.05

###ionic relaxation###
NSW = 0
EDIFFG = -0.01
IBRION =-1
ISIF = 2
POTIM = 0.2

###输出参数###
LCHARG = T
LWAVE = F

#############选用参数######################
```

###磁性计算###
ISPIN = 1
#MAGMOM =
VOSKOWN = 1

###偶极矫正：
LDIPOL = .TRUE.
IDIPOL = 3

###van der Waals interactions###
IVDW = 11

###！计算 bader 电荷分析（仅用在 SCF 中）###
LAECHG =.TRUE.

###静电势能和功函数计算（仅用在 SCF 中）###
LVHAR =.TRUE.

HSE
LHFCALC = .TRUE.
AEXX = 0.25
HFSCREEN = 0.2
ALGO = ALL
TIME = 0.4
PRECFOCK = Fast

NPAR = 4

B.1.3 INCAR-band

```
#############通用参数#########################
SYSTEM = heterojunction

###如何输入或构造初始的电荷密度和波函数###
ISTART = 1
ICHARG =1

###计算精度###
PREC = Normal

###electronic relaxation###
ENCUT = 420 eV
LREAL = Auto
NELM = 120
EDIFF = 1E-5
#ALGO = Fast
#ADDGRID = .TRUE.

###定义态密度积分的方法和参数###
ISMEAR = 0
SIGMA = 0.05

###ionic relaxation###
NSW = 0
EDIFFG = -0.01
IBRION =-1
ISIF= 2
POTIM = 0.2
```

#输出参数###
LCHARG = T
LWAVE = T

NPAR = 64

############选用参数########################

#磁性计算###
ISPIN = 1
#MAGMOM =
#VOSKOWN = 1

#偶极矫正：
LDIPOL = .TRUE.
IDIPOL = 3

#van der Waals interactions###
IVDW = 11
#ISYM = 0

#态密度和能带计算（dos+band）参数###
NBANDS = 116
LORBIT =11
EMIN = −10
EMAX = 15
NEDOS = 1000

HSE
LHFCALC = .TRUE.
AEXX = 0.25

HFSCREEN = 0.2

ALGO = ALL # or Damped

TIME = 0.4

PRECFOCK = Fast

NPAR= 4

B.1.4　INCAR-dos

#############通用参数#########################

SYSTEM = heterojunction

###如何输入或构造初始的电荷密度和波函数###

ISTART = 1

ICHARG = 1

###计算精度###

PREC = Normal

###electronic relaxation###

ENCUT = 420 eV

LREAL = Auto

NELM = 120

EDIFF = 1E-5

#ALGO = Fast

#ADDGRID = .TRUE.

###定义态密度积分的方法和参数###

ISMEAR = -5

SIGMA = 0.05

###ionic relaxation###
NSW = 0
EDIFFG = −0.01
IBRION = −1
ISIF = 2
POTIM = 0.2

###输出参数###
LCHARG = F
LWAVE = F

#############选用参数######################

###磁性计算###
ISPIN = 1
#MAGMOM =
#VOSKOWN = 1

###偶极矫正：
LDIPOL = .TRUE.
IDIPOL = 3

###van der Waals interactions###
IVDW = 11
#ISYM = 0

###态密度和能带计算（dos+band）参数###
NBANDS = 116
LORBIT = 11

```
    EMIN = -10
    EMAX = 15
    NEDOS = 1000


    #### HSE ####
    LHFCALC = .TRUE.
    AEXX = 0.25
    HFSCREEN = 0.2
    ALGO = ALL # or Damped
    TIME = 0.4
    PRECFOCK = Fast


    NPAR = 64
```

B.1.5 INCAR-opt

```
##############通用参数#######################
SYSTEM = heterojunction

###如何输入或构造初始的电荷密度和波函数###
ISTART = 1
ICHARG = 1


###计算精度###
PREC = Normal


###electronic relaxation###
ENCUT = 420 eV
LREAL = FALSE
```

```
NELM = 120
EDIFF = 1E-5
#ALGO = Fast
#ADDGRID = .TRUE.


###定义态密度积分的方法和参数###
ISMEAR = 0
SIGMA = 0.05


###ionic relaxation###
NSW = 0
EDIFFG = -0.01
IBRION = -1
ISIF = 2
POTIM = 0.2


###输出参数###
LCHARG = F
LWAVE = F


##############选用参数######################


###磁性计算###
ISPIN = 1
#MAGMOM =
VOSKOWN = 1

###偶极矫正：
#LDIPOL = .TRUE.
#IDIPOL = 3
```

```
###光学性质计算###
LOPTICS = .TRUE.
CSHIFT = 0.1
NBANDS = 120


###van der Waals interactions###
IVDW = 11


#### HSE ####
LHFCALC = .TRUE.
AEXX = 0.25
HFSCREEN = 0.2
ALGO = ALL # or Damped
TIME = 0.4
PRECFOCK = Fast


NPAR= 64
```

B.2 POSCAR 文件

B.2.1 GaSe-POSCAR

```
GaSe
1.0
        6.6147999763        0.0000000000        0.0000000000
        0.0000000000        3.8190999031        0.0000000000
        0.0000000000        0.0000000000       19.8173999786
```

```
      Ga    Se
      4     4
Direct
     0.333330005          0.000000000          0.160119995
     0.833329976          0.500000000          0.160119995
     0.333330005          0.000000000          0.284810007
     0.833329976          0.500000000          0.284810007
     0.166669995          0.500000000          0.344009995
     0.666670024          0.000000000          0.344009995
     0.166669995          0.500000000          0.100919999
     0.666670024          0.000000000          0.100919999
```

B.2.2　SnS₂-POSCAR

```
SnS2
1.0
        6.4084000587          0.0000000000          0.0000000000
        0.0000000000          3.6998999119          0.0000000000
        0.0000000000          0.0000000000         17.9556999207
      Sn     S
      2      4
Direct
     0.000000000          0.000000000          0.193690002
     0.500000000          0.500000000          0.193690002
     0.166669995          0.500000000          0.275999993
     0.666670024          0.000000000          0.275999993
     0.333330005          0.000000000          0.111390002
     0.833329976          0.500000000          0.111390002
```

B.2.3 InSe-POSCAR

InSe
```
   1.00000000000000
     16.3179531537422591     0.0000000000000000     0.0000000000000000
      0.0000000000000000    14.0509269256685929     0.0000000000000000
      0.0000000000000000     0.0000000000000000    23.4185981749999996
   In   Se
   32    32
Direct
   0.9449999930000033     0.1656880353830650     0.3033326889024447
   0.0700000000000003     0.4156880353830649     0.3033326889024447
   0.9449999930000033     0.1655383007517994     0.1842494318365919
   0.0700000000000003     0.4155383007517993     0.1842494318365919
   0.1949999930000033     0.1656880353830650     0.3033326889024447
   0.3199999930000033     0.4156880353830649     0.3033326889024447
   0.1949999930000033     0.1655383007517994     0.1842494318365919
   0.3199999930000033     0.4155383007517993     0.1842494318365919
   0.4449999930000033     0.1656880353830650     0.3033326889024447
   0.5699999930000033     0.4156880353830649     0.3033326889024447
   0.4449999930000033     0.1655383007517994     0.1842494318365919
   0.5699999930000033     0.4155383007517993     0.1842494318365919
   0.6949999930000033     0.1656880353830650     0.3033326889024447
   0.8199999930000033     0.4156880353830649     0.3033326889024447
   0.6949999930000033     0.1655383007517993     0.1842494318365919
   0.8199999930000033     0.4155383007517993     0.1842494318365919
   0.9449999930000033     0.6656880653830674     0.3033326889024447
   0.0700000000000003     0.9156880053830695     0.3033326889024447
   0.9449999930000033     0.6655383307518017     0.1842494318365919
   0.0700000000000003     0.9155382707518038     0.1842494318365919
   0.1949999930000033     0.6656880653830674     0.3033326889024447
```

0.3199999930000033	0.9156880053830695	0.3033326889024447
0.1949999930000033	0.6655383307518017	0.1842494318365919
0.3199999930000033	0.9155382707518038	0.1842494318365919
0.4449999930000033	0.6656880653830674	0.3033326889024447
0.5699999930000033	0.9156880053830695	0.3033326889024447
0.4449999930000033	0.6655383307518017	0.1842494318365919
0.5699999930000033	0.9155382707518038	0.1842494318365919
0.6949999930000033	0.6656880653830674	0.3033326889024447
0.8199999930000033	0.9156880053830695	0.3033326889024447
0.6949999930000033	0.6655383307518017	0.1842494318365919
0.8199999930000033	0.9155382707518038	0.1842494318365919
0.0700000000000003	0.0825083806588462	0.1292262976679742
0.9449999930000033	0.3325083806588461	0.1292262976679742
0.0700000000000003	0.0824452812062776	0.3583567995929901
0.9449999930000033	0.3324452812062776	0.3583567995929901
0.3199999930000033	0.0825083806588462	0.1292262976679742
0.1949999930000033	0.3325083806588461	0.1292262976679742
0.3199999930000033	0.0824452812062776	0.3583567995929901
0.1949999930000033	0.3324452812062776	0.3583567995929901
0.5699999930000033	0.0825083806588462	0.1292262976679742
0.4449999930000033	0.3325083806588461	0.1292262976679742
0.5699999930000033	0.0824452812062776	0.3583567995929901
0.4449999930000033	0.3324452812062776	0.3583567995929901
0.8199999930000033	0.0825083806588462	0.1292262976679742
0.6949999930000033	0.3325083806588461	0.1292262976679742
0.8199999930000033	0.0824452812062776	0.3583567995929901
0.6949999930000033	0.3324452812062776	0.3583567995929901
0.0700000000000003	0.5825083806588461	0.1292262976679742
0.9449999930000033	0.8325083806588461	0.1292262976679742
0.0700000000000003	0.5824452812062777	0.3583567995929901
0.9449999930000033	0.8324452812062777	0.3583567995929901

```
0.3199999930000033    0.5825083806588461    0.1292262976679742
0.1949999930000033    0.8325083806588461    0.1292262976679742
0.3199999930000033    0.5824452812062777    0.3583567995929901
0.1949999930000033    0.8324452812062777    0.3583567995929901
0.5699999930000033    0.5825083806588461    0.1292262976679742
0.4449999930000033    0.8325083806588461    0.1292262976679742
0.5699999930000033    0.5824452812062777    0.3583567995929901
0.4449999930000033    0.8324452812062777    0.3583567995929901
0.8199999930000033    0.5825083806588461    0.1292262976679742
0.6949999930000033    0.8325083806588461    0.1292262976679742
0.8199999930000033    0.5824452812062777    0.3583567995929901
0.6949999930000033    0.8324452812062777    0.3583567995929901
```

B.2.4 BP-POSCAR

```
BP
    1.00000000000000
      16.5627949169180440      0.0000000000000000      0.0000000000000000
       0.0000000000000000     13.7627803362878698      0.0000000000000000
       0.0000000000000000      0.0000000000000000     20.0887317657000004
    P
   60
Direct
   0.9494600299999973    0.2481503815390226    0.2536164000112779
   0.0494600009999999    0.4147442220715810    0.1491090402671876
   0.0494600009999999    0.3560457579284154    0.2535717587328147
   0.9494600299999973    0.5226396434609739    0.1490643989887244
   0.1494600030000015    0.2481503815390226    0.2536164000112779
   0.2494599819999976    0.4147442220715810    0.1491090402671876
   0.2494599819999976    0.3560457579284154    0.2535717587328147
```

0.1494600030000015	0.5226396434609739	0.1490643989887244
0.3494600060000010	0.2481503815390226	0.2536164000112779
0.4494600000000020	0.4147442220715810	0.1491090402671876
0.4494600000000020	0.3560457579284154	0.2535717587328147
0.3494600060000010	0.5226396434609739	0.1490643989887244
0.5494599940000029	0.2481503815390226	0.2536164000112779
0.6494600179999992	0.4147442220715810	0.1491090402671876
0.6494600179999992	0.3560457579284154	0.2535717587328147
0.5494599940000029	0.5226396434609739	0.1490643989887244
0.7494599819999976	0.2481503815390226	0.2536164000112779
0.8494600060000010	0.4147442220715810	0.1491090402671876
0.8494600060000010	0.3560457579284154	0.2535717587328147
0.7494599819999976	0.5226396434609739	0.1490643989887244
0.9494600299999973	0.5814423891657368	0.2535342809107717
0.0494600009999999	0.7481503965390275	0.1490643989887244
0.0494600009999999	0.6893475918342633	0.2535342809107717
0.9494600299999973	0.8560458479284158	0.1491090402671876
0.1494600030000015	0.5814423891657368	0.2535342809107717
0.2494599819999976	0.7481503965390275	0.1490643989887244
0.2494599819999976	0.6893475918342633	0.2535342809107717
0.1494600030000015	0.8560458479284158	0.1491090402671876
0.3494600060000010	0.5814423891657368	0.2535342809107717
0.4494600000000020	0.7481503965390275	0.1490643989887244
0.4494600000000020	0.6893475918342633	0.2535342809107717
0.3494600060000010	0.8560458479284158	0.1491090402671876
0.5494599940000029	0.5814423891657368	0.2535342809107717
0.6494600179999992	0.7481503965390275	0.1490643989887244
0.6494600179999992	0.6893475918342633	0.2535342809107717
0.5494599940000029	0.8560458479284158	0.1491090402671876
0.7494599819999976	0.5814423891657368	0.2535342809107717
0.8494600060000010	0.7481503965390275	0.1490643989887244

0.8494600060000010	0.6893475918342633	0.2535342809107717
0.7494599819999976	0.8560458479284158	0.1491090402671876
0.9494600299999973	0.9147442520715835	0.2535717587328147
0.0494600009999999	0.0814424041657416	0.1491465180892306
0.0494600009999999	0.0226396134609715	0.2536164000112779
0.9494600299999973	0.1893475918342633	0.1491465180892306
0.1494600030000015	0.9147442520715835	0.2535717587328147
0.2494599819999976	0.0814424041657416	0.1491465180892306
0.2494599819999976	0.0226396134609715	0.2536164000112779
0.1494600030000015	0.1893475918342633	0.1491465180892306
0.3494600060000010	0.9147442520715835	0.2535717587328147
0.4494600000000020	0.0814424041657416	0.1491465180892306
0.4494600000000020	0.0226396134609715	0.2536164000112779
0.3494600060000010	0.1893475918342633	0.1491465180892306
0.5494599940000029	0.9147442520715835	0.2535717587328147
0.6494600179999992	0.0814424041657416	0.1491465180892306
0.6494600179999992	0.0226396134609715	0.2536164000112779
0.5494599940000029	0.1893475918342633	0.1491465180892306
0.7494599819999976	0.9147442520715835	0.2535717587328147
0.8494600060000010	0.0814424041657416	0.1491465180892306
0.8494600060000010	0.0226396134609715	0.2536164000112779
0.7494599819999976	0.1893475918342633	0.1491465180892306

B.2.5 Cs$_2$SnI$_2$Cl$_2$-POSCAR

Cs$_2$SnI$_2$Cl$_2$

1.00000000000000

11.4869995333494490	0.0000000000000000	0.0000000000000000
−0.0037904847399065	11.4850299451383098	0.0000000000000000
0.0000000000000000	0.0000000000000000	41.0632476807000018

```
         Cs   I   Sn   Cl
          8   8    4    8
Selective dynamics
Direct
  −0.0008210896825915 −0.0007259372372708   0.6295246736335507
  −0.0000525798581509 −0.0001708609281933   0.5070451158442354
   0.5002384777851480   0.0000147075511900   0.5009718540126086
   0.4990720829843594 −0.0007650964991236   0.6288450537795134
   0.0002384597851466   0.5000146875511884   0.5009718540126086
  −0.0009279350156417   0.4992348835008750   0.6288450537795134
   0.4999474381418508   0.4998291190718050   0.5070451158442354
   0.4991789283174098   0.4992740427627272   0.6295246736335507
   0.2492523298412084   0.2492536106050512   0.6464304022973445
   0.2503061741951901   0.2501498804143538   0.4933785038959507
   0.7492716184502879   0.2492488263123566   0.6464374335249095
   0.7503467493698868   0.2502375539323331   0.4933866521783548
   0.2492715884502852   0.7492487973123576   0.6464374335249095
   0.2503467193698838   0.7502375249323341   0.4933866521783548
   0.7492523598412112   0.7492535816050518   0.6464304022973445
   0.7503062041951929   0.7501498514143555   0.4933785038959507
   0.2476325426890882   0.2465878633543216   0.5685638265740691
   0.7475366517541407   0.2465015289780403   0.5685730861105288
   0.2475366217541383   0.7465014999780410   0.5685730861105288
   0.7476325726890904   0.7465878343543226   0.5685638265740691
   0.2505779293463706   0.0116465068739526   0.5680413313945860
   0.0130628506777051   0.2503837767454818   0.5680099068004183
   0.7493596622676144   0.0115837388444395   0.5680540147056716
   0.5130065712265233   0.2488259266487227   0.5680179518333243
   0.2493596322676116   0.5115837188444382   0.5680540147056716
   0.0130065532265218   0.7488258976487240   0.5680179518333243
   0.7505779593463726   0.5116464868739511   0.5680413313945860
```

0.5130628686777065   0.7503837477454833   0.5680099068004183

B.2.6   Cs₂TiI₆-POSCAR

Cs$_2$TiI$_6$

    1.00000000000000

      11.4869995333494490   0.0000000000000000   0.0000000000000000

     −0.0037904847399065   11.4850299451383098   0.0000000000000000

      0.0000000000000000   0.0000000000000000   41.0632476807000018

    Cs   Ti   I

    12   6   36

Selective dynamics

Direct

    0.2503771817184860   0.2502255984733753   0.1996187011102573

    0.7505499720000017   0.7502999900000020   0.0531137290000032

    0.7506015265806665   0.7505401796504286   0.3444414692914385

    0.7503771517184903   0.7502255984733754   0.1996187011102573

    0.2505500019999971   0.2502999900000020   0.0531137290000032

    0.2506015565806616   0.2505401796504288   0.3444414692914385

    0.7505499720000017   0.2502999900000020   0.0531137290000032

    0.7504443829417188   0.2504473472287633   0.3444265395406844

    0.2503539667375038   0.7502304279367118   0.1996413560683524

    0.2505500019999971   0.7502999900000020   0.0531137290000032

    0.2504444129417139   0.7504473472287633   0.3444265395406844

    0.7503539367375087   0.2502304279367115   0.1996413560683524

    0.0005499999999969   0.0003000000000029   0.1276435850000013

    0.0007371900872023   0.0005383082961823   0.4019124058208543

    0.0004355061736928   0.5002095655847469   0.2710587066628694

    0.5004354781736970   0.0002095755847482   0.2710587066628694

    0.5005499720000017   0.5002999900000020   0.1276435850000013

0.5007371620872072	0.5005382982961813	0.4019124058208543
0.2357899989999979	0.0003000000000029	0.1276435850000013
0.2303481043283163	0.0004538659843812	0.4164414091112904
0.7652999760000014	0.0003000000000029	0.1276435850000013
0.7708265149993156	0.0005052231606847	0.4164966049127055
0.0005499999999969	0.2355500159999977	0.1276435850000013
0.0007346152349361	0.2303965254409814	0.4164477848784235
0.0005499999999969	0.7650600079999990	0.1276435850000013
0.0005590955893735	0.7705592363651426	0.4164416173599723
0.0002669466010325	0.0002140889210531	0.1965138376419932
0.0005499999999969	0.0003000000000029	0.0575116799999975
0.0004891146642538	0.0005869347149759	0.3384781938953301
0.2410363382821674	0.5002495953850731	0.2714442799065023
0.7597447100979321	0.5002261506402504	0.2714394813695673
0.0003247793797948	0.7410034301599014	0.2714550555145762
0.0003619886600859	0.2593874416712292	0.2714428098384781
0.0005499999999969	0.5002999900000020	0.0487157780000018
0.0006066272462046	0.5003021094809268	0.3401403420704497
0.0004467765465270	0.5003296565430465	0.2031785098429512
0.7410362942821702	0.0002496053850739	0.2714442799065023
0.2597447400979270	0.0002261606402514	0.2714394813695673
0.5003247513797993	0.2410034601598968	0.2714550555145762
0.5003619606600905	0.7593874416712297	0.2714428098384781
0.5005499720000017	0.0003000000000029	0.0487157780000018
0.5006065992462090	0.0003021194809275	0.3401403420704497
0.5004467485465318	0.0003296665430476	0.2031785098429512
0.7357899550000013	0.5002999900000020	0.1276435850000013
0.7303480603283201	0.5004538559843803	0.4164414091112904
0.2653000059999968	0.5002999900000020	0.1276435850000013
0.2708265449993111	0.5005052131606840	0.4164966049127055
0.5005499720000017	0.7355499860000023	0.1276435850000013

```
0.5007345872349406    0.7303964954409862    0.4164477848784235
0.5005499720000017    0.2650600079999990    0.1276435850000013
0.5005590675893782    0.2705592363651427    0.4164416173599723
0.5002669186010373    0.5002140789210526    0.1965138376419932
0.5005499720000017    0.5002999900000020    0.0575116799999975
0.5004890866642585    0.5005869247149747    0.3384781938953301
```

B.2.7 GaN-POSCAR

```
GaN
1.0
         9.5729999542          0.0000000000          0.0000000000
        -4.7864999771          8.2904611508          0.0000000000
         0.0000000000          0.0000000000         26.3020000458
     Ga    N
     9     9
Direct
     0.110679999          0.223780006          0.215039998
     0.444009990          0.223780006          0.215039998
     0.777339995          0.223780006          0.215039998
     0.110679999          0.557110012          0.215039998
     0.444009990          0.557110012          0.215039998
     0.777339995          0.557110012          0.215039998
     0.110679999          0.890450001          0.215039998
     0.444009990          0.890450001          0.215039998
     0.777339995          0.890450001          0.215039998
     0.221790001          0.112669997          0.190099999
     0.555119991          0.112669997          0.190099999
     0.888459980          0.112669997          0.190099999
     0.221790001          0.446000010          0.190099999
```

0.555119991	0.446000010	0.190099999
0.888459980	0.446000010	0.190099999
0.221790001	0.779330015	0.190099999
0.555119991	0.779330015	0.190099999
0.888459980	0.779330015	0.190099999

B.2.8 WS₂-POSCAR

WS₂
1.0

3.1907303333	0.0000000000	0.0000000000
−1.5953651667	2.7632535253	0.0000000000
0.0000000000	0.0000000000	14.2024021149

W　S
2　4
Direct

0.666666687	0.333333343	0.750000000
0.333333343	0.666666687	0.250000000
0.666666687	0.333333343	0.139240995
0.333333343	0.666666687	0.639240980
0.666666687	0.333333343	0.360758990
0.333333343	0.666666687	0.860759020

B.2.9 MoS₂-POSCAR

MoS₂
1.0

3.1903157234	0.0000000000	0.0000000000
−1.5951578617	2.7628944626	0.0000000000
0.0000000000	0.0000000000	14.8790035248

```
      Mo   S
       2   4
    Direct
```

0.333333343	0.666666687	0.250000000
0.666666687	0.333333343	0.750000000
0.666666687	0.333333343	0.355174005
0.333333343	0.666666687	0.855174005
0.666666687	0.333333343	0.144825995
0.333333343	0.666666687	0.644825995

B.3 KPOINTS 文件

B.3.1 Gamma-KPOINTS

```
K-Spacing Value
0
Gamma
9   9   1
0.0  0.0   0.0
```

B.3.2 Monkhorst-Pack-KPOINTS

```
K-Spacing Value
0
Monkhorst-Pack
9   9   1
0.0  0.0   0.0
```

B.3.3 band-pbe-KPOINTS

K-Path
 20
Line-Mode
Reciprocal
   0.0000000000   0.0000000000   0.0000000000   Gamma
   0.5000000000   0.0000000000   0.0000000000   M

   0.5000000000   0.0000000000   0.0000000000   M
   0.3333333333   0.3333333333   0.0000000000   K

   0.3333333333   0.3333333333   0.0000000000   K
   0.0000000000   0.0000000000   0.0000000000   Gamma

B.3.4 band-hse-KPOINTS

0.030   9   9   1   41   0.050   40   3   15   8   17
   81
Reciprocal lattice
0.00000000000000   0.00000000000000   0.00000000000000   1
0.111111111111111   0.00000000000000   0.00000000000000   2
0.22222222222222   0.00000000000000   0.00000000000000   2
0.33333333333333   0.00000000000000   0.00000000000000   2
0.44444444444444   0.00000000000000   0.00000000000000   2
0.00000000000000   0.111111111111111   0.00000000000000   2
0.111111111111111   0.111111111111111   0.00000000000000   2
0.22222222222222   0.111111111111111   0.00000000000000   2
0.33333333333333   0.111111111111111   0.00000000000000   2
0.44444444444444   0.111111111111111   0.00000000000000   2

−0.44444444444444	0.11111111111111	0.00000000000000	2
−0.33333333333333	0.11111111111111	0.00000000000000	2
−0.22222222222222	0.11111111111111	0.00000000000000	2
−0.11111111111111	0.11111111111111	0.00000000000000	2
0.00000000000000	0.22222222222222	0.00000000000000	2
0.11111111111111	0.22222222222222	0.00000000000000	2
0.22222222222222	0.22222222222222	0.00000000000000	2
0.33333333333333	0.22222222222222	0.00000000000000	2
0.44444444444444	0.22222222222222	0.00000000000000	2
−0.44444444444444	0.22222222222222	0.00000000000000	2
−0.33333333333333	0.22222222222222	0.00000000000000	2
−0.22222222222222	0.22222222222222	0.00000000000000	2
−0.11111111111111	0.22222222222222	0.00000000000000	2
0.00000000000000	0.33333333333333	0.00000000000000	2
0.11111111111111	0.33333333333333	0.00000000000000	2
0.22222222222222	0.33333333333333	0.00000000000000	2
0.33333333333333	0.33333333333333	0.00000000000000	2
0.44444444444444	0.33333333333333	0.00000000000000	2
−0.44444444444444	0.33333333333333	0.00000000000000	2
−0.33333333333333	0.33333333333333	0.00000000000000	2
−0.22222222222222	0.33333333333333	0.00000000000000	2
−0.11111111111111	0.33333333333333	0.00000000000000	2
0.00000000000000	0.44444444444444	0.00000000000000	2
0.11111111111111	0.44444444444444	0.00000000000000	2
0.22222222222222	0.44444444444444	0.00000000000000	2
0.33333333333333	0.44444444444444	0.00000000000000	2
0.44444444444444	0.44444444444444	0.00000000000000	2
−0.44444444444444	0.44444444444444	0.00000000000000	2
−0.33333333333333	0.44444444444444	0.00000000000000	2
−0.22222222222222	0.44444444444444	0.00000000000000	2
−0.11111111111111	0.44444444444444	0.00000000000000	2

0.00000000000000	0.00000000000000	0.00000000000000	0
0.03571428571429	0.00000000000000	0.00000000000000	0
0.07142857142857	0.00000000000000	0.00000000000000	0
0.10714285714286	0.00000000000000	0.00000000000000	0
0.14285714285714	0.00000000000000	0.00000000000000	0
0.17857142857143	0.00000000000000	0.00000000000000	0
0.21428571428571	0.00000000000000	0.00000000000000	0
0.25000000000000	0.00000000000000	0.00000000000000	0
0.28571428571429	0.00000000000000	0.00000000000000	0
0.32142857142857	0.00000000000000	0.00000000000000	0
0.35714285714286	0.00000000000000	0.00000000000000	0
0.39285714285714	0.00000000000000	0.00000000000000	0
0.42857142857143	0.00000000000000	0.00000000000000	0
0.46428571428571	0.00000000000000	0.00000000000000	0
0.50000000000000	0.00000000000000	0.00000000000000	0
0.50000000000000	0.00000000000000	0.00000000000000	0
0.47619047618571	0.04761904761429	0.00000000000000	0
0.45238095237143	0.09523809522857	0.00000000000000	0
0.42857142855714	0.14285714284286	0.00000000000000	0
0.40476190474286	0.19047619045714	0.00000000000000	0
0.38095238092857	0.23809523807143	0.00000000000000	0
0.35714285711429	0.28571428568571	0.00000000000000	0
0.33333333330000	0.33333333330000	0.00000000000000	0
0.33333333330000	0.33333333330000	0.00000000000000	0
0.31249999996875	0.31249999996875	0.00000000000000	0
0.29166666663750	0.29166666663750	0.00000000000000	0
0.27083333330625	0.27083333330625	0.00000000000000	0
0.24999999997500	0.24999999997500	0.00000000000000	0
0.22916666664375	0.22916666664375	0.00000000000000	0
0.20833333331250	0.20833333331250	0.00000000000000	0
0.18749999998125	0.18749999998125	0.00000000000000	0

0.16666666665000	0.16666666665000	0.00000000000000	0
0.14583333331875	0.14583333331875	0.00000000000000	0
0.12499999998750	0.12499999998750	0.00000000000000	0
0.10416666665625	0.10416666665625	0.00000000000000	0
0.08333333332500	0.08333333332500	0.00000000000000	0
0.06249999999375	0.06249999999375	0.00000000000000	0
0.04166666666250	0.04166666666250	0.00000000000000	0
0.02083333333125	0.02083333333125	0.00000000000000	0
0.00000000000000	0.00000000000000	0.00000000000000	0

B.4 POTCAR 文件

此部分主要描述了利用 GGA-1/2 方法对 Cl 和 I 元素的 POTCAR 进行了重构，重构后的 POTCAR 与常规的 POTCAR 主要区别在于 local part 部分。

B.4.1 Cl-GGA 1/2-1.0 Bohr

local part
98.265751406104

0.27273954E+02	0.27283335E+02	0.27298017E+02	0.27321554E+02	0.27353883E+02
0.27394908E+02	0.27444506E+02	0.27502522E+02	0.27568770E+02	0.27643030E+02
0.27725045E+02	0.27814529E+02	0.27911159E+02	0.28014582E+02	0.28124413E+02
0.28240241E+02	0.28361626E+02	0.28488106E+02	0.28619194E+02	0.28754382E+02
0.28893143E+02	0.29034927E+02	0.29179168E+02	0.29325282E+02	0.29472668E+02
0.29620705E+02	0.29768765E+02	0.29916202E+02	0.30062358E+02	0.30206569E+02
0.30348161E+02	0.30486457E+02	0.30620776E+02	0.30750435E+02	0.30874752E+02
0.30993051E+02	0.31104658E+02	0.31208906E+02	0.31305140E+02	0.31392712E+02
0.31470992E+02	0.31539364E+02	0.31597228E+02	0.31644007E+02	0.31679146E+02
0.31702114E+02	0.31712410E+02	0.31709559E+02	0.31693117E+02	0.31662674E+02

0.31617856E+02 0.31558322E+02 0.31483770E+02 0.31393937E+02 0.31288602E+02
0.31167585E+02 0.31030749E+02 0.30878000E+02 0.30709290E+02 0.30524618E+02
0.30324025E+02 0.30107603E+02 0.29875487E+02 0.29627857E+02 0.29364942E+02
0.29087017E+02 0.28794397E+02 0.28487444E+02 0.28166563E+02 0.27832201E+02
0.27484844E+02 0.27125016E+02 0.26753282E+02 0.26370238E+02 0.25976517E+02
0.25572779E+02 0.25159715E+02 0.24738042E+02 0.24308499E+02 0.23871849E+02
0.23428869E+02 0.22980354E+02 0.22527109E+02 0.22069951E+02 0.21609701E+02
0.21147184E+02 0.20683226E+02 0.20218647E+02 0.19754264E+02 0.19290885E+02
0.18829302E+02 0.18370296E+02 0.17914629E+02 0.17463042E+02 0.17016252E+02
0.16574952E+02 0.16139805E+02 0.15711445E+02 0.15290473E+02 0.14877456E+02
0.14472923E+02 0.14077368E+02 0.13691245E+02 0.13314964E+02 0.12948899E+02
0.12593378E+02 0.12248687E+02 0.11915070E+02 0.11592726E+02 0.11281812E+02
0.10982441E+02 0.10694682E+02 0.10418565E+02 0.10154077E+02 0.99011644E+01
0.96597342E+01 0.94296570E+01 0.92107660E+01 0.90028606E+01 0.88057068E+01
0.86190401E+01 0.84425671E+01 0.82759679E+01 0.81188983E+01 0.79709921E+01
0.78318632E+01 0.77011088E+01 0.75783107E+01 0.74630392E+01 0.73548541E+01
0.72533084E+01 0.71579504E+01 0.70683257E+01 0.69839803E+01 0.69044624E+01
0.68293250E+01 0.67581277E+01 0.66904395E+01 0.66258396E+01 0.65639206E+01
0.65042890E+01 0.64465675E+01 0.63903964E+01 0.63354346E+01 0.62813612E+01
0.62278761E+01 0.61747013E+01 0.61215811E+01 0.60682832E+01 0.60145986E+01
0.59603423E+01 0.59053530E+01 0.58494930E+01 0.57926485E+01 0.57347287E+01
0.56756653E+01 0.56154123E+01 0.55539452E+01 0.54912598E+01 0.54273714E+01
0.53623139E+01 0.52961384E+01 0.52289126E+01 0.51607185E+01 0.50916521E+01
0.50218212E+01 0.49513445E+01 0.48803498E+01 0.48089728E+01 0.47373556E+01
0.46656449E+01 0.45939913E+01 0.45225472E+01 0.44514653E+01 0.43808984E+01
0.43109968E+01 0.42419078E+01 0.41737740E+01 0.41067332E+01 0.40409159E+01
0.39764461E+01 0.39134389E+01 0.38520006E+01 0.37922279E+01 0.37342073E+01
0.36780147E+01 0.36237148E+01 0.35713611E+01 0.35209959E+01 0.34726493E+01
0.34263407E+01 0.33820774E+01 0.33398559E+01 0.32996615E+01 0.32614688E+01
0.32252426E+01 0.31909375E+01 0.31584997E+01 0.31278661E+01 0.30989664E+01
0.30717227E+01 0.30460511E+01 0.30218620E+01 0.29990607E+01 0.29775489E+01

0.29572247E+01 0.29379840E+01 0.29197215E+01 0.29023305E+01 0.28857048E+01
0.28697390E+01 0.28543291E+01 0.28393735E+01 0.28247736E+01 0.28104342E+01
0.27962645E+01 0.27821782E+01 0.27680942E+01 0.27539371E+01 0.27396375E+01
0.27251319E+01 0.27103636E+01 0.26952828E+01 0.26798461E+01 0.26640176E+01
0.26477678E+01 0.26310743E+01 0.26139217E+01 0.25963012E+01 0.25782102E+01
0.25596524E+01 0.25406375E+01 0.25211809E+01 0.25013030E+01 0.24810291E+01
0.24603890E+01 0.24394165E+01 0.24181486E+01 0.23966257E+01 0.23748905E+01
0.23529877E+01 0.23309638E+01 0.23088660E+01 0.22867423E+01 0.22646405E+01
0.22426082E+01 0.22206920E+01 0.21989373E+01 0.21773880E+01 0.21560855E+01
0.21350694E+01 0.21143762E+01 0.20940396E+01 0.20740901E+01 0.20545545E+01
0.20354565E+01 0.20168158E+01 0.19986483E+01 0.19809661E+01 0.19637773E+01
0.19470863E+01 0.19308939E+01 0.19151966E+01 0.18999880E+01 0.18852578E+01
0.18709928E+01 0.18571764E+01 0.18437895E+01 0.18308103E+01 0.18182148E+01
0.18059767E+01 0.17940685E+01 0.17824607E+01 0.17711231E+01 0.17600245E+01
0.17491336E+01 0.17384186E+01 0.17278477E+01 0.17173901E+01 0.17070152E+01
0.16966936E+01 0.16863974E+01 0.16760998E+01 0.16657759E+01 0.16554028E+01
0.16449595E+01 0.16344276E+01 0.16237906E+01 0.16130350E+01 0.16021497E+01
0.15911261E+01 0.15799584E+01 0.15686435E+01 0.15571809E+01 0.15455725E+01
0.15338231E+01 0.15219397E+01 0.15099318E+01 0.14978107E+01 0.14855902E+01
0.14732858E+01 0.14609146E+01 0.14484955E+01 0.14360485E+01 0.14235946E+01
0.14111558E+01 0.13987548E+01 0.13864146E+01 0.13741586E+01 0.13620098E+01
0.13499913E+01 0.13381255E+01 0.13264345E+01 0.13149389E+01 0.13036591E+01
0.12926135E+01 0.12818197E+01 0.12712934E+01 0.12610488E+01 0.12510984E+01
0.12414528E+01 0.12321205E+01 0.12231083E+01 0.12144209E+01 0.12060608E+01
0.11980286E+01 0.11903229E+01 0.11829403E+01 0.11758754E+01 0.11691209E+01
0.11626681E+01 0.11565062E+01 0.11506230E+01 0.11450048E+01 0.11396367E+01
0.11345025E+01 0.11295851E+01 0.11248666E+01 0.11203282E+01 0.11159508E+01
0.11117150E+01 0.11076008E+01 0.11035885E+01 0.10996588E+01 0.10957921E+01
0.10919697E+01 0.10881734E+01 0.10843855E+01 0.10805896E+01 0.10767696E+01
0.10729113E+01 0.10690012E+01 0.10650272E+01 0.10609783E+01 0.10568454E+01
0.10526202E+01 0.10482963E+01 0.10438686E+01 0.10393336E+01 0.10346891E+01

0.10299343E+01　0.10250699E+01　0.10200981E+01　0.10150220E+01　0.10098461E+01
0.10045760E+01　0.99921863E+00　0.99378130E+00　0.98827256E+00　0.98270154E+00
0.97707802E+00　0.97141224E+00　0.96571483E+00　0.95999665E+00　0.95426869E+00
0.94854198E+00　0.94282746E+00　0.93713581E+00　0.93147745E+00　0.92586234E+00
0.92029996E+00　0.91479917E+00　0.90936814E+00　0.90401432E+00　0.89874431E+00
0.89356384E+00　0.88847774E+00　0.88348991E+00　0.87860327E+00　0.87381977E+00
0.86914040E+00　0.86456514E+00　0.86009306E+00　0.85572229E+00　0.85145007E+00
0.84727280E+00　0.84318609E+00　0.83918479E+00　0.83526312E+00　0.83141467E+00
0.82763255E+00　0.82390940E+00　0.82023754E+00　0.81660902E+00　0.81301571E+00
0.80944941E+00　0.80590191E+00　0.80236509E+00　0.79883103E+00　0.79529202E+00
0.79174073E+00　0.78817022E+00　0.78457403E+00　0.78094628E+00　0.77728164E+00
0.77357550E+00　0.76982391E+00　0.76602368E+00　0.76217238E+00　0.75826837E+00
0.75431083E+00　0.75029972E+00　0.74623580E+00　0.74212065E+00　0.73795659E+00
0.73374671E+00　0.72949483E+00　0.72520540E+00　0.72088357E+00　0.71653501E+00
0.71216596E+00　0.70778309E+00　0.70339347E+00　0.69900451E+00　0.69462388E+00
0.69025940E+00　0.68591902E+00　0.68161072E+00　0.67734243E+00　0.67312198E+00
0.66895701E+00　0.66485490E+00　0.66082272E+00　0.65686715E+00　0.65299445E+00
0.64921032E+00　0.64551997E+00　0.64192802E+00　0.63843840E+00　0.63505445E+00
0.63177875E+00　0.62861326E+00　0.62555915E+00　0.62261689E+00　0.61978626E+00
0.61706630E+00　0.61445534E+00　0.61195105E+00　0.60955045E+00　0.60724992E+00
0.60504526E+00　0.60293172E+00　0.60090405E+00　0.59895657E+00　0.59708319E+00
0.59527749E+00　0.59353277E+00　0.59184212E+00　0.59019846E+00　0.58859464E+00
0.58702345E+00　0.58547774E+00　0.58395042E+00　0.58243456E+00　0.58092344E+00
0.57941056E+00　0.57788979E+00　0.57635530E+00　0.57480168E+00　0.57322396E+00
0.57161765E+00　0.56997875E+00　0.56830378E+00　0.56658979E+00　0.56483440E+00
0.56303579E+00　0.56119271E+00　0.55930444E+00　0.55737083E+00　0.55539227E+00
0.55336967E+00　0.55130444E+00　0.54919845E+00　0.54705404E+00　0.54487393E+00
0.54266122E+00　0.54041931E+00　0.53815192E+00　0.53586299E+00　0.53355663E+00
0.53123713E+00　0.52890884E+00　0.52657616E+00　0.52424352E+00　0.52191526E+00
0.51959568E+00　0.51728889E+00　0.51499884E+00　0.51272929E+00　0.51048370E+00
0.50826526E+00　0.50607686E+00　0.50392102E+00　0.50179989E+00　0.49971526E+00

0.49766852E+00 0.49566063E+00 0.49369217E+00 0.49176330E+00 0.48987377E+00
0.48802294E+00 0.48620978E+00 0.48443288E+00 0.48269050E+00 0.48098053E+00
0.47930059E+00 0.47764803E+00 0.47601993E+00 0.47441318E+00 0.47282451E+00
0.47125050E+00 0.46968764E+00 0.46813237E+00 0.46658109E+00 0.46503026E+00
0.46347637E+00 0.46191601E+00 0.46034592E+00 0.45876299E+00 0.45716432E+00
0.45554724E+00 0.45390935E+00 0.45224852E+00 0.45056295E+00 0.44885118E+00
0.44711205E+00 0.44534481E+00 0.44354903E+00 0.44172469E+00 0.43987210E+00
0.43799196E+00 0.43608535E+00 0.43415365E+00 0.43219864E+00 0.43022239E+00
0.42822728E+00 0.42621597E+00 0.42419140E+00 0.42215672E+00 0.42011528E+00
0.41807060E+00 0.41602636E+00 0.41398630E+00 0.41195425E+00 0.40993406E+00
0.40792960E+00 0.40594467E+00 0.40398301E+00 0.40204826E+00 0.40014392E+00
0.39827330E+00 0.39643954E+00 0.39464551E+00 0.39289386E+00 0.39118696E+00
0.38952685E+00 0.38791528E+00 0.38635368E+00 0.38484310E+00 0.38338429E+00
0.38197762E+00 0.38062310E+00 0.37932042E+00 0.37806889E+00 0.37686752E+00
0.37571492E+00 0.37460947E+00 0.37354921E+00 0.37253189E+00 0.37155504E+00
0.37061591E+00 0.36971158E+00 0.36883894E+00 0.36799474E+00 0.36717558E+00
0.36637801E+00 0.36559849E+00 0.36483347E+00 0.36407938E+00 0.36333273E+00
0.36259004E+00 0.36184795E+00 0.36110321E+00 0.36035274E+00 0.35959359E+00
0.35882303E+00 0.35803857E+00 0.35723790E+00 0.35641900E+00 0.35558010E+00
0.35471972E+00 0.35383662E+00 0.35292990E+00 0.35199890E+00 0.35104328E+00
0.35006297E+00 0.34905819E+00 0.34802941E+00 0.34697740E+00 0.34590312E+00
0.34480785E+00 0.34369300E+00 0.34256020E+00 0.34141130E+00 0.34024826E+00
0.33907315E+00 0.33788819E+00 0.33669565E+00 0.33549786E+00 0.33429720E+00
0.33309602E+00 0.33189666E+00 0.33070144E+00 0.32951257E+00 0.32833220E+00
0.32716235E+00 0.32600492E+00 0.32486163E+00 0.32373405E+00 0.32262358E+00
0.32153139E+00 0.32045848E+00 0.31940559E+00 0.31837327E+00 0.31736185E+00
0.31637143E+00 0.31540188E+00 0.31445287E+00 0.31352381E+00 0.31261397E+00
0.31172235E+00 0.31084784E+00 0.30998911E+00 0.30914466E+00 0.30831292E+00
0.30749213E+00 0.30668048E+00 0.30587604E+00 0.30507686E+00 0.30428093E+00
0.30348623E+00 0.30269075E+00 0.30189251E+00 0.30108957E+00 0.30028007E+00
0.29946225E+00 0.29863441E+00 0.29779505E+00 0.29694275E+00 0.29607628E+00

0.29519459E+00 0.29429679E+00 0.29338219E+00 0.29245032E+00 0.29150089E+00
0.29053385E+00 0.28954933E+00 0.28854769E+00 0.28752949E+00 0.28649549E+00
0.28544666E+00 0.28438415E+00 0.28330928E+00 0.28222354E+00 0.28112861E+00
0.28002625E+00 0.27891838E+00 0.27780699E+00 0.27669418E+00 0.27558213E+00
0.27447301E+00 0.27336907E+00 0.27227253E+00 0.27118559E+00 0.27011046E+00
0.26904922E+00 0.26800395E+00 0.26697660E+00 0.26596900E+00 0.26498287E+00
0.26401978E+00 0.26308113E+00 0.26216819E+00 0.26128199E+00 0.26042342E+00
0.25959313E+00 0.25879162E+00 0.25801915E+00 0.25727576E+00 0.25656131E+00
0.25587547E+00 0.25521767E+00 0.25458717E+00 0.25398303E+00 0.25340415E+00
0.25284924E+00 0.25231687E+00 0.25180546E+00 0.25131332E+00 0.25083862E+00
0.25037948E+00 0.24993388E+00 0.24949981E+00 0.24907519E+00 0.24865792E+00
0.24824589E+00 0.24783702E+00 0.24742924E+00 0.24702059E+00 0.24660909E+00
0.24619292E+00 0.24577031E+00 0.24533965E+00 0.24489939E+00 0.24444820E+00
0.24398485E+00 0.24350826E+00 0.24301755E+00 0.24251197E+00 0.24199099E+00
0.24145422E+00 0.24090145E+00 0.24033263E+00 0.23974794E+00 0.23914766E+00
0.23853226E+00 0.23790236E+00 0.23725874E+00 0.23660230E+00 0.23593406E+00
0.23525516E+00 0.23456685E+00 0.23387042E+00 0.23316728E+00 0.23245885E+00
0.23174662E+00 0.23103209E+00 0.23031675E+00 0.22960211E+00 0.22888963E+00
0.22818075E+00 0.22747684E+00 0.22677923E+00 0.22608914E+00 0.22540770E+00
0.22473596E+00 0.22407484E+00 0.22342515E+00 0.22278753E+00 0.22216255E+00
0.22155060E+00 0.22095194E+00 0.22036669E+00 0.21979482E+00 0.21923618E+00
0.21869047E+00 0.21815723E+00 0.21763594E+00 0.21712588E+00 0.21662628E+00
0.21613621E+00 0.21565472E+00 0.21518069E+00 0.21471302E+00 0.21425047E+00
0.21379183E+00 0.21333581E+00 0.21288110E+00 0.21242644E+00 0.21197053E+00
0.21151211E+00 0.21104995E+00 0.21058290E+00 0.21010982E+00 0.20962970E+00
0.20914159E+00 0.20864461E+00 0.20813802E+00 0.20762120E+00 0.20709362E+00
0.20655488E+00 0.20600473E+00 0.20544305E+00 0.20486981E+00 0.20428518E+00
0.20368942E+00 0.20308292E+00 0.20246623E+00 0.20183998E+00 0.20120496E+00
0.20056203E+00 0.19991219E+00 0.19925650E+00 0.19859614E+00 0.19793233E+00
0.19726635E+00 0.19659956E+00 0.19593332E+00 0.19526904E+00 0.19460812E+00
0.19395196E+00 0.19330197E+00 0.19265949E+00 0.19202586E+00 0.19140233E+00

0.19079012E+00 0.19019036E+00 0.18960408E+00 0.18903223E+00 0.18847567E+00
0.18793510E+00 0.18741116E+00 0.18690433E+00 0.18641497E+00 0.18594331E+00
0.18548947E+00 0.18505340E+00 0.18463495E+00 0.18423382E+00 0.18384960E+00
0.18348175E+00 0.18312960E+00 0.18279240E+00 0.18246928E+00 0.18215925E+00
0.18186129E+00 0.18157424E+00 0.18129692E+00 0.18102809E+00 0.18076644E+00
0.18051067E+00 0.18025942E+00 0.18001135E+00 0.17976512E+00 0.17951939E+00
0.17927288E+00 0.17902430E+00 0.17877246E+00 0.17851620E+00 0.17825444E+00
0.17798616E+00 0.17771045E+00 0.17742650E+00 0.17713357E+00 0.17683105E+00
0.17651843E+00 0.17619530E+00 0.17586138E+00 0.17551651E+00 0.17516063E+00
0.17479377E+00 0.17441614E+00 0.17402798E+00 0.17362969E+00 0.17322174E+00
0.17280469E+00 0.17237922E+00 0.17194602E+00 0.17150592E+00 0.17105977E+00
0.17060849E+00 0.17015300E+00 0.16969431E+00 0.16923341E+00 0.16877130E+00
0.16830898E+00 0.16784748E+00 0.16738775E+00 0.16693074E+00 0.16647737E+00
0.16602848E+00 0.16558490E+00 0.16514735E+00 0.16471650E+00 0.16429295E+00
0.16387719E+00 0.16346965E+00 0.16307067E+00 0.16268049E+00 0.16229923E+00
0.16192697E+00 0.16156366E+00 0.16120916E+00 0.16086324E+00 0.16052561E+00
0.16019587E+00 0.15987353E+00 0.15955806E+00 0.15924884E+00 0.15894520E+00
0.15864642E+00 0.15835173E+00 0.15806032E+00 0.15777137E+00 0.15748404E+00
0.15719747E+00 0.15691081E+00 0.15662321E+00 0.15633385E+00 0.15604194E+00
0.15574668E+00 0.15544739E+00 0.15514338E+00 0.15483405E+00 0.15451885E+00
0.15419730E+00 0.15386901E+00 0.15353364E+00 0.15319097E+00 0.15284084E+00
0.15248320E+00 0.15211804E+00 0.15174550E+00 0.15136576E+00 0.15097912E+00
0.15058592E+00 0.15018662E+00 0.14978173E+00 0.14937185E+00 0.14895763E+00
0.14853979E+00 0.14811908E+00 0.14769632E+00 0.14727236E+00 0.14684807E+00
0.14642433E+00 0.14600208E+00 0.14558220E+00 0.14516560E+00 0.14475318E+00
0.14434581E+00 0.14394432E+00 0.14354954E+00 0.14316218E+00 0.14278298E+00
0.14241258E+00 0.14205156E+00 0.14170042E+00 0.14135961E+00 0.14102946E+00
0.14071028E+00 0.14040224E+00 0.14010544E+00 0.13981991E+00 0.13954558E+00
0.13928230E+00 0.13902982E+00 0.13878784E+00 0.13855594E+00 0.13833367E+00
0.13812047E+00 0.13791574E+00 0.13771882E+00 0.13752898E+00 0.13734545E+00
0.13716743E+00 0.13699408E+00 0.13682456E+00 0.13665797E+00 0.13649343E+00

```
0.13633005E+00  0.13616697E+00  0.13600332E+00  0.13583824E+00  0.13567095E+00
0.13550066E+00  0.13532664E+00  0.13514821E+00  0.13496475E+00  0.13477569E+00
0.13458053E+00  0.13437885E+00  0.13417028E+00  0.13395454E+00  0.13373140E+00
0.13350076E+00  0.13326254E+00  0.13301676E+00  0.13276351E+00  0.13250295E+00
```

B.4.2　Cl–GGA 1/2–1.5 Bohr

local part
98.265751406104

```
0.20602034E+02  0.20624180E+02  0.20660103E+02  0.20713306E+02  0.20783652E+02
0.20870955E+02  0.20974979E+02  0.21095439E+02  0.21231998E+02  0.21384264E+02
0.21551797E+02  0.21734103E+02  0.19930639E+02  0.22140810E+02  0.22363981E+02
0.22599470E+02  0.22846555E+02  0.23104477E+02  0.23372442E+02  0.23649620E+02
0.23935154E+02  0.24228155E+02  0.24527710E+02  0.24832875E+02  0.25142689E+02
0.25456164E+02  0.25772299E+02  0.26090072E+02  0.26408448E+02  0.26726383E+02
0.27042826E+02  0.27356721E+02  0.27667011E+02  0.27972640E+02  0.28272559E+02
0.28565728E+02  0.28851114E+02  0.29127701E+02  0.29394492E+02  0.29650505E+02
0.29894786E+02  0.30126406E+02  0.30344463E+02  0.30548091E+02  0.30736457E+02
0.30908768E+02  0.31064272E+02  0.31202259E+02  0.31322067E+02  0.31423080E+02
0.31504736E+02  0.31566521E+02  0.31607978E+02  0.31628707E+02  0.31628364E+02
0.31606663E+02  0.31563381E+02  0.31498353E+02  0.31411479E+02  0.31302720E+02
0.31172099E+02  0.31019704E+02  0.30845685E+02  0.30650252E+02  0.30433679E+02
0.30196302E+02  0.29938512E+02  0.29660763E+02  0.29363561E+02  0.29047474E+02
0.28713117E+02  0.28361158E+02  0.27992314E+02  0.27607347E+02  0.27207066E+02
0.26792314E+02  0.26363977E+02  0.25922971E+02  0.25470244E+02  0.25006772E+02
0.24533553E+02  0.24051606E+02  0.23561964E+02  0.23065675E+02  0.22563794E+02
0.22057380E+02  0.21547495E+02  0.21035196E+02  0.20521532E+02  0.20007545E+02
0.19494258E+02  0.18982679E+02  0.18473792E+02  0.17968561E+02  0.17467913E+02
0.16972752E+02  0.16483943E+02  0.16002316E+02  0.15528660E+02  0.15063722E+02
0.14608204E+02  0.14162764E+02  0.13728010E+02  0.13304499E+02  0.12892741E+02
```

0.12493191E+02　0.12106250E+02　0.11732271E+02　0.11371547E+02　0.11024322E+02
0.10690784E+02　0.10371069E+02　0.10065261E+02　0.97733914E+01　0.94954411E+01
0.92313427E+01　0.89809813E+01　0.87441954E+01　0.85207801E+01　0.83104885E+01
0.81130338E+01　0.79280924E+01　0.77553056E+01　0.75942831E+01　0.74446047E+01
0.73058237E+01　0.71774700E+01　0.70590522E+01　0.69500615E+01　0.68499737E+01
0.67582528E+01　0.66743540E+01　0.65977260E+01　0.65278148E+01　0.64640657E+01
0.64059265E+01　0.63528499E+01　0.63042966E+01　0.62597367E+01　0.62186532E+01
0.61805431E+01　0.61449203E+01　0.61113170E+01　0.60792856E+01　0.60484001E+01
0.60182577E+01　0.59884802E+01　0.59587143E+01　0.59286335E+01　0.58979381E+01
0.58663557E+01　0.58336421E+01　0.57995809E+01　0.57639835E+01　0.57266894E+01
0.56875655E+01　0.56465056E+01　0.56034300E+01　0.55582846E+01　0.55110399E+01
0.54616903E+01　0.54102528E+01　0.53567658E+01　0.53012876E+01　0.52438954E+01
0.51846834E+01　0.51237619E+01　0.50612548E+01　0.49972990E+01　0.49320421E+01
0.48656412E+01　0.47982610E+01　0.47300727E+01　0.46612512E+01　0.45919753E+01
0.45224250E+01　0.44527800E+01　0.43832188E+01　0.43139174E+01　0.42450473E+01
0.41767753E+01　0.41092616E+01　0.40426590E+01　0.39771125E+01　0.39127575E+01
0.38497200E+01　0.37881155E+01　0.37280485E+01　0.36696125E+01　0.36128886E+01
0.35579470E+01　0.35048451E+01　0.34536287E+01　0.34043314E+01　0.33569749E+01
0.33115699E+01　0.32681150E+01　0.32265988E+01　0.31869989E+01　0.31492835E+01
0.31134111E+01　0.30793319E+01　0.30469881E+01　0.30163146E+01　0.29872398E+01
0.29596862E+01　0.29335717E+01　0.29088099E+01　0.28853107E+01　0.28629820E+01
0.28417295E+01　0.28214581E+01　0.28020723E+01　0.27834773E+01　0.27655792E+01
0.27482860E+01　0.27315081E+01　0.27151589E+01　0.26991553E+01　0.26834183E+01
0.26678729E+01　0.26524492E+01　0.26370825E+01　0.26217133E+01　0.26062876E+01
0.25907572E+01　0.25750799E+01　0.25592191E+01　0.25431443E+01　0.25268307E+01
0.25102592E+01　0.24934161E+01　0.24762935E+01　0.24588881E+01　0.24412021E+01
0.24232418E+01　0.24050179E+01　0.23865452E+01　0.23678418E+01　0.23489293E+01
0.23298317E+01　0.23105759E+01　0.22911902E+01　0.22717050E+01　0.22521513E+01
0.22325614E+01　0.22129675E+01　0.21934022E+01　0.21738976E+01　0.21544849E+01
0.21351946E+01　0.21160558E+01　0.20970961E+01　0.20783412E+01　0.20598146E+01
0.20415380E+01　0.20235304E+01　0.20058085E+01　0.19883865E+01　0.19712756E+01

0.19544847E+01 0.19380202E+01 0.19218853E+01 0.19060811E+01 0.18906063E+01
0.18754568E+01 0.18606265E+01 0.18461073E+01 0.18318891E+01 0.18179600E+01
0.18043064E+01 0.17909138E+01 0.17777661E+01 0.17648465E+01 0.17521376E+01
0.17396217E+01 0.17272804E+01 0.17150958E+01 0.17030499E+01 0.16911253E+01
0.16793051E+01 0.16675735E+01 0.16559153E+01 0.16443166E+01 0.16327649E+01
0.16212490E+01 0.16097593E+01 0.15982876E+01 0.15868276E+01 0.15753747E+01
0.15639259E+01 0.15524801E+01 0.15410377E+01 0.15296012E+01 0.15181743E+01
0.15067625E+01 0.14953729E+01 0.14840137E+01 0.14726945E+01 0.14614261E+01
0.14502201E+01 0.14390892E+01 0.14280468E+01 0.14171065E+01 0.14062824E+01
0.13955889E+01 0.13850402E+01 0.13746505E+01 0.13644336E+01 0.13544025E+01
0.13445700E+01 0.13349477E+01 0.13255464E+01 0.13163758E+01 0.13074442E+01
0.12987588E+01 0.12903254E+01 0.12821478E+01 0.12742289E+01 0.12665694E+01
0.12591688E+01 0.12520247E+01 0.12451327E+01 0.12384876E+01 0.12320817E+01
0.12259062E+01 0.12199506E+01 0.12142032E+01 0.12086507E+01 0.12032788E+01
0.11980720E+01 0.11930138E+01 0.11880869E+01 0.11832732E+01 0.11785541E+01
0.11739107E+01 0.11693236E+01 0.11647740E+01 0.11602422E+01 0.11557095E+01
0.11511577E+01 0.11465684E+01 0.11419248E+01 0.11372104E+01 0.11324101E+01
0.11275095E+01 0.11224958E+01 0.11173574E+01 0.11120843E+01 0.11066677E+01
0.11011008E+01 0.10953781E+01 0.10894962E+01 0.10834528E+01 0.10772480E+01
0.10708830E+01 0.10643612E+01 0.10576874E+01 0.10508680E+01 0.10439110E+01
0.10368258E+01 0.10296232E+01 0.10223154E+01 0.10149156E+01 0.10074381E+01
0.99989814E+00 0.99231180E+00 0.98469574E+00 0.97706717E+00 0.96944362E+00
0.96184284E+00 0.95428264E+00 0.94678074E+00 0.93935460E+00 0.93202129E+00
0.92479737E+00 0.91769877E+00 0.91074057E+00 0.90393701E+00 0.89730126E+00
0.89084540E+00 0.88458031E+00 0.87851553E+00 0.87265929E+00 0.86701835E+00
0.86159805E+00 0.85640217E+00 0.85143306E+00 0.84669149E+00 0.84217674E+00
0.83788659E+00 0.83381736E+00 0.82996395E+00 0.82631992E+00 0.82287747E+00
0.81962765E+00 0.81656031E+00 0.81366426E+00 0.81092738E+00 0.80833668E+00
0.80587848E+00 0.80353846E+00 0.80130183E+00 0.79915342E+00 0.79707785E+00
0.79505961E+00 0.79308317E+00 0.79113319E+00 0.78919454E+00 0.78725244E+00
0.78529264E+00 0.78330142E+00 0.78126576E+00 0.77917345E+00 0.77701309E+00

0.77477424E+00 0.77244748E+00 0.77002441E+00 0.76749779E+00 0.76486149E+00
0.76211056E+00 0.75924126E+00 0.75625101E+00 0.75313844E+00 0.74990338E+00
0.74654678E+00 0.74307077E+00 0.73947852E+00 0.73577429E+00 0.73196327E+00
0.72805163E+00 0.72404634E+00 0.71995517E+00 0.71578657E+00 0.71154961E+00
0.70725387E+00 0.70290932E+00 0.69852633E+00 0.69411545E+00 0.68968741E+00
0.68525299E+00 0.68082293E+00 0.67640784E+00 0.67201813E+00 0.66766391E+00
0.66335488E+00 0.65910034E+00 0.65490904E+00 0.65078917E+00 0.64674826E+00
0.64279317E+00 0.63893006E+00 0.63516427E+00 0.63150042E+00 0.62794228E+00
0.62449284E+00 0.62115423E+00 0.61792778E+00 0.61481402E+00 0.61181268E+00
0.60892267E+00 0.60614222E+00 0.60346882E+00 0.60089931E+00 0.59842989E+00
0.59605619E+00 0.59377334E+00 0.59157602E+00 0.58945846E+00 0.58741461E+00
0.58543809E+00 0.58352235E+00 0.58166067E+00 0.57984621E+00 0.57807216E+00
0.57633169E+00 0.57461812E+00 0.57292487E+00 0.57124559E+00 0.56957418E+00
0.56790485E+00 0.56623215E+00 0.56455099E+00 0.56285671E+00 0.56114509E+00
0.55941235E+00 0.55765522E+00 0.55587087E+00 0.55405703E+00 0.55221189E+00
0.55033414E+00 0.54842298E+00 0.54647809E+00 0.54449960E+00 0.54248810E+00
0.54044458E+00 0.53837043E+00 0.53626740E+00 0.53413758E+00 0.53198329E+00
0.52980720E+00 0.52761209E+00 0.52540098E+00 0.52317701E+00 0.52094341E+00
0.51870348E+00 0.51646051E+00 0.51421779E+00 0.51197852E+00 0.50974584E+00
0.50752272E+00 0.50531202E+00 0.50311637E+00 0.50093819E+00 0.49877968E+00
0.49664281E+00 0.49452923E+00 0.49244036E+00 0.49037732E+00 0.48834094E+00
0.48633177E+00 0.48435009E+00 0.48239583E+00 0.48046875E+00 0.47856825E+00
0.47669355E+00 0.47484362E+00 0.47301723E+00 0.47121297E+00 0.46942927E+00
0.46766442E+00 0.46591661E+00 0.46418396E+00 0.46246453E+00 0.46075636E+00
0.45905749E+00 0.45736599E+00 0.45568001E+00 0.45399776E+00 0.45231757E+00
0.45063789E+00 0.44895735E+00 0.44727471E+00 0.44558897E+00 0.44389932E+00
0.44220512E+00 0.44050602E+00 0.43880185E+00 0.43709270E+00 0.43537886E+00
0.43366086E+00 0.43193947E+00 0.43021566E+00 0.42849059E+00 0.42676565E+00
0.42504237E+00 0.42332244E+00 0.42160771E+00 0.41990015E+00 0.41820177E+00
0.41651472E+00 0.41484115E+00 0.41318324E+00 0.41154314E+00 0.40992299E+00
0.40832486E+00 0.40675073E+00 0.40520247E+00 0.40368182E+00 0.40219037E+00

0.40072952E+00　0.39930047E+00　0.39790421E+00　0.39654150E+00　0.39521287E+00
0.39391855E+00　0.39265857E+00　0.39143264E+00　0.39024022E+00　0.38908052E+00
0.38795247E+00　0.38685472E+00　0.38578572E+00　0.38474365E+00　0.38372647E+00
0.38273192E+00　0.38175757E+00　0.38080082E+00　0.37985890E+00　0.37892894E+00
0.37800794E+00　0.37709288E+00　0.37618064E+00　0.37526814E+00　0.37435227E+00
0.37342998E+00　0.37249831E+00　0.37155438E+00　0.37059542E+00　0.36961884E+00
0.36862221E+00　0.36760332E+00　0.36656015E+00　0.36549094E+00　0.36439420E+00
0.36326869E+00　0.36211349E+00　0.36092795E+00　0.35971175E+00　0.35846484E+00
0.35718755E+00　0.35588047E+00　0.35454450E+00　0.35318085E+00　0.35179103E+00
0.35037681E+00　0.34894024E+00　0.34748361E+00　0.34600944E+00　0.34452044E+00
0.34301955E+00　0.34150983E+00　0.33999449E+00　0.33847683E+00　0.33696024E+00
0.33544814E+00　0.33394398E+00　0.33245118E+00　0.33097314E+00　0.32951316E+00
0.32807445E+00　0.32666009E+00　0.32527301E+00　0.32391594E+00　0.32259143E+00
0.32130178E+00　0.32004906E+00　0.31883505E+00　0.31766126E+00　0.31652892E+00
0.31543894E+00　0.31439192E+00　0.31338813E+00　0.31242754E+00　0.31150979E+00
0.31063424E+00　0.30979988E+00　0.30900548E+00　0.30824944E+00　0.30752996E+00
0.30684492E+00　0.30619201E+00　0.30556867E+00　0.30497215E+00　0.30439954E+00
0.30384777E+00　0.30331366E+00　0.30279393E+00　0.30228523E+00　0.30178421E+00
0.30128745E+00　0.30079162E+00　0.30029338E+00　0.29978951E+00　0.29927687E+00
0.29875245E+00　0.29821338E+00　0.29765702E+00　0.29708084E+00　0.29648260E+00
0.29586028E+00　0.29521209E+00　0.29453650E+00　0.29383228E+00　0.29309846E+00
0.29233437E+00　0.29153960E+00　0.29071406E+00　0.28985792E+00　0.28897166E+00
0.28805602E+00　0.28711200E+00　0.28614085E+00　0.28514409E+00　0.28412346E+00
0.28308088E+00　0.28201850E+00　0.28093859E+00　0.27984360E+00　0.27873611E+00
0.27761877E+00　0.27649435E+00　0.27536559E+00　0.27423535E+00　0.27310645E+00
0.27198166E+00　0.27086376E+00　0.26975543E+00　0.26865924E+00　0.26757769E+00
0.26651313E+00　0.26546772E+00　0.26444352E+00　0.26344233E+00　0.26246581E+00
0.26151538E+00　0.26059225E+00　0.25969742E+00　0.25883162E+00　0.25799537E+00
0.25718896E+00　0.25641245E+00　0.25566564E+00　0.25494813E+00　0.25425929E+00
0.25359828E+00　0.25296406E+00　0.25235540E+00　0.25177092E+00　0.25120904E+00
0.25066809E+00　0.25014621E+00　0.24964152E+00　0.24915199E+00　0.24867554E+00

0.24821006E+00 0.24775339E+00 0.24730336E+00 0.24685786E+00 0.24641474E+00
0.24597195E+00 0.24552749E+00 0.24507944E+00 0.24462599E+00 0.24416545E+00
0.24369625E+00 0.24321694E+00 0.24272627E+00 0.24222311E+00 0.24170650E+00
0.24117567E+00 0.24062999E+00 0.24006902E+00 0.23949254E+00 0.23890044E+00
0.23829281E+00 0.23766991E+00 0.23703217E+00 0.23638017E+00 0.23571460E+00
0.23503634E+00 0.23434638E+00 0.23364577E+00 0.23293572E+00 0.23221750E+00
0.23149243E+00 0.23076192E+00 0.23002739E+00 0.22929031E+00 0.22855213E+00
0.22781432E+00 0.22707831E+00 0.22634553E+00 0.22561732E+00 0.22489498E+00
0.22417974E+00 0.22347274E+00 0.22277503E+00 0.22208754E+00 0.22141110E+00
0.22074646E+00 0.22009418E+00 0.21945474E+00 0.21882849E+00 0.21821565E+00
0.21761631E+00 0.21703041E+00 0.21645782E+00 0.21589824E+00 0.21535127E+00
0.21481641E+00 0.21429307E+00 0.21378054E+00 0.21327805E+00 0.21278475E+00
0.21229974E+00 0.21182206E+00 0.21135069E+00 0.21088464E+00 0.21042286E+00
0.20996429E+00 0.20950791E+00 0.20905272E+00 0.20859770E+00 0.20814194E+00
0.20768453E+00 0.20722464E+00 0.20676150E+00 0.20629445E+00 0.20582288E+00
0.20534626E+00 0.20486420E+00 0.20437639E+00 0.20388258E+00 0.20338268E+00
0.20287666E+00 0.20236462E+00 0.20184674E+00 0.20132328E+00 0.20079466E+00
0.20026129E+00 0.19972375E+00 0.19918263E+00 0.19863864E+00 0.19809251E+00
0.19754501E+00 0.19699701E+00 0.19644934E+00 0.19590289E+00 0.19535854E+00
0.19481719E+00 0.19427970E+00 0.19374694E+00 0.19321974E+00 0.19269886E+00
0.19218505E+00 0.19167900E+00 0.19118130E+00 0.19069250E+00 0.19021307E+00
0.18974335E+00 0.18928365E+00 0.18883414E+00 0.18839494E+00 0.18796601E+00
0.18754728E+00 0.18713853E+00 0.18673948E+00 0.18634974E+00 0.18596883E+00
0.18559620E+00 0.18523119E+00 0.18487309E+00 0.18452113E+00 0.18417446E+00
0.18383219E+00 0.18349337E+00 0.18315706E+00 0.18282226E+00 0.18248797E+00
0.18215319E+00 0.18181694E+00 0.18147823E+00 0.18113613E+00 0.18078972E+00
0.18043816E+00 0.18008062E+00 0.17971638E+00 0.17934477E+00 0.17896521E+00
0.17857718E+00 0.17818029E+00 0.17777424E+00 0.17735880E+00 0.17693387E+00
0.17649946E+00 0.17605566E+00 0.17560267E+00 0.17514082E+00 0.17467052E+00
0.17419226E+00 0.17370666E+00 0.17321439E+00 0.17271624E+00 0.17221304E+00
0.17170572E+00 0.17119525E+00 0.17068263E+00 0.17016895E+00 0.16965529E+00

0.16914276E+00 0.16863248E+00 0.16812558E+00 0.16762317E+00 0.16712633E+00
0.16663609E+00 0.16615351E+00 0.16567952E+00 0.16521502E+00 0.16476086E+00
0.16431777E+00 0.16388644E+00 0.16346743E+00 0.16306123E+00 0.16266822E+00
0.16228866E+00 0.16192272E+00 0.16157046E+00 0.16123182E+00 0.16090662E+00
0.16059461E+00 0.16029539E+00 0.16000848E+00 0.15973329E+00 0.15946915E+00
0.15921528E+00 0.15897084E+00 0.15873490E+00 0.15850649E+00 0.15828453E+00
0.15806795E+00 0.15785561E+00 0.15764635E+00 0.15743899E+00 0.15723237E+00
0.15702529E+00 0.15681661E+00 0.15660516E+00 0.15638986E+00 0.15616965E+00
0.15594349E+00 0.15571049E+00 0.15546973E+00 0.15522044E+00 0.15496191E+00
0.15469352E+00 0.15441475E+00 0.15412517E+00 0.15382450E+00 0.15351250E+00
0.15318908E+00 0.15285425E+00 0.15250813E+00 0.15215094E+00 0.15178303E+00
0.15140479E+00 0.15101678E+00 0.15061959E+00 0.15021395E+00 0.14980063E+00
0.14938049E+00 0.14895444E+00 0.14852346E+00 0.14808858E+00 0.14765083E+00
0.14721131E+00 0.14677114E+00 0.14633140E+00 0.14589320E+00 0.14545764E+00
0.14502579E+00 0.14459870E+00 0.14417737E+00 0.14376273E+00 0.14335572E+00
0.14295713E+00 0.14256775E+00 0.14218825E+00 0.14181922E+00 0.14146117E+00
0.14111453E+00 0.14077961E+00 0.14045664E+00 0.14014576E+00 0.13984699E+00
0.13956026E+00 0.13928540E+00 0.13902217E+00 0.13877019E+00 0.13852904E+00
0.13829819E+00 0.13807705E+00 0.13786496E+00 0.13766115E+00 0.13746486E+00
0.13727522E+00 0.13709136E+00 0.13691237E+00 0.13673731E+00 0.13656520E+00
0.13639508E+00 0.13622601E+00 0.13605701E+00 0.13588715E+00 0.13571552E+00
0.13554124E+00 0.13536348E+00 0.13518146E+00 0.13499444E+00 0.13480175E+00
0.13460280E+00 0.13439705E+00 0.13418406E+00 0.13396344E+00 0.13373488E+00
0.13349821E+00 0.13325327E+00 0.13300001E+00 0.13273848E+00 0.13246879E+00

B.4.3 Cl-GGA 1/2-2.0 Bohr

local part
 98.265751406104
 0.84260274E+01 0.84923000E+01 0.86015464E+01 0.87569401E+01 0.89578853E+01

0.92036092E+01 0.94931671E+01 0.98254438E+01 0.10199158E+02 0.10612865E+02
0.11064965E+02 0.11553707E+02 0.12077203E+02 0.12633426E+02 0.13220233E+02
0.13835371E+02 0.14476481E+02 0.15141122E+02 0.15826774E+02 0.16530850E+02
0.17250712E+02 0.17983677E+02 0.18727032E+02 0.19478041E+02 0.20233965E+02
0.20992058E+02 0.21749596E+02 0.22503875E+02 0.23252227E+02 0.23992030E+02
0.24720722E+02 0.25435806E+02 0.26134864E+02 0.26815562E+02 0.27475662E+02
0.28113033E+02 0.28725647E+02 0.29311599E+02 0.29869104E+02 0.30396509E+02
0.30892291E+02 0.31355069E+02 0.31783598E+02 0.32176783E+02 0.32533672E+02
0.32853463E+02 0.33135502E+02 0.33379284E+02 0.33584451E+02 0.33750791E+02
0.33878240E+02 0.33966870E+02 0.34016894E+02 0.34028661E+02 0.34002646E+02
0.33939452E+02 0.33839801E+02 0.33704528E+02 0.33534576E+02 0.33330991E+02
0.33094910E+02 0.32827560E+02 0.32530246E+02 0.32204345E+02 0.31851297E+02
0.31472603E+02 0.31069806E+02 0.30644492E+02 0.30198282E+02 0.29732820E+02
0.29249765E+02 0.28750790E+02 0.28237567E+02 0.27711764E+02 0.27175039E+02
0.26629028E+02 0.26075345E+02 0.25515571E+02 0.24951252E+02 0.24383891E+02
0.23814946E+02 0.23245821E+02 0.22677865E+02 0.22112371E+02 0.21550566E+02
0.20993613E+02 0.20442608E+02 0.19898577E+02 0.19362475E+02 0.18835185E+02
0.18317515E+02 0.17810202E+02 0.17313907E+02 0.16829222E+02 0.16356661E+02
0.15896672E+02 0.15449631E+02 0.15015847E+02 0.14595563E+02 0.14188956E+02
0.13796145E+02 0.13417189E+02 0.13052090E+02 0.12700799E+02 0.12363216E+02
0.12039195E+02 0.11728546E+02 0.11431043E+02 0.11146418E+02 0.10874375E+02
0.10614585E+02 0.10366695E+02 0.10130330E+02 0.99050943E+01 0.96905753E+01
0.94863489E+01 0.92919807E+01 0.91070286E+01 0.89310467E+01 0.87635869E+01
0.86042020E+01 0.84524477E+01 0.83078852E+01 0.81700826E+01 0.80386169E+01
0.79130758E+01 0.77930589E+01 0.76781788E+01 0.75680632E+01 0.74623542E+01
0.73607102E+01 0.72628068E+01 0.71683358E+01 0.70770072E+01 0.69885484E+01
0.69027043E+01 0.68192374E+01 0.67379280E+01 0.66585730E+01 0.65809863E+01
0.65049977E+01 0.64304531E+01 0.63572129E+01 0.62851524E+01 0.62141603E+01
0.61441381E+01 0.60749997E+01 0.60066702E+01 0.59390855E+01 0.58721907E+01
0.58059404E+01 0.57402971E+01 0.56752307E+01 0.56107174E+01 0.55467397E+01
0.54832849E+01 0.54203449E+01 0.53579154E+01 0.52959956E+01 0.52345872E+01

```
0.51736942E+01  0.51133225E+01  0.50534794E+01  0.49941730E+01  0.49354125E+01
0.48772069E+01  0.48195662E+01  0.47624995E+01  0.470060162E+01 0.46501254E+01
0.45948356E+01  0.45401548E+01  0.44860907E+01  0.44326502E+01  0.43798400E+01
0.43276660E+01  0.42761338E+01  0.42252484E+01  0.41750147E+01  0.41254367E+01
0.40765188E+01  0.40282647E+01  0.39806780E+01  0.39337624E+01  0.38875211E+01
0.38419577E+01  0.37970757E+01  0.37528784E+01  0.37093694E+01  0.36665521E+01
0.36244302E+01  0.35830070E+01  0.35422860E+01  0.35022706E+01  0.34629637E+01
0.34243684E+01  0.33864871E+01  0.33493222E+01  0.33128752E+01  0.32771476E+01
0.32421398E+01  0.32078514E+01  0.31742817E+01  0.31414286E+01  0.31092889E+01
0.30778586E+01  0.30471324E+01  0.30171038E+01  0.29877647E+01  0.29591059E+01
0.29311168E+01  0.29037853E+01  0.28770978E+01  0.28510395E+01  0.28255940E+01
0.28007435E+01  0.27764690E+01  0.27527500E+01  0.27295651E+01  0.27068916E+01
0.26847055E+01  0.26629824E+01  0.26416968E+01  0.26208226E+01  0.26003334E+01
0.25802021E+01  0.25604018E+01  0.25409053E+01  0.25216857E+01  0.25027164E+01
0.24839712E+01  0.24654244E+01  0.24470515E+01  0.24288286E+01  0.24107331E+01
0.23927438E+01  0.23748405E+01  0.23570049E+01  0.23392202E+01  0.23214714E+01
0.23037452E+01  0.22860304E+01  0.22683176E+01  0.22505994E+01  0.22328704E+01
0.22151273E+01  0.21973686E+01  0.21795950E+01  0.21618089E+01  0.21440147E+01
0.21262185E+01  0.21084283E+01  0.20906534E+01  0.20729048E+01  0.20551944E+01
0.20375359E+01  0.20199435E+01  0.20024324E+01  0.19850188E+01  0.19677189E+01
0.19505497E+01  0.19335281E+01  0.19166711E+01  0.18999956E+01  0.18835179E+01
0.18672542E+01  0.18512197E+01  0.18354288E+01  0.18198951E+01  0.18046310E+01
0.17896476E+01  0.17749548E+01  0.17605609E+01  0.17464729E+01  0.17326960E+01
0.17192342E+01  0.17060894E+01  0.16932621E+01  0.16807510E+01  0.16685531E+01
0.16566640E+01  0.16450777E+01  0.16337863E+01  0.16227809E+01  0.16120508E+01
0.16015845E+01  0.15913690E+01  0.15813904E+01  0.15716339E+01  0.15620840E+01
0.15527243E+01  0.15435382E+01  0.15345086E+01  0.15256184E+01  0.15168501E+01
0.15081867E+01  0.14996112E+01  0.14911072E+01  0.14826586E+01  0.14742503E+01
0.14658676E+01  0.14574968E+01  0.14491257E+01  0.14407426E+01  0.14323373E+01
0.14239006E+01  0.14154250E+01  0.14069041E+01  0.13983330E+01  0.13897079E+01
0.13810270E+01  0.13722892E+01  0.13634955E+01  0.13546475E+01  0.13457488E+01
```

0.13368038E+01　0.13278182E+01　0.13187987E+01　0.13097532E+01　0.13006902E+01
0.12916194E+01　0.12825508E+01　0.12734949E+01　0.12644632E+01　0.12554669E+01
0.12465176E+01　0.12376273E+01　0.12288074E+01　0.12200695E+01　0.12114249E+01
0.12028843E+01　0.11944581E+01　0.11861560E+01　0.11779869E+01　0.11699590E+01
0.11620796E+01　0.11543550E+01　0.11467908E+01　0.11393912E+01　0.11321595E+01
0.11250981E+01　0.11182077E+01　0.11114885E+01　0.11049393E+01　0.10985580E+01
0.10923412E+01　0.10862846E+01　0.10803831E+01　0.10746305E+01　0.10690195E+01
0.10635427E+01　0.10581916E+01　0.10529571E+01　0.10478296E+01　0.10427994E+01
0.10378560E+01　0.10329890E+01　0.10281879E+01　0.10234421E+01　0.10187411E+01
0.10140745E+01　0.10094324E+01　0.10048051E+01　0.10001834E+01　0.99555866E+00
0.99092267E+00　0.98626823E+00　0.98158864E+00　0.97687808E+00　0.97213150E+00
0.96734474E+00　0.96251454E+00　0.95763850E+00　0.95271517E+00　0.94774395E+00
0.94272519E+00　0.93766010E+00　0.93255072E+00　0.92739991E+00　0.92221131E+00
0.91698926E+00　0.91173876E+00　0.90646538E+00　0.90117526E+00　0.89587495E+00
0.89057138E+00　0.88527176E+00　0.87998356E+00　0.87471434E+00　0.86947172E+00
0.86426333E+00　0.85909662E+00　0.85397892E+00　0.84891727E+00　0.84391837E+00
0.83898853E+00　0.83413359E+00　0.82935884E+00　0.82466906E+00　0.82006834E+00
0.81556019E+00　0.81114739E+00　0.80683204E+00　0.80261550E+00　0.79849845E+00
0.79448081E+00　0.79056178E+00　0.78673986E+00　0.78301288E+00　0.77937798E+00
0.77583171E+00　0.77237000E+00　0.76898829E+00　0.76568152E+00　0.76244416E+00
0.75927039E+00　0.75615403E+00　0.75308866E+00　0.75006770E+00　0.74708447E+00
0.74413222E+00　0.74120425E+00　0.73829391E+00　0.73539475E+00　0.73250050E+00
0.72960518E+00　0.72670316E+00　0.72378916E+00　0.72085837E+00　0.71790644E+00
0.71492952E+00　0.71192433E+00　0.70888814E+00　0.70581880E+00　0.70271478E+00
0.69957514E+00　0.69639955E+00　0.69318829E+00　0.68994222E+00　0.68666277E+00
0.68335194E+00　0.68001224E+00　0.67664669E+00　0.67325874E+00　0.66985226E+00
0.66643147E+00　0.66300091E+00　0.65956539E+00　0.65612991E+00　0.65269963E+00
0.64927977E+00　0.64587566E+00　0.64249255E+00　0.63913564E+00　0.63581002E+00
0.63252056E+00　0.62927194E+00　0.62606855E+00　0.62291444E+00　0.61981334E+00
0.61676853E+00　0.61378288E+00　0.61085881E+00　0.60799827E+00　0.60520269E+00
0.60247302E+00　0.59980968E+00　0.59721261E+00　0.59468120E+00　0.59221440E+00

0.58981060E+00 0.58746782E+00 0.58518356E+00 0.58295494E+00 0.58077871E+00
0.57865125E+00 0.57656867E+00 0.57452678E+00 0.57252121E+00 0.57054740E+00
0.56860067E+00 0.56667627E+00 0.56476943E+00 0.56287538E+00 0.56098944E+00
0.55910702E+00 0.55722371E+00 0.55533528E+00 0.55343777E+00 0.55152748E+00
0.54960101E+00 0.54765533E+00 0.54568780E+00 0.54369613E+00 0.54167847E+00
0.53963340E+00 0.53755993E+00 0.53545750E+00 0.53332601E+00 0.53116576E+00
0.52897755E+00 0.52676251E+00 0.52452221E+00 0.52225862E+00 0.51997401E+00
0.51767103E+00 0.51535260E+00 0.51302190E+00 0.51068233E+00 0.50833749E+00
0.50599110E+00 0.50364701E+00 0.50130912E+00 0.49898134E+00 0.49666758E+00
0.49437167E+00 0.49209734E+00 0.48984819E+00 0.48762764E+00 0.48543889E+00
0.48328490E+00 0.48116838E+00 0.47909168E+00 0.47705689E+00 0.47506571E+00
0.47311949E+00 0.47121922E+00 0.46936551E+00 0.46755856E+00 0.46579822E+00
0.46408395E+00 0.46241484E+00 0.46078962E+00 0.45920666E+00 0.45766405E+00
0.45615951E+00 0.45469054E+00 0.45325435E+00 0.45184795E+00 0.45046813E+00
0.44911154E+00 0.44777474E+00 0.44645415E+00 0.44514617E+00 0.44384721E+00
0.44255368E+00 0.44126205E+00 0.43996890E+00 0.43867094E+00 0.43736503E+00
0.43604823E+00 0.43471782E+00 0.43337132E+00 0.43200655E+00 0.43062159E+00
0.42921484E+00 0.42778502E+00 0.42633119E+00 0.42485276E+00 0.42334943E+00
0.42182131E+00 0.42026882E+00 0.41869269E+00 0.41709398E+00 0.41547406E+00
0.41383462E+00 0.41217756E+00 0.41050506E+00 0.40881953E+00 0.40712358E+00
0.40541996E+00 0.40371160E+00 0.40200149E+00 0.40029272E+00 0.39858843E+00
0.39689174E+00 0.39520576E+00 0.39353355E+00 0.39187805E+00 0.39024213E+00
0.38862848E+00 0.38703961E+00 0.38547787E+00 0.38394535E+00 0.38244392E+00
0.38097517E+00 0.37954042E+00 0.37814072E+00 0.37677678E+00 0.37544906E+00
0.37415766E+00 0.37290241E+00 0.37168281E+00 0.37049811E+00 0.36934722E+00
0.36822881E+00 0.36714129E+00 0.36608282E+00 0.36505133E+00 0.36404459E+00
0.36306014E+00 0.36209540E+00 0.36114767E+00 0.36021415E+00 0.35929197E+00
0.35837823E+00 0.35747003E+00 0.35656449E+00 0.35565878E+00 0.35475014E+00
0.35383596E+00 0.35291371E+00 0.35198106E+00 0.35103584E+00 0.35007608E+00
0.34910004E+00 0.34810622E+00 0.34709334E+00 0.34606042E+00 0.34500672E+00
0.34393181E+00 0.34283551E+00 0.34171791E+00 0.34057941E+00 0.33942065E+00

0.33824252E+00 0.33704619E+00 0.33583304E+00 0.33460466E+00 0.33336288E+00
0.33210966E+00 0.33084714E+00 0.32957763E+00 0.32830348E+00 0.32702720E+00
0.32575130E+00 0.32447838E+00 0.32321098E+00 0.32195165E+00 0.32070291E+00
0.31946718E+00 0.31824679E+00 0.31704395E+00 0.31586070E+00 0.31469896E+00
0.31356045E+00 0.31244668E+00 0.31135895E+00 0.31029834E+00 0.30926568E+00
0.30826156E+00 0.30728634E+00 0.30634009E+00 0.30542264E+00 0.30453358E+00
0.30367226E+00 0.30283777E+00 0.30202899E+00 0.30124459E+00 0.30048304E+00
0.29974261E+00 0.29902143E+00 0.29831747E+00 0.29762857E+00 0.29695250E+00
0.29628692E+00 0.29562942E+00 0.29497762E+00 0.29432905E+00 0.29368135E+00
0.29303215E+00 0.29237915E+00 0.29172014E+00 0.29105305E+00 0.29037591E+00
0.28968692E+00 0.28898443E+00 0.28826698E+00 0.28753332E+00 0.28678239E+00
0.28601335E+00 0.28522559E+00 0.28441874E+00 0.28359264E+00 0.28274739E+00
0.28188331E+00 0.28100095E+00 0.28010105E+00 0.27918460E+00 0.27825276E+00
0.27730689E+00 0.27634853E+00 0.27537932E+00 0.27440111E+00 0.27341583E+00
0.27242548E+00 0.27143220E+00 0.27043814E+00 0.26944547E+00 0.26845640E+00
0.26747312E+00 0.26649777E+00 0.26553245E+00 0.26457915E+00 0.26363978E+00
0.26271614E+00 0.26180988E+00 0.26092251E+00 0.26005536E+00 0.25920957E+00
0.25838614E+00 0.25758582E+00 0.25680918E+00 0.25605656E+00 0.25532810E+00
0.25462373E+00 0.25394314E+00 0.25328584E+00 0.25265113E+00 0.25203810E+00
0.25144568E+00 0.25087260E+00 0.25031746E+00 0.24977870E+00 0.24925463E+00
0.24874345E+00 0.24824328E+00 0.24775214E+00 0.24726804E+00 0.24678891E+00
0.24631270E+00 0.24583736E+00 0.24536087E+00 0.24488124E+00 0.24439659E+00
0.24390511E+00 0.24340508E+00 0.24289493E+00 0.24237320E+00 0.24183861E+00
0.24129003E+00 0.24072648E+00 0.24014720E+00 0.23955161E+00 0.23893930E+00
0.23831008E+00 0.23766395E+00 0.23700113E+00 0.23632200E+00 0.23562713E+00
0.23491730E+00 0.23419347E+00 0.23345670E+00 0.23270825E+00 0.23194952E+00
0.23118200E+00 0.23040733E+00 0.22962718E+00 0.22884335E+00 0.22805765E+00
0.22727196E+00 0.22648814E+00 0.22570809E+00 0.22493364E+00 0.22416661E+00
0.22340875E+00 0.22266175E+00 0.22192717E+00 0.22120647E+00 0.22050101E+00
0.21981202E+00 0.21914052E+00 0.21848744E+00 0.21785351E+00 0.21723930E+00
0.21664520E+00 0.21607141E+00 0.21551795E+00 0.21498466E+00 0.21447120E+00

0.21397705E+00 0.21350153E+00 0.21304379E+00 0.21260282E+00 0.21217748E+00
0.21176650E+00 0.21136850E+00 0.21098196E+00 0.21060533E+00 0.21023695E+00
0.20987511E+00 0.20951808E+00 0.20916410E+00 0.20881139E+00 0.20845822E+00
0.20810287E+00 0.20774366E+00 0.20737901E+00 0.20700741E+00 0.20662743E+00
0.20623776E+00 0.20583722E+00 0.20542477E+00 0.20499947E+00 0.20456060E+00
0.20410753E+00 0.20363984E+00 0.20315727E+00 0.20265969E+00 0.20214720E+00
0.20162000E+00 0.20107853E+00 0.20052331E+00 0.19995509E+00 0.19937470E+00
0.19878313E+00 0.19818152E+00 0.19757106E+00 0.19695310E+00 0.19632905E+00
0.19570038E+00 0.19506863E+00 0.19443538E+00 0.19380223E+00 0.19317079E+00
0.19254267E+00 0.19191943E+00 0.19130262E+00 0.19069372E+00 0.19009414E+00
0.18950520E+00 0.18892813E+00 0.18836405E+00 0.18781396E+00 0.18727873E+00
0.18675912E+00 0.18625569E+00 0.18576890E+00 0.18529904E+00 0.18484624E+00
0.18441049E+00 0.18399162E+00 0.18358930E+00 0.18320307E+00 0.18283229E+00
0.18247624E+00 0.18213400E+00 0.18180462E+00 0.18148697E+00 0.18117985E+00
0.18088198E+00 0.18059202E+00 0.18030855E+00 0.18003013E+00 0.17975526E+00
0.17948248E+00 0.17921027E+00 0.17893717E+00 0.17866175E+00 0.17838259E+00
0.17809836E+00 0.17780781E+00 0.17750975E+00 0.17720309E+00 0.17688687E+00
0.17656022E+00 0.17622241E+00 0.17587280E+00 0.17551094E+00 0.17513650E+00
0.17474926E+00 0.17434919E+00 0.17393635E+00 0.17351100E+00 0.17307348E+00
0.17262431E+00 0.17216412E+00 0.17169363E+00 0.17121373E+00 0.17072536E+00
0.17022959E+00 0.16972754E+00 0.16922043E+00 0.16870952E+00 0.16819610E+00
0.16768150E+00 0.16716710E+00 0.16665424E+00 0.16614427E+00 0.16563852E+00
0.16513827E+00 0.16464477E+00 0.16415918E+00 0.16368261E+00 0.16321610E+00
0.16276055E+00 0.16231679E+00 0.16188554E+00 0.16146740E+00 0.16106284E+00
0.16067222E+00 0.16029575E+00 0.15993354E+00 0.15958554E+00 0.15925160E+00
0.15893141E+00 0.15862456E+00 0.15833051E+00 0.15804862E+00 0.15777812E+00
0.15751817E+00 0.15726783E+00 0.15702607E+00 0.15679181E+00 0.15656390E+00
0.15634116E+00 0.15612237E+00 0.15590628E+00 0.15569163E+00 0.15547719E+00
0.15526171E+00 0.15504399E+00 0.15482287E+00 0.15459724E+00 0.15436603E+00
0.15412828E+00 0.15388310E+00 0.15362966E+00 0.15336728E+00 0.15309532E+00
0.15281332E+00 0.15252087E+00 0.15221772E+00 0.15190372E+00 0.15157883E+00

```
0.15124315E+00  0.15089689E+00  0.15054036E+00  0.15017399E+00  0.14979833E+00
0.14941401E+00  0.14902177E+00  0.14862240E+00  0.14821682E+00  0.14780596E+00
0.14739083E+00  0.14697253E+00  0.14655211E+00  0.14613070E+00  0.14570943E+00
0.14528944E+00  0.14487184E+00  0.14445776E+00  0.14404822E+00  0.14364430E+00
0.14324695E+00  0.14285709E+00  0.14247555E+00  0.14210311E+00  0.14174043E+00
0.14138812E+00  0.14104665E+00  0.14071640E+00  0.14039767E+00  0.14009063E+00
0.13979534E+00  0.13951176E+00  0.13923975E+00  0.13897905E+00  0.13872930E+00
0.13849005E+00  0.13826075E+00  0.13804078E+00  0.13782940E+00  0.13762583E+00
0.13742922E+00  0.13723867E+00  0.13705323E+00  0.13687190E+00  0.13669367E+00
0.13651749E+00  0.13634236E+00  0.13616722E+00  0.13599105E+00  0.13581287E+00
0.13563172E+00  0.13544667E+00  0.13525687E+00  0.13506150E+00  0.13485985E+00
0.13465124E+00  0.13443511E+00  0.13421097E+00  0.13397841E+00  0.13373712E+00
0.13348692E+00  0.13322767E+00  0.13295937E+00  0.13268210E+00  0.13239605E+00
```

B.4.4   Cl-GGA 1/2-2.5 Bohr

local part

  98.265751406104

```
-0.94850116E+01 -0.93130816E+01 -0.90285920E+01 -0.86296398E+01 -0.81185837E+01
-0.74984365E+01 -0.67728398E+01 -0.59460394E+01 -0.50228523E+01 -0.40086354E+01
-0.29092409E+01 -0.17309733E+01 -0.48054365E+00  0.83498155E+00  0.22082367E+01
 0.36316110E+01  0.50973021E+01  0.65973796E+01  0.81238369E+01  0.96686499E+01
 0.11223834E+02  0.12781499E+02  0.14333900E+02  0.15873486E+02  0.17392958E+02
 0.18885299E+02  0.20343833E+02  0.21762252E+02  0.23134659E+02  0.24455594E+02
 0.25720068E+02  0.26923578E+02  0.28062134E+02  0.29132267E+02  0.30131040E+02
 0.31056054E+02  0.31905445E+02  0.32677882E+02  0.33372557E+02  0.33989172E+02
 0.34527925E+02  0.34989487E+02  0.35374976E+02  0.35685938E+02  0.35924309E+02
 0.36092392E+02  0.36192815E+02  0.36228501E+02  0.36202629E+02  0.36118594E+02
 0.35979977E+02  0.35790495E+02  0.35553973E+02  0.35274301E+02  0.34955400E+02
 0.34601186E+02  0.34215538E+02  0.33802263E+02  0.33365070E+02  0.32907542E+02
```

0.32433112E+02　0.31945038E+02　0.31446387E+02　0.30940016E+02　0.30428562E+02
0.29914432E+02　0.29399789E+02　0.28886557E+02　0.28376413E+02　0.27870792E+02
0.27370889E+02　0.26877665E+02　0.26391858E+02　0.25913995E+02　0.25444402E+02
0.24983215E+02　0.24530406E+02　0.24085792E+02　0.23649056E+02　0.23219766E+02
0.22797392E+02　0.22381330E+02　0.21970916E+02　0.21565449E+02　0.21164208E+02
0.20766469E+02　0.20371526E+02　0.19978699E+02　0.19587356E+02　0.19196924E+02
0.18806895E+02　0.18416846E+02　0.18026439E+02　0.17635430E+02　0.17243675E+02
0.16851131E+02　0.16457859E+02　0.16064023E+02　0.15669888E+02　0.15275814E+02
0.14882256E+02　0.14489752E+02　0.14098921E+02　0.13710447E+02　0.13325077E+02
0.12943605E+02　0.12566866E+02　0.12195720E+02　0.11831041E+02　0.11473710E+02
0.11124595E+02　0.10784548E+02　0.10454388E+02　0.10134894E+02　0.98267917E+01
0.95307459E+01　0.92473533E+01　0.89771330E+01　0.87205217E+01　0.84778672E+01
0.82494250E+01　0.80353554E+01　0.78357214E+01　0.76504884E+01　0.74795247E+01
0.73226031E+01　0.71794044E+01　0.70495203E+01　0.69324595E+01　0.68276521E+01
0.67344574E+01　0.66521709E+01　0.65800315E+01　0.65172311E+01　0.64629226E+01
0.64162292E+01　0.63762533E+01　0.63420865E+01　0.63128182E+01　0.62875446E+01
0.62653775E+01　0.62454528E+01　0.62269377E+01　0.62090391E+01　0.61910091E+01
0.61721516E+01　0.61518275E+01　0.61294587E+01　0.61045326E+01　0.60766034E+01
0.60452956E+01　0.60103039E+01　0.59713940E+01　0.59284017E+01　0.58812318E+01
0.58298554E+01　0.57743079E+01　0.57146851E+01　0.56511392E+01　0.55838741E+01
0.55131409E+01　0.54392321E+01　0.53624766E+01　0.52832329E+01　0.52018844E+01
0.51188323E+01　0.50344905E+01　0.49492789E+01　0.48636185E+01　0.47779256E+01
0.46926066E+01　0.46080535E+01　0.45246391E+01　0.44427131E+01　0.43625992E+01
0.42845913E+01　0.42089514E+01　0.41359076E+01　0.40656528E+01　0.39983433E+01
0.39340991E+01　0.38730036E+01　0.38151041E+01　0.37604133E+01　0.37089102E+01
0.36605426E+01　0.36152287E+01　0.35728597E+01　0.35333031E+01　0.34964045E+01
0.34619921E+01　0.34298785E+01　0.33998647E+01　0.33717434E+01　0.33453016E+01
0.33203247E+01　0.32965981E+01　0.32739117E+01　0.32520610E+01　0.32308508E+01
0.32100963E+01　0.31896257E+01　0.31692817E+01　0.31489227E+01　0.31284236E+01
0.31076771E+01　0.30865937E+01　0.30651021E+01　0.30431484E+01　0.30206967E+01
0.29977279E+01　0.29742385E+01　0.29502401E+01　0.29257580E+01　0.29008295E+01

0.28755027E+01 0.28498346E+01 0.28238896E+01 0.27977379E+01 0.27714534E+01
0.27451123E+01 0.27187914E+01 0.26925667E+01 0.26665116E+01 0.26406960E+01
0.26151845E+01 0.25900360E+01 0.25653025E+01 0.25410283E+01 0.25172495E+01
0.24939936E+01 0.24712795E+01 0.24491174E+01 0.24275086E+01 0.24064465E+01
0.23859164E+01 0.23658966E+01 0.23463584E+01 0.23272680E+01 0.23085862E+01
0.22902703E+01 0.22722746E+01 0.22545515E+01 0.22370527E+01 0.22197301E+01
0.22025367E+01 0.21854278E+01 0.21683618E+01 0.21513010E+01 0.21342121E+01
0.21170673E+01 0.20998444E+01 0.20825275E+01 0.20651069E+01 0.20475794E+01
0.20299488E+01 0.20122250E+01 0.19944241E+01 0.19765686E+01 0.19586859E+01
0.19408088E+01 0.19229743E+01 0.19052226E+01 0.18875975E+01 0.18701444E+01
0.18529100E+01 0.18359413E+01 0.18192847E+01 0.18029856E+01 0.17870868E+01
0.17716282E+01 0.17566460E+01 0.17421719E+01 0.17282326E+01 0.17148493E+01
0.17020373E+01 0.16898054E+01 0.16781561E+01 0.16670852E+01 0.16565816E+01
0.16466279E+01 0.16372005E+01 0.16282692E+01 0.16197987E+01 0.16117479E+01
0.16040716E+01 0.15967205E+01 0.15896418E+01 0.15827803E+01 0.15760792E+01
0.15694805E+01 0.15629263E+01 0.15563591E+01 0.15497234E+01 0.15429653E+01
0.15360348E+01 0.15288849E+01 0.15214734E+01 0.15137631E+01 0.15057221E+01
0.14973245E+01 0.14885507E+01 0.14793876E+01 0.14698288E+01 0.14598742E+01
0.14495309E+01 0.14388121E+01 0.14277374E+01 0.14163325E+01 0.14046283E+01
0.13926610E+01 0.13804713E+01 0.13681039E+01 0.13556064E+01 0.13430294E+01
0.13304250E+01 0.13178467E+01 0.13053480E+01 0.12929820E+01 0.12808009E+01
0.12688550E+01 0.12571916E+01 0.12458552E+01 0.12348866E+01 0.12243218E+01
0.12141925E+01 0.12045251E+01 0.11953404E+01 0.11866538E+01 0.11784744E+01
0.11708060E+01 0.11636459E+01 0.11569861E+01 0.11508125E+01 0.11451060E+01
0.11398424E+01 0.11349926E+01 0.11305237E+01 0.11263988E+01 0.11225779E+01
0.11190187E+01 0.11156764E+01 0.11125053E+01 0.11094589E+01 0.11064905E+01
0.11035540E+01 0.11006044E+01 0.10975984E+01 0.10944952E+01 0.10912563E+01
0.10878469E+01 0.10842355E+01 0.10803948E+01 0.10763016E+01 0.10719373E+01
0.10672877E+01 0.10623436E+01 0.10571004E+01 0.10515583E+01 0.10457219E+01
0.10396003E+01 0.10332068E+01 0.10265586E+01 0.10196766E+01 0.10125848E+01
0.10053098E+01 0.99788114E+00 0.99032966E+00 0.98268800E+00 0.97498966E+00

0.96726862E+00	0.95955883E+00	0.95189379E+00	0.94430605E+00	0.93682679E+00
0.92948549E+00	0.92230949E+00	0.91532370E+00	0.90855033E+00	0.90200865E+00
0.89571476E+00	0.88968153E+00	0.88391841E+00	0.87843152E+00	0.87322351E+00
0.86829373E+00	0.86363826E+00	0.85925015E+00	0.85511949E+00	0.85123372E+00
0.84757784E+00	0.84413470E+00	0.84088529E+00	0.83780908E+00	0.83488434E+00
0.83208847E+00	0.82939834E+00	0.82679061E+00	0.82424212E+00	0.82173011E+00
0.81923264E+00	0.81672873E+00	0.81419873E+00	0.81162449E+00	0.80898959E+00
0.80627946E+00	0.80348156E+00	0.80058542E+00	0.79758277E+00	0.79446751E+00
0.79123577E+00	0.78788579E+00	0.78441793E+00	0.78083454E+00	0.77713985E+00
0.77333982E+00	0.76944198E+00	0.76545522E+00	0.76138966E+00	0.75725635E+00
0.75306716E+00	0.74883446E+00	0.74457097E+00	0.74028953E+00	0.73600292E+00
0.73172360E+00	0.72746362E+00	0.72323437E+00	0.71904649E+00	0.71490970E+00
0.71083273E+00	0.70682320E+00	0.70288754E+00	0.69903101E+00	0.69525759E+00
0.69157008E+00	0.68796999E+00	0.68445774E+00	0.68103257E+00	0.67769274E+00
0.67443554E+00	0.67125741E+00	0.66815408E+00	0.66512066E+00	0.66215180E+00
0.65924176E+00	0.65638460E+00	0.65357426E+00	0.65080474E+00	0.64807014E+00
0.64536482E+00	0.64268353E+00	0.64002141E+00	0.63737415E+00	0.63473799E+00
0.63210981E+00	0.62948714E+00	0.62686817E+00	0.62425178E+00	0.62163750E+00
0.61902548E+00	0.61641645E+00	0.61381173E+00	0.61121308E+00	0.60862266E+00
0.60604301E+00	0.60347687E+00	0.60092719E+00	0.59839692E+00	0.59588908E+00
0.59340651E+00	0.59095190E+00	0.58852764E+00	0.58613578E+00	0.58377796E+00
0.58145534E+00	0.57916861E+00	0.57691784E+00	0.57470259E+00	0.57252183E+00
0.57037394E+00	0.56825675E+00	0.56616753E+00	0.56410309E+00	0.56205975E+00
0.56003345E+00	0.55801982E+00	0.55601420E+00	0.55401181E+00	0.55200775E+00
0.54999715E+00	0.54797522E+00	0.54593738E+00	0.54387932E+00	0.54179709E+00
0.53968719E+00	0.53754663E+00	0.53537300E+00	0.53316456E+00	0.53092019E+00
0.52863957E+00	0.52632306E+00	0.52397181E+00	0.52158775E+00	0.51917351E+00
0.51673248E+00	0.51426870E+00	0.51178688E+00	0.50929225E+00	0.50679059E+00
0.50428806E+00	0.50179117E+00	0.49930667E+00	0.49684142E+00	0.49440235E+00
0.49199630E+00	0.48962995E+00	0.48730970E+00	0.48504157E+00	0.48283113E+00
0.48068337E+00	0.47860267E+00	0.47659266E+00	0.47465623E+00	0.47279542E+00

0.47101141E+00   0.46930449E+00   0.46767405E+00   0.46611857E+00   0.46463564E+00
0.46322200E+00   0.46187353E+00   0.46058538E+00   0.45935195E+00   0.45816701E+00
0.45702378E+00   0.45591501E+00   0.45483306E+00   0.45377006E+00   0.45271795E+00
0.45166861E+00   0.45061404E+00   0.44954634E+00   0.44845792E+00   0.44734160E+00
0.44619062E+00   0.44499885E+00   0.44376077E+00   0.44247160E+00   0.44112734E+00
0.43972483E+00   0.43826180E+00   0.43673688E+00   0.43514962E+00   0.43350050E+00
0.43179092E+00   0.43002316E+00   0.42820035E+00   0.42632646E+00   0.42440616E+00
0.42244485E+00   0.42044849E+00   0.41842359E+00   0.41637707E+00   0.41431617E+00
0.41224839E+00   0.41018134E+00   0.40812265E+00   0.40607989E+00   0.40406043E+00
0.40207140E+00   0.40011953E+00   0.39821111E+00   0.39635189E+00   0.39454703E+00
0.39280101E+00   0.39111759E+00   0.38949979E+00   0.38794980E+00   0.38646905E+00
0.38505813E+00   0.38371681E+00   0.38244408E+00   0.38123814E+00   0.38009647E+00
0.37901583E+00   0.37799236E+00   0.37702161E+00   0.37609861E+00   0.37521797E+00
0.37437392E+00   0.37356043E+00   0.37277125E+00   0.37200005E+00   0.37124047E+00
0.37048620E+00   0.36973110E+00   0.36896923E+00   0.36819491E+00   0.36740289E+00
0.36658829E+00   0.36574672E+00   0.36487431E+00   0.36396775E+00   0.36302431E+00
0.36204189E+00   0.36101901E+00   0.35995479E+00   0.35884901E+00   0.35770202E+00
0.35651480E+00   0.35528885E+00   0.35402619E+00   0.35272933E+00   0.35140121E+00
0.35004515E+00   0.34866478E+00   0.34726400E+00   0.34584694E+00   0.34441781E+00
0.34298099E+00   0.34154082E+00   0.34010161E+00   0.33866761E+00   0.33724288E+00
0.33583132E+00   0.33443655E+00   0.33306195E+00   0.33171056E+00   0.33038508E+00
0.32908785E+00   0.32782082E+00   0.32658558E+00   0.32538325E+00   0.32421463E+00
0.32308009E+00   0.32197964E+00   0.32091291E+00   0.31987920E+00   0.31887749E+00
0.31790650E+00   0.31696465E+00   0.31605018E+00   0.31516112E+00   0.31429536E+00
0.31345068E+00   0.31262479E+00   0.31181536E+00   0.31102003E+00   0.31023651E+00
0.30946250E+00   0.30869587E+00   0.30793452E+00   0.30717649E+00   0.30642001E+00
0.30566343E+00   0.30490530E+00   0.30414430E+00   0.30337934E+00   0.30260950E+00
0.30183402E+00   0.30105234E+00   0.30026403E+00   0.29946884E+00   0.29866665E+00
0.29785746E+00   0.29704137E+00   0.29621859E+00   0.29538938E+00   0.29455409E+00
0.29371311E+00   0.29286682E+00   0.29201565E+00   0.29116001E+00   0.29030030E+00
0.28943690E+00   0.28857016E+00   0.28770037E+00   0.28682780E+00   0.28595267E+00

```
0.28507515E+00  0.28419538E+00  0.28331347E+00  0.28242947E+00  0.28154345E+00
0.28065545E+00  0.27976551E+00  0.27887366E+00  0.27797997E+00  0.27708455E+00
0.27618752E+00  0.27528908E+00  0.27438947E+00  0.27348902E+00  0.27258815E+00
0.27168731E+00  0.27078711E+00  0.26988822E+00  0.26899138E+00  0.26809744E+00
0.26720736E+00  0.26632211E+00  0.26544280E+00  0.26457054E+00  0.26370650E+00
0.26285190E+00  0.26200794E+00  0.26117584E+00  0.26035678E+00  0.25955190E+00
0.25876228E+00  0.25798894E+00  0.25723275E+00  0.25649450E+00  0.25577481E+00
0.25507418E+00  0.25439290E+00  0.25373110E+00  0.25308874E+00  0.25246552E+00
0.25186100E+00  0.25127449E+00  0.25070513E+00  0.25015184E+00  0.24961334E+00
0.24908818E+00  0.24857474E+00  0.24807124E+00  0.24757578E+00  0.24708631E+00
0.24660075E+00  0.24611689E+00  0.24563255E+00  0.24514546E+00  0.24465346E+00
0.24415438E+00  0.24364613E+00  0.24312678E+00  0.24259446E+00  0.24204752E+00
0.24148447E+00  0.24090402E+00  0.24030511E+00  0.23968695E+00  0.23904897E+00
0.23839088E+00  0.23771268E+00  0.23701465E+00  0.23629732E+00  0.23556153E+00
0.23480836E+00  0.23403918E+00  0.23325555E+00  0.23245927E+00  0.23165237E+00
0.23083701E+00  0.23001553E+00  0.22919036E+00  0.22836406E+00  0.22753921E+00
0.22671843E+00  0.22590432E+00  0.22509946E+00  0.22430632E+00  0.22352729E+00
0.22276460E+00  0.22202035E+00  0.22129638E+00  0.22059436E+00  0.21991570E+00
0.21926158E+00  0.21863285E+00  0.21803014E+00  0.21745375E+00  0.21690371E+00
0.21637974E+00  0.21588126E+00  0.21540744E+00  0.21495716E+00  0.21452903E+00
0.21412145E+00  0.21373261E+00  0.21336046E+00  0.21300284E+00  0.21265743E+00
0.21232181E+00  0.21199349E+00  0.21166991E+00  0.21134854E+00  0.21102684E+00
0.21070233E+00  0.21037261E+00  0.21003543E+00  0.20968859E+00  0.20933015E+00
0.20895831E+00  0.20857145E+00  0.20816823E+00  0.20774753E+00  0.20730846E+00
0.20685040E+00  0.20637297E+00  0.20587612E+00  0.20535994E+00  0.20482488E+00
0.20427157E+00  0.20370089E+00  0.20311392E+00  0.20251195E+00  0.20189646E+00
0.20126905E+00  0.20063149E+00  0.19998563E+00  0.19933342E+00  0.19867687E+00
0.19801800E+00  0.19735886E+00  0.19670146E+00  0.19604777E+00  0.19539970E+00
0.19475907E+00  0.19412757E+00  0.19350678E+00  0.19289814E+00  0.19230292E+00
0.19172222E+00  0.19115699E+00  0.19060795E+00  0.19007567E+00  0.18956051E+00
0.18906264E+00  0.18858205E+00  0.18811856E+00  0.18767180E+00  0.18724125E+00
```

0.18682626E+00 0.18642599E+00 0.18603955E+00 0.18566588E+00 0.18530386E+00
0.18495230E+00 0.18460995E+00 0.18427550E+00 0.18394765E+00 0.18362508E+00
0.18330646E+00 0.18299051E+00 0.18267598E+00 0.18236168E+00 0.18204646E+00
0.18172927E+00 0.18140912E+00 0.18108513E+00 0.18075651E+00 0.18042254E+00
0.18008264E+00 0.17973630E+00 0.17938315E+00 0.17902287E+00 0.17865527E+00
0.17828025E+00 0.17789779E+00 0.17750796E+00 0.17711091E+00 0.17670685E+00
0.17629607E+00 0.17587889E+00 0.17545568E+00 0.17502689E+00 0.17459297E+00
0.17415436E+00 0.17371161E+00 0.17326518E+00 0.17281563E+00 0.17236345E+00
0.17190919E+00 0.17145336E+00 0.17099643E+00 0.17053894E+00 0.17008135E+00
0.16962414E+00 0.16916775E+00 0.16871262E+00 0.16825919E+00 0.16780785E+00
0.16735898E+00 0.16691300E+00 0.16647026E+00 0.16603111E+00 0.16559592E+00
0.16516501E+00 0.16473873E+00 0.16431739E+00 0.16390131E+00 0.16349078E+00
0.16308609E+00 0.16268751E+00 0.16229531E+00 0.16190974E+00 0.16153100E+00
0.16115931E+00 0.16079483E+00 0.16043771E+00 0.16008805E+00 0.15974594E+00
0.15941140E+00 0.15908441E+00 0.15876490E+00 0.15845277E+00 0.15814782E+00
0.15784985E+00 0.15755855E+00 0.15727358E+00 0.15699454E+00 0.15672096E+00
0.15645232E+00 0.15618804E+00 0.15592749E+00 0.15566999E+00 0.15541483E+00
0.15516123E+00 0.15490843E+00 0.15465560E+00 0.15440192E+00 0.15414656E+00
0.15388870E+00 0.15362752E+00 0.15336222E+00 0.15309207E+00 0.15281633E+00
0.15253437E+00 0.15224555E+00 0.15194939E+00 0.15164540E+00 0.15133325E+00
0.15101265E+00 0.15068344E+00 0.15034556E+00 0.14999904E+00 0.14964405E+00
0.14928084E+00 0.14890979E+00 0.14853137E+00 0.14814617E+00 0.14775485E+00
0.14735819E+00 0.14695707E+00 0.14655238E+00 0.14614513E+00 0.14573637E+00
0.14532719E+00 0.14491871E+00 0.14451207E+00 0.14410839E+00 0.14370882E+00
0.14331446E+00 0.14292636E+00 0.14254554E+00 0.14217295E+00 0.14180943E+00
0.14145579E+00 0.14111269E+00 0.14078069E+00 0.14046027E+00 0.14015175E+00
0.13985533E+00 0.13957109E+00 0.13929898E+00 0.13903879E+00 0.13879021E+00
0.13855279E+00 0.13832596E+00 0.13810904E+00 0.13790122E+00 0.13770162E+00
0.13750925E+00 0.13732308E+00 0.13714198E+00 0.13696478E+00 0.13679029E+00
0.13661729E+00 0.13644456E+00 0.13627089E+00 0.13609507E+00 0.13591598E+00
0.13573250E+00 0.13554362E+00 0.13534838E+00 0.13514591E+00 0.13493546E+00

0.13471638E+00 0.13448812E+00 0.13425029E+00 0.13400259E+00 0.13374484E+00
0.13347704E+00 0.13319927E+00 0.13291176E+00 0.13261486E+00 0.13230901E+00

B.4.5　Cl–GGA 1/2–3.0 Bohr

local part
 98.265751406104
−0.32878851E+02 −0.32502160E+02 −0.31878841E+02 −0.31010616E+02 −0.29904853E+02
−0.28570893E+02 −0.27019944E+02 −0.25264955E+02 −0.23320476E+02 −0.21202498E+02
−0.18928275E+02 −0.16516134E+02 −0.13985278E+02 −0.11355579E+02 −0.86473646E+01
−0.58811965E+01 −0.30776671E+01 −0.25717780E+00 0.25602602E+01 0.53552242E+01
0.81090682E+01 0.10804093E+02 0.14423707E+02 0.15952565E+02 0.18376693E+02
0.20683594E+02 0.22862331E+02 0.24903594E+02 0.26799736E+02 0.28544804E+02
0.30134534E+02 0.31566333E+02 0.32839240E+02 0.33953867E+02 0.34912323E+02
0.35718128E+02 0.36376097E+02 0.36892230E+02 0.37273580E+02 0.37528116E+02
0.37664579E+02 0.37692338E+02 0.37621233E+02 0.37461433E+02 0.37223287E+02
0.36917177E+02 0.36553387E+02 0.36141969E+02 0.35692624E+02 0.35214592E+02
0.34716557E+02 0.34206557E+02 0.33691918E+02 0.33179193E+02 0.32674119E+02
0.32181589E+02 0.31705639E+02 0.31249443E+02 0.30815329E+02 0.30404803E+02
0.30018585E+02 0.29656655E+02 0.29318311E+02 0.29002230E+02 0.28706543E+02
0.28428911E+02 0.28166597E+02 0.27916558E+02 0.27675524E+02 0.27440080E+02
0.27206747E+02 0.26972061E+02 0.26732643E+02 0.26485270E+02 0.26226939E+02
0.25954914E+02 0.25666781E+02 0.25360482E+02 0.25034349E+02 0.24687126E+02
0.24317981E+02 0.23926512E+02 0.23512744E+02 0.23077119E+02 0.22620479E+02
0.22144038E+02 0.21649358E+02 0.21138306E+02 0.20613023E+02 0.20075872E+02
0.19529398E+02 0.18976283E+02 0.18419291E+02 0.17861229E+02 0.17304895E+02
0.16753036E+02 0.16208305E+02 0.15673225E+02 0.15150154E+02 0.14641247E+02
0.14148442E+02 0.13673432E+02 0.13217650E+02 0.12782257E+02 0.12368141E+02
0.11975911E+02 0.11605905E+02 0.11258198E+02 0.10932612E+02 0.10628737E+02
0.10345946E+02 0.10083423E+02 0.98401862E+01 0.96151079E+01 0.94069518E+01

231

0.92143952E+01 0.90360585E+01 0.88705324E+01 0.87164043E+01 0.85722830E+01
0.84368218E+01 0.83087394E+01 0.81868374E+01 0.80700163E+01 0.79572873E+01
0.78477820E+01 0.77407588E+01 0.76356055E+01 0.75318404E+01 0.74291091E+01
0.73271797E+01 0.72259353E+01 0.71253643E+01 0.70255492E+01 0.69266535E+01
0.68289080E+01 0.67325957E+01 0.66380375E+01 0.65455761E+01 0.64555620E+01
0.63683385E+01 0.62842291E+01 0.62035247E+01 0.61264734E+01 0.60532711E+01
0.59840536E+01 0.59188921E+01 0.58577884E+01 0.58006738E+01 0.57474085E+01
0.56977845E+01 0.56515283E+01 0.56083067E+01 0.55677328E+01 0.55293748E+01
0.54927641E+01 0.54574053E+01 0.54227866E+01 0.53883902E+01 0.53537024E+01
0.53182253E+01 0.52814855E+01 0.52430446E+01 0.52025070E+01 0.51595282E+01
0.51138207E+01 0.50651600E+01 0.50133878E+01 0.49584149E+01 0.49002226E+01
0.48388617E+01 0.47744515E+01 0.47071768E+01 0.46372826E+01 0.45650703E+01
0.44908902E+01 0.44151347E+01 0.43382297E+01 0.42606277E+01 0.41827971E+01
0.41052149E+01 0.40283567E+01 0.39526885E+01 0.38786586E+01 0.38066892E+01
0.37371698E+01 0.36704506E+01 0.36068371E+01 0.35465861E+01 0.34899012E+01
0.34369319E+01 0.33877711E+01 0.33424558E+01 0.33009676E+01 0.32632348E+01
0.32291354E+01 0.31985004E+01 0.31711193E+01 0.31467439E+01 0.31250953E+01
0.31058692E+01 0.30887423E+01 0.30733794E+01 0.30594393E+01 0.30465811E+01
0.30344706E+01 0.30227862E+01 0.30112237E+01 0.29995011E+01 0.29873630E+01
0.29745839E+01 0.29609702E+01 0.29463633E+01 0.29306396E+01 0.29137115E+01
0.28955268E+01 0.28760674E+01 0.28553482E+01 0.28334141E+01 0.28103375E+01
0.27862148E+01 0.27611630E+01 0.27353158E+01 0.27088195E+01 0.26818288E+01
0.26545027E+01 0.26270008E+01 0.25994792E+01 0.25720872E+01 0.25449640E+01
0.25182358E+01 0.24920138E+01 0.24663920E+01 0.24414460E+01 0.24172323E+01
0.23937876E+01 0.23711291E+01 0.23492551E+01 0.23281465E+01 0.23077674E+01
0.22880675E+01 0.22689845E+01 0.22504453E+01 0.22323700E+01 0.22146730E+01
0.21972668E+01 0.21800642E+01 0.21629807E+01 0.21459369E+01 0.21288609E+01
0.21116901E+01 0.20943728E+01 0.20768694E+01 0.20591536E+01 0.20412126E+01
0.20230478E+01 0.20046744E+01 0.19861208E+01 0.19674281E+01 0.19486486E+01
0.19298447E+01 0.19110870E+01 0.18924525E+01 0.18740228E+01 0.18558818E+01
0.18381138E+01 0.18208010E+01 0.18040218E+01 0.17878485E+01 0.17723460E+01

0.17575694E+01 0.17435634E+01 0.17303604E+01 0.17179802E+01 0.17064292E+01
0.16957001E+01 0.16857719E+01 0.16766102E+01 0.16681680E+01 0.16603864E+01
0.16531959E+01 0.16465178E+01 0.16402653E+01 0.16343457E+01 0.16286623E+01
0.16231158E+01 0.16176069E+01 0.16120375E+01 0.16063131E+01 0.16003446E+01
0.15940497E+01 0.15873544E+01 0.15801947E+01 0.15725173E+01 0.15642805E+01
0.15554551E+01 0.15460246E+01 0.15359852E+01 0.15253458E+01 0.15141276E+01
0.15023634E+01 0.14900966E+01 0.14773808E+01 0.14642775E+01 0.14508555E+01
0.14371895E+01 0.14233579E+01 0.14094418E+01 0.13955232E+01 0.13816831E+01
0.13680004E+01 0.13545504E+01 0.13414033E+01 0.13286228E+01 0.13162658E+01
0.13043805E+01 0.12930070E+01 0.12821754E+01 0.12719066E+01 0.12622118E+01
0.12530930E+01 0.12445425E+01 0.12365441E+01 0.12290739E+01 0.12221002E+01
0.12155854E+01 0.12094865E+01 0.12037562E+01 0.11983441E+01 0.11931978E+01
0.11882644E+01 0.11834911E+01 0.11788265E+01 0.11742214E+01 0.11696300E+01
0.11650107E+01 0.11603263E+01 0.11555453E+01 0.11506411E+01 0.11455936E+01
0.11403885E+01 0.11350173E+01 0.11294772E+01 0.11237711E+01 0.11179067E+01
0.11118962E+01 0.11057558E+01 0.10995050E+01 0.10931655E+01 0.10867610E+01
0.10803163E+01 0.10738562E+01 0.10674053E+01 0.10609867E+01 0.10546223E+01
0.10483310E+01 0.10421296E+01 0.10360313E+01 0.10300459E+01 0.10241799E+01
0.10184358E+01 0.10128126E+01 0.10073059E+01 0.10019078E+01 0.99660775E+00
0.99139233E+00 0.98624631E+00 0.98115270E+00 0.97609349E+00 0.97105017E+00
0.96600433E+00 0.96093818E+00 0.95583512E+00 0.95068025E+00 0.94546080E+00
0.94016658E+00 0.93479031E+00 0.92932779E+00 0.92377820E+00 0.91814410E+00
0.91243146E+00 0.90664959E+00 0.90081093E+00 0.89493084E+00 0.88902726E+00
0.88312030E+00 0.87723184E+00 0.87138505E+00 0.86560381E+00 0.85991222E+00
0.85433407E+00 0.84889222E+00 0.84360815E+00 0.83850142E+00 0.83358922E+00
0.82888600E+00 0.82440305E+00 0.82014828E+00 0.81612603E+00 0.81233685E+00
0.80877759E+00 0.80544130E+00 0.80231746E+00 0.79939207E+00 0.79664800E+00
0.79406523E+00 0.79162130E+00 0.78929172E+00 0.78705043E+00 0.78487031E+00
0.78272373E+00 0.78058301E+00 0.77842103E+00 0.77621166E+00 0.77393031E+00
0.77155432E+00 0.76906340E+00 0.76643997E+00 0.76366944E+00 0.76074045E+00
0.75764501E+00 0.75437863E+00 0.75094025E+00 0.74733231E+00 0.74356052E+00

0.73963377E+00 0.73556383E+00 0.73136506E+00 0.72705413E+00 0.72264957E+00
0.71817143E+00 0.71364081E+00 0.70907945E+00 0.70450929E+00 0.69995206E+00
0.69542884E+00 0.69095971E+00 0.68656338E+00 0.68225688E+00 0.67805533E+00
0.67397166E+00 0.67001651E+00 0.66619806E+00 0.66252204E+00 0.65899166E+00
0.65560768E+00 0.65236852E+00 0.64927043E+00 0.64630760E+00 0.64347246E+00
0.64075587E+00 0.63814747E+00 0.63563587E+00 0.63320901E+00 0.63085449E+00
0.62855976E+00 0.62631251E+00 0.62410085E+00 0.62191361E+00 0.61974050E+00
0.61757229E+00 0.61540101E+00 0.61321998E+00 0.61102395E+00 0.60880906E+00
0.60657286E+00 0.60431429E+00 0.60203354E+00 0.59973200E+00 0.59741207E+00
0.59507703E+00 0.59273086E+00 0.59037802E+00 0.58802330E+00 0.58567158E+00
0.58332766E+00 0.58099609E+00 0.57868095E+00 0.57638575E+00 0.57411328E+00
0.57186552E+00 0.56964353E+00 0.56744743E+00 0.56527638E+00 0.56312857E+00
0.56100129E+00 0.55889098E+00 0.55679333E+00 0.55470341E+00 0.55261580E+00
0.55052472E+00 0.54842425E+00 0.54630848E+00 0.54417166E+00 0.54200841E+00
0.53981388E+00 0.53758388E+00 0.53531506E+00 0.53300502E+00 0.53065237E+00
0.52825692E+00 0.52581957E+00 0.52334249E+00 0.52082902E+00 0.51828366E+00
0.51571204E+00 0.51312076E+00 0.51051734E+00 0.50791008E+00 0.50530785E+00
0.50271997E+00 0.50015602E+00 0.49762563E+00 0.49513828E+00 0.49270314E+00
0.49032887E+00 0.48802341E+00 0.48579384E+00 0.48364624E+00 0.48158554E+00
0.47961542E+00 0.47773823E+00 0.47595492E+00 0.47426504E+00 0.47266671E+00
0.47115667E+00 0.46973032E+00 0.46838185E+00 0.46710427E+00 0.46588962E+00
0.46472908E+00 0.46361310E+00 0.46253168E+00 0.46147441E+00 0.46043081E+00
0.45939039E+00 0.45834293E+00 0.45727860E+00 0.45618818E+00 0.45506314E+00
0.45389587E+00 0.45267976E+00 0.45140924E+00 0.45007996E+00 0.44868877E+00
0.44723375E+00 0.44571426E+00 0.44413083E+00 0.44248520E+00 0.44078019E+00
0.43901965E+00 0.43720833E+00 0.43535179E+00 0.43345623E+00 0.43152841E+00
0.42957541E+00 0.42760459E+00 0.42562338E+00 0.42363914E+00 0.42165905E+00
0.41968997E+00 0.41773833E+00 0.41580999E+00 0.41391023E+00 0.41204362E+00
0.41021403E+00 0.40842453E+00 0.40667741E+00 0.40497422E+00 0.40331574E+00
0.40170203E+00 0.40013251E+00 0.39860597E+00 0.39712070E+00 0.39567453E+00
0.39426493E+00 0.39288913E+00 0.39154416E+00 0.39022696E+00 0.38893450E+00

0.38766382E+00　0.38641212E+00　0.38517682E+00　0.38395561E+00　0.38274652E+00
0.38154787E+00　0.38035839E+00　0.37917715E+00　0.37800356E+00　0.37683742E+00
0.37567876E+00　0.37452791E+00　0.37338541E+00　0.37225198E+00　0.37112841E+00
0.37001554E+00　0.36891419E+00　0.36782509E+00　0.36674880E+00　0.36568573E+00
0.36463599E+00　0.36359942E+00　0.36257554E+00　0.36156352E+00　0.36056219E+00
0.35956999E+00　0.35858508E+00　0.35760525E+00　0.35662802E+00　0.35565067E+00
0.35467031E+00　0.35368387E+00　0.35268825E+00　0.35168034E+00　0.35065709E+00
0.34961564E+00　0.34855330E+00　0.34746770E+00　0.34635683E+00　0.34521910E+00
0.34405339E+00　0.34285910E+00　0.34163615E+00　0.34038508E+00　0.33910697E+00
0.33780349E+00　0.33647688E+00　0.33512991E+00　0.33376585E+00　0.33238845E+00
0.33100181E+00　0.32961039E+00　0.32821891E+00　0.32683223E+00　0.32545531E+00
0.32409311E+00　0.32275051E+00　0.32143218E+00　0.32014255E+00　0.31888570E+00
0.31766528E+00　0.31648449E+00　0.31534595E+00　0.31425171E+00　0.31320319E+00
0.31220120E+00　0.31124585E+00　0.31033663E+00　0.30947234E+00　0.30865123E+00
0.30787089E+00　0.30712844E+00　0.30642050E+00　0.30574323E+00　0.30509251E+00
0.30446392E+00　0.30385285E+00　0.30325456E+00　0.30266434E+00　0.30207750E+00
0.30148946E+00　0.30089588E+00　0.30029268E+00　0.29967609E+00　0.29904276E+00
0.29838974E+00　0.29771454E+00　0.29701518E+00　0.29629014E+00　0.29553845E+00
0.29475962E+00　0.29395364E+00　0.29312096E+00　0.29226248E+00　0.29137947E+00
0.29047359E+00　0.28954675E+00　0.28860112E+00　0.28763908E+00　0.28666314E+00
0.28567590E+00　0.28467998E+00　0.28367799E+00　0.28267247E+00　0.28166588E+00
0.28066049E+00　0.27965844E+00　0.27866163E+00　0.27767176E+00　0.27669032E+00
0.27571854E+00　0.27475744E+00　0.27380778E+00　0.27287014E+00　0.27194491E+00
0.27103227E+00　0.27013230E+00　0.26924495E+00　0.26837006E+00　0.26750741E+00
0.26665678E+00　0.26581788E+00　0.26499051E+00　0.26417444E+00　0.26336954E+00
0.26257572E+00　0.26179300E+00　0.26102147E+00　0.26026130E+00　0.25951274E+00
0.25877613E+00　0.25805185E+00　0.25734033E+00　0.25664200E+00　0.25595732E+00
0.25528670E+00　0.25463049E+00　0.25398896E+00　0.25336229E+00　0.25275051E+00
0.25215351E+00　0.25157098E+00　0.25100247E+00　0.25044728E+00　0.24990452E+00
0.24937308E+00　0.24885167E+00　0.24833875E+00　0.24783264E+00　0.24733145E+00
0.24683317E+00　0.24633567E+00　0.24583672E+00　0.24533404E+00　0.24482537E+00

0.24430846E+00 0.24378108E+00 0.24324121E+00 0.24268688E+00 0.24211638E+00
0.24152818E+00 0.24092101E+00 0.24029390E+00 0.23964620E+00 0.23897755E+00
0.23828794E+00 0.23757773E+00 0.23684761E+00 0.23609861E+00 0.23533208E+00
0.23454971E+00 0.23375346E+00 0.23294551E+00 0.23212830E+00 0.23130445E+00
0.23047671E+00 0.22964793E+00 0.22882099E+00 0.22799882E+00 0.22718425E+00
0.22638005E+00 0.22558886E+00 0.22481315E+00 0.22405516E+00 0.22331688E+00
0.22260005E+00 0.22190610E+00 0.22123613E+00 0.22059091E+00 0.21997089E+00
0.21937620E+00 0.21880659E+00 0.21826153E+00 0.21774018E+00 0.21724144E+00
0.21676391E+00 0.21630599E+00 0.21586589E+00 0.21544167E+00 0.21503124E+00
0.21463243E+00 0.21424305E+00 0.21386086E+00 0.21348368E+00 0.21310936E+00
0.21273586E+00 0.21236124E+00 0.21198368E+00 0.21160157E+00 0.21121344E+00
0.21081801E+00 0.21041420E+00 0.21000113E+00 0.20957809E+00 0.20914460E+00
0.20870035E+00 0.20824519E+00 0.20777915E+00 0.20730240E+00 0.20681523E+00
0.20631805E+00 0.20581134E+00 0.20529569E+00 0.20477169E+00 0.20424001E+00
0.20370130E+00 0.20315625E+00 0.20260552E+00 0.20204974E+00 0.20148955E+00
0.20092551E+00 0.20035819E+00 0.19978809E+00 0.19921570E+00 0.19864147E+00
0.19806581E+00 0.19748915E+00 0.19691185E+00 0.19633434E+00 0.19575699E+00
0.19518022E+00 0.19460449E+00 0.19403027E+00 0.19345806E+00 0.19288843E+00
0.19232200E+00 0.19175941E+00 0.19120138E+00 0.19064866E+00 0.19010204E+00
0.18956232E+00 0.18903038E+00 0.18850703E+00 0.18799314E+00 0.18748953E+00
0.18699700E+00 0.18651627E+00 0.18604803E+00 0.18559285E+00 0.18515120E+00
0.18472345E+00 0.18430982E+00 0.18391038E+00 0.18352506E+00 0.18315361E+00
0.18279561E+00 0.18245045E+00 0.18211741E+00 0.18179555E+00 0.18148378E+00
0.18118087E+00 0.18088548E+00 0.18059611E+00 0.18031121E+00 0.18002909E+00
0.17974810E+00 0.17946647E+00 0.17918249E+00 0.17889445E+00 0.17860071E+00
0.17829968E+00 0.17798991E+00 0.17767006E+00 0.17733894E+00 0.17699552E+00
0.17663899E+00 0.17626868E+00 0.17588418E+00 0.17548526E+00 0.17507195E+00
0.17464444E+00 0.17420318E+00 0.17374879E+00 0.17328211E+00 0.17280416E+00
0.17231609E+00 0.17181925E+00 0.17131503E+00 0.17080499E+00 0.17029073E+00
0.16977390E+00 0.16925616E+00 0.16873919E+00 0.16822462E+00 0.16771403E+00
0.16720891E+00 0.16671070E+00 0.16622069E+00 0.16574003E+00 0.16526977E+00

```
0.16481076E+00  0.16436374E+00  0.16392923E+00  0.16350763E+00  0.16309918E+00
0.16270390E+00  0.16232172E+00  0.16195241E+00  0.16159560E+00  0.16125079E+00
0.16091741E+00  0.16059476E+00  0.16028209E+00  0.15997858E+00  0.15968337E+00
0.15939557E+00  0.15911428E+00  0.15883858E+00  0.15856760E+00  0.15830044E+00
0.15803627E+00  0.15777430E+00  0.15751375E+00  0.15725394E+00  0.15699422E+00
0.15673398E+00  0.15647268E+00  0.15620984E+00  0.15594500E+00  0.15567780E+00
0.15540784E+00  0.15513484E+00  0.15485849E+00  0.15457856E+00  0.15429481E+00
0.15400701E+00  0.15371498E+00  0.15341852E+00  0.15311749E+00  0.15281169E+00
0.15250098E+00  0.15218522E+00  0.15186428E+00  0.15153805E+00  0.15120644E+00
0.15086939E+00  0.15052686E+00  0.15017885E+00  0.14982541E+00  0.14946664E+00
0.14910269E+00  0.14873378E+00  0.14836017E+00  0.14798220E+00  0.14760030E+00
0.14721492E+00  0.14682666E+00  0.14643611E+00  0.14604396E+00  0.14565098E+00
0.14525796E+00  0.14486576E+00  0.14447529E+00  0.14408744E+00  0.14370316E+00
0.14332339E+00  0.14294907E+00  0.14258107E+00  0.14222028E+00  0.14186750E+00
0.14152347E+00  0.14118885E+00  0.14086422E+00  0.14055004E+00  0.14024666E+00
0.13995432E+00  0.13967312E+00  0.13940305E+00  0.13914392E+00  0.13889544E+00
0.13865721E+00  0.13842865E+00  0.13820911E+00  0.13799777E+00  0.13779378E+00
0.13759613E+00  0.13740379E+00  0.13721565E+00  0.13703056E+00  0.13684733E+00
0.13666477E+00  0.13648171E+00  0.13629699E+00  0.13610948E+00  0.13591815E+00
0.13572199E+00  0.13552011E+00  0.13531171E+00  0.13509608E+00  0.13487267E+00
0.13464101E+00  0.13440077E+00  0.13415176E+00  0.13389390E+00  0.13362724E+00
0.13335197E+00  0.13306839E+00  0.13277689E+00  0.13247796E+00  0.13217221E+00
```

B.4.6 Cl–GGA 1/2–3.5 Bohr

local part
```
 98.265751406104
−0.62142268E+02 −0.61408756E+02 −0.60196639E+02 −0.58516381E+02 −0.56387371E+02
−0.53834030E+02 −0.50885434E+02 −0.47574877E+02 −0.43939360E+02 −0.40019042E+02
−0.35856631E+02 −0.31496756E+02 −0.26985312E+02 −0.22368800E+02 −0.17693657E+02
```

−0.13005608E+02 −0.83490500E+01 −0.37664457E+01 0.70221008E+00 0.50198906E+01

0.91529721E+01 0.13071599E+02 0.16749984E+02 0.20166625E+02 0.23304459E+02

0.26150921E+02 0.28697950E+02 0.30941895E+02 0.32883372E+02 0.34527044E+02

0.35881350E+02 0.36958169E+02 0.37772450E+02 0.38341801E+02 0.38686048E+02

0.38826784E+02 0.38786890E+02 0.38590075E+02 0.38260417E+02 0.37821910E+02

0.37298056E+02 0.36711469E+02 0.36083522E+02 0.35434049E+02 0.34781070E+02

0.34140585E+02 0.33526414E+02 0.32950083E+02 0.32420767E+02 0.31945287E+02

0.31528151E+02 0.31171634E+02 0.30875913E+02 0.30639230E+02 0.30458082E+02

0.30327444E+02 0.30241011E+02 0.30191443E+02 0.30170634E+02 0.30169964E+02

0.30180560E+02 0.30193538E+02 0.30200234E+02 0.30192416E+02 0.30162469E+02

0.30103561E+02 0.30009769E+02 0.29876187E+02 0.29699000E+02 0.29475521E+02

0.29204204E+02 0.28884629E+02 0.28517456E+02 0.28104360E+02 0.27647940E+02

0.27151610E+02 0.26619484E+02 0.26056237E+02 0.25466972E+02 0.24857077E+02

0.24232083E+02 0.23597527E+02 0.22958826E+02 0.22321156E+02 0.21689344E+02

0.21067780E+02 0.20460341E+02 0.19870329E+02 0.19300438E+02 0.18752727E+02

0.18228614E+02 0.17728895E+02 0.17253765E+02 0.16802867E+02 0.16375339E+02

0.15969886E+02 0.15584845E+02 0.15218270E+02 0.14868008E+02 0.14531780E+02

0.14207270E+02 0.13892191E+02 0.13584364E+02 0.13281779E+02 0.12982651E+02

0.12685466E+02 0.12389018E+02 0.12092432E+02 0.11795175E+02 0.11497064E+02

0.11198249E+02 0.10899202E+02 0.10600688E+02 0.10303726E+02 0.10009549E+02

0.97195613E+01 0.94352822E+01 0.91582976E+01 0.88902067E+01 0.86325700E+01

0.83868613E+01 0.81544223E+01 0.79364226E+01 0.77338260E+01 0.75473629E+01

0.73775103E+01 0.72244792E+01 0.70882095E+01 0.69683731E+01 0.68643831E+01

0.67754107E+01 0.67004079E+01 0.66381350E+01 0.65871927E+01 0.65460576E+01

0.65131195E+01 0.64867199E+01 0.64651910E+01 0.64468928E+01 0.64302489E+01

0.64137792E+01 0.63961286E+01 0.63760918E+01 0.63526334E+01 0.63249022E+01

0.62922405E+01 0.62541884E+01 0.62104820E+01 0.61610472E+01 0.61059882E+01

0.60455729E+01 0.59802134E+01 0.59104447E+01 0.58369004E+01 0.57602880E+01

0.56813623E+01 0.56009000E+01 0.55196747E+01 0.54384335E+01 0.53578749E+01

0.52786315E+01 0.52012528E+01 0.51261944E+01 0.50538076E+01 0.49843358E+01

0.49179121E+01 0.48545622E+01 0.47942090E+01 0.47366816E+01 0.46817262E+01

0.46290194E+01 0.45781831E+01 0.45288008E+01 0.44804336E+01 0.44326380E+01
0.43849817E+01 0.43370589E+01 0.42885045E+01 0.42390066E+01 0.41883162E+01
0.41362556E+01 0.40827234E+01 0.40276971E+01 0.39712339E+01 0.39134674E+01
0.38546037E+01 0.37949138E+01 0.37347248E+01 0.36744100E+01 0.36143760E+01
0.35550516E+01 0.34968733E+01 0.34402733E+01 0.33856663E+01 0.33334373E+01
0.32839312E+01 0.32374422E+01 0.31942071E+01 0.31543978E+01 0.31181179E+01
0.30853996E+01 0.30562043E+01 0.30304240E+01 0.30078847E+01 0.29883519E+01
0.29715380E+01 0.29571100E+01 0.29446990E+01 0.29339100E+01 0.29243328E+01
0.29155525E+01 0.29071596E+01 0.28987602E+01 0.28899856E+01 0.28804999E+01
0.28700075E+01 0.28582589E+01 0.28450549E+01 0.28302493E+01 0.28137504E+01
0.27955203E+01 0.27755734E+01 0.27539731E+01 0.27308276E+01 0.27062839E+01
0.26805221E+01 0.26537481E+01 0.26261862E+01 0.25980715E+01 0.25696425E+01
0.25411335E+01 0.25127679E+01 0.24847525E+01 0.24572712E+01 0.24304816E+01
0.24045110E+01 0.23794542E+01 0.23553725E+01 0.23322938E+01 0.23102132E+01
0.22890954E+01 0.22688780E+01 0.22494740E+01 0.22307779E+01 0.22126689E+01
0.21950170E+01 0.21776880E+01 0.21605486E+01 0.21434717E+01 0.21263404E+01
0.21090530E+01 0.20915257E+01 0.20736958E+01 0.20555238E+01 0.20369939E+01
0.20181152E+01 0.19989206E+01 0.19794654E+01 0.19598257E+01 0.19400954E+01
0.19203828E+01 0.19008073E+01 0.18814946E+01 0.18625736E+01 0.18441712E+01
0.18264085E+01 0.18093968E+01 0.17932341E+01 0.17780020E+01 0.17637627E+01
0.17505571E+01 0.17384041E+01 0.17272989E+01 0.17172137E+01 0.17080982E+01
0.16998814E+01 0.16924728E+01 0.16857652E+01 0.16796383E+01 0.16739609E+01
0.16685952E+01 0.16634006E+01 0.16582366E+01 0.16529670E+01 0.16474636E+01
0.16416087E+01 0.16352985E+01 0.16284450E+01 0.16209780E+01 0.16128467E+01
0.16040199E+01 0.15944866E+01 0.15842555E+01 0.15733539E+01 0.15618266E+01
0.15497336E+01 0.15371484E+01 0.15241549E+01 0.15108451E+01 0.14973162E+01
0.14836673E+01 0.14699969E+01 0.14564004E+01 0.14429670E+01 0.14297775E+01
0.14169032E+01 0.14044035E+01 0.13923252E+01 0.13807018E+01 0.13695529E+01
0.13588852E+01 0.13486921E+01 0.13389558E+01 0.13296472E+01 0.13207290E+01
0.13121564E+01 0.13038796E+01 0.12958455E+01 0.12880000E+01 0.12802902E+01
0.12726658E+01 0.12650811E+01 0.12574963E+01 0.12498793E+01 0.12422059E+01

0.12344608E+01　0.12266380E+01　0.12187406E+01　0.12107802E+01　0.12027765E+01
0.11947567E+01　0.11867533E+01　0.11788038E+01　0.11709486E+01　0.11632293E+01
0.11556877E+01　0.11483634E+01　0.11412931E+01　0.11345083E+01　0.11280346E+01
0.11218907E+01　0.11160874E+01　0.11106269E+01　0.11055031E+01　0.11007010E+01
0.10961973E+01　0.10919610E+01　0.10879541E+01　0.10841327E+01　0.10804478E+01
0.10768475E+01　0.10732777E+01　0.10696840E+01　0.10660126E+01　0.10622129E+01
0.10582376E+01　0.10540450E+01　0.10495996E+01　0.10448728E+01　0.10398444E+01
0.10345020E+01　0.10288422E+01　0.10228700E+01　0.10165988E+01　0.10100496E+01
0.10032507E+01　0.99623659E+00　0.98904685E+00　0.98172516E+00　0.97431792E+00
0.96687303E+00　0.95943852E+00　0.95206133E+00　0.94478609E+00　0.93765399E+00
0.93070191E+00　0.92396149E+00　0.91745853E+00　0.91121262E+00　0.90523675E+00
0.89953738E+00　0.89411455E+00　0.88896213E+00　0.88406847E+00　0.87941686E+00
0.87498646E+00　0.87075303E+00　0.86668998E+00　0.86276924E+00　0.85896223E+00
0.85524087E+00　0.85157834E+00　0.84794999E+00　0.84433395E+00　0.84071172E+00
0.83706862E+00　0.83339400E+00　0.82968141E+00　0.82592859E+00　0.82213721E+00
0.81831271E+00　0.81446368E+00　0.81060147E+00　0.80673952E+00　0.80289267E+00
0.79907645E+00　0.79530637E+00　0.79159717E+00　0.78796223E+00　0.78441285E+00
0.78095786E+00　0.77760305E+00　0.77435098E+00　0.77120074E+00　0.76814784E+00
0.76518436E+00　0.76229907E+00　0.75947775E+00　0.75670359E+00　0.75395773E+00
0.75121976E+00　0.74846841E+00　0.74568216E+00　0.74283998E+00　0.73992194E+00
0.73690986E+00　0.73378793E+00　0.73054315E+00　0.72716586E+00　0.72364998E+00
0.71999331E+00　0.71619757E+00　0.71226845E+00　0.70821546E+00　0.70405170E+00
0.69979353E+00　0.69546013E+00　0.69107302E+00　0.68665544E+00　0.68223181E+00
0.67782704E+00　0.67346586E+00　0.66917228E+00　0.66496889E+00　0.66087635E+00
0.65691287E+00　0.65309383E+00　0.64943143E+00　0.64593445E+00　0.64260813E+00
0.63945414E+00　0.63647066E+00　0.63365251E+00　0.63099146E+00　0.62847651E+00
0.62609432E+00　0.62382966E+00　0.62166588E+00　0.61958546E+00　0.61757050E+00
0.61560320E+00　0.61366640E+00　0.61174400E+00　0.60982135E+00　0.60788557E+00
0.60592582E+00　0.60393350E+00　0.60190233E+00　0.59982836E+00　0.59770997E+00
0.59554767E+00　0.59334396E+00　0.59110305E+00　0.58883055E+00　0.58653317E+00
0.58421831E+00　0.58189375E+00　0.57956722E+00　0.57724608E+00　0.57493702E+00

0.57264571E+00　0.57037661E+00　0.56813278E+00　0.56591570E+00　0.56372531E+00
0.56155988E+00　0.55941622E+00　0.55728965E+00　0.55517433E+00　0.55306340E+00
0.55094923E+00　0.54882382E+00　0.54667903E+00　0.54450692E+00　0.54230009E+00
0.54005199E+00　0.53775716E+00　0.53541153E+00　0.53301261E+00　0.53055959E+00
0.52805356E+00　0.52549742E+00　0.52289594E+00　0.52025570E+00　0.51758487E+00
0.51489313E+00　0.51219136E+00　0.50949137E+00　0.50680566E+00　0.50414701E+00
0.50152820E+00　0.49896165E+00　0.49645908E+00　0.49403120E+00　0.49168749E+00
0.48943583E+00　0.48728239E+00　0.48523148E+00　0.48328537E+00　0.48144434E+00
0.47970660E+00　0.47806844E+00　0.47652425E+00　0.47506680E+00　0.47368734E+00
0.47237593E+00　0.47112164E+00　0.46991292E+00　0.46873784E+00　0.46758443E+00
0.46644099E+00　0.46529630E+00　0.46413999E+00　0.46296264E+00　0.46175610E+00
0.46051351E+00　0.45922951E+00　0.45790022E+00　0.45652333E+00　0.45509796E+00
0.45362469E+00　0.45210538E+00　0.45054304E+00　0.44894164E+00　0.44730593E+00
0.44564122E+00　0.44395316E+00　0.44224747E+00　0.44052984E+00　0.43880560E+00
0.43707966E+00　0.43535628E+00　0.43363900E+00　0.43193053E+00　0.43023272E+00
0.42854653E+00　0.42687208E+00　0.42520867E+00　0.42355489E+00　0.42190874E+00
0.42026777E+00　0.41862923E+00　0.41699019E+00　0.41534781E+00　0.41369941E+00
0.41204271E+00　0.41037591E+00　0.40869787E+00　0.40700821E+00　0.40530735E+00
0.40359658E+00　0.40187811E+00　0.40015497E+00　0.39843103E+00　0.39671090E+00
0.39499980E+00　0.39330345E+00　0.39162790E+00　0.38997936E+00　0.38836404E+00
0.38678794E+00　0.38525671E+00　0.38377540E+00　0.38234837E+00　0.38097914E+00
0.37967018E+00　0.37842295E+00　0.37723774E+00　0.37611367E+00　0.37504868E+00
0.37403958E+00　0.37308208E+00　0.37217094E+00　0.37130005E+00　0.37046257E+00
0.36965111E+00　0.36885793E+00　0.36807509E+00　0.36729462E+00　0.36650878E+00
0.36571018E+00　0.36489196E+00　0.36404795E+00　0.36317280E+00　0.36226207E+00
0.36131231E+00　0.36032115E+00　0.35928723E+00　0.35821029E+00　0.35709105E+00
0.35593123E+00　0.35473334E+00　0.35350070E+00　0.35223723E+00　0.35094732E+00
0.34963573E+00　0.34830741E+00　0.34696734E+00　0.34562042E+00　0.34427131E+00
0.34292437E+00　0.34158349E+00　0.34025204E+00　0.33893285E+00　0.33762813E+00
0.33633944E+00　0.33506778E+00　0.33381354E+00　0.33257661E+00　0.33135645E+00
0.33015209E+00　0.32896234E+00　0.32778583E+00　0.32662109E+00　0.32546673E+00

0.32432143E+00 0.32318414E+00 0.32205405E+00 0.32093074E+00 0.31981416E+00
0.31870472E+00 0.31760323E+00 0.31651093E+00 0.31542946E+00 0.31436078E+00
0.31330717E+00 0.31227107E+00 0.31125506E+00 0.31026171E+00 0.30929353E+00
0.30835278E+00 0.30744152E+00 0.30656134E+00 0.30571338E+00 0.30489828E+00
0.30411604E+00 0.30336603E+00 0.30264696E+00 0.30195690E+00 0.30129326E+00
0.30065284E+00 0.30003192E+00 0.29942628E+00 0.29883133E+00 0.29824222E+00
0.29765388E+00 0.29706121E+00 0.29645920E+00 0.29584298E+00 0.29520802E+00
0.29455020E+00 0.29386589E+00 0.29315204E+00 0.29240629E+00 0.29162697E+00
0.29081318E+00 0.28996471E+00 0.28908216E+00 0.28816681E+00 0.28722063E+00
0.28624619E+00 0.28524662E+00 0.28422546E+00 0.28318662E+00 0.28213429E+00
0.28107276E+00 0.28000636E+00 0.27893935E+00 0.27787582E+00 0.27681963E+00
0.27577425E+00 0.27474282E+00 0.27372794E+00 0.27273179E+00 0.27175605E+00
0.27080185E+00 0.26986985E+00 0.26896027E+00 0.26807286E+00 0.26720702E+00
0.26636185E+00 0.26553617E+00 0.26472867E+00 0.26393788E+00 0.26316234E+00
0.26240063E+00 0.26165141E+00 0.26091350E+00 0.26018591E+00 0.25946787E+00
0.25875890E+00 0.25805873E+00 0.25736736E+00 0.25668500E+00 0.25601211E+00
0.25534925E+00 0.25469715E+00 0.25405658E+00 0.25342833E+00 0.25281309E+00
0.25221151E+00 0.25162399E+00 0.25105077E+00 0.25049178E+00 0.24994664E+00
0.24941465E+00 0.24889476E+00 0.24838553E+00 0.24788523E+00 0.24739173E+00
0.24690267E+00 0.24641540E+00 0.24592712E+00 0.24543486E+00 0.24493561E+00
0.24442638E+00 0.24390425E+00 0.24336650E+00 0.24281062E+00 0.24223444E+00
0.24163612E+00 0.24101429E+00 0.24036799E+00 0.23969685E+00 0.23900092E+00
0.23828084E+00 0.23753771E+00 0.23677319E+00 0.23598933E+00 0.23518863E+00
0.23437394E+00 0.23354839E+00 0.23271531E+00 0.23187819E+00 0.23104059E+00
0.23020601E+00 0.22937789E+00 0.22855946E+00 0.22775376E+00 0.22696349E+00
0.22619101E+00 0.22543831E+00 0.22470695E+00 0.22399806E+00 0.22331233E+00
0.22265003E+00 0.22201102E+00 0.22139477E+00 0.22080040E+00 0.22022677E+00
0.21967248E+00 0.21913592E+00 0.21861538E+00 0.21810907E+00 0.21761519E+00
0.21713196E+00 0.21665771E+00 0.21619089E+00 0.21573010E+00 0.21527414E+00
0.21482198E+00 0.21437285E+00 0.21392614E+00 0.21348146E+00 0.21303859E+00
0.21259747E+00 0.21215814E+00 0.21172071E+00 0.21128540E+00 0.21085235E+00

0.21042170E+00 0.20999352E+00 0.20956777E+00 0.20914424E+00 0.20872260E+00
0.20830231E+00 0.20788265E+00 0.20746273E+00 0.20704148E+00 0.20661767E+00
0.20618992E+00 0.20575676E+00 0.20531668E+00 0.20486811E+00 0.20440953E+00
0.20393948E+00 0.20345663E+00 0.20295982E+00 0.20244810E+00 0.20192080E+00
0.20137749E+00 0.20081810E+00 0.20024288E+00 0.19965245E+00 0.19904773E+00
0.19843001E+00 0.19780091E+00 0.19716231E+00 0.19651637E+00 0.19586547E+00
0.19521213E+00 0.19455901E+00 0.19390881E+00 0.19326423E+00 0.19262791E+00
0.19200236E+00 0.19138992E+00 0.19079272E+00 0.19021259E+00 0.18965107E+00
0.18910934E+00 0.18858828E+00 0.18808835E+00 0.18760966E+00 0.18715196E+00
0.18671468E+00 0.18629688E+00 0.18589741E+00 0.18551481E+00 0.18514744E+00
0.18479352E+00 0.18445114E+00 0.18411834E+00 0.18379317E+00 0.18347370E+00
0.18315808E+00 0.18284458E+00 0.18253165E+00 0.18221788E+00 0.18190208E+00
0.18158325E+00 0.18126063E+00 0.18093363E+00 0.18060190E+00 0.18026522E+00
0.17992358E+00 0.17957706E+00 0.17922586E+00 0.17887025E+00 0.17851054E+00
0.17814704E+00 0.17778004E+00 0.17740979E+00 0.17703646E+00 0.17666014E+00
0.17628081E+00 0.17589833E+00 0.17551246E+00 0.17512286E+00 0.17472909E+00
0.17433063E+00 0.17392692E+00 0.17351734E+00 0.17310131E+00 0.17267826E+00
0.17224770E+00 0.17180921E+00 0.17136250E+00 0.17090747E+00 0.17044414E+00
0.16997278E+00 0.16949382E+00 0.16900795E+00 0.16851604E+00 0.16801920E+00
0.16751870E+00 0.16701605E+00 0.16651286E+00 0.16601087E+00 0.16551196E+00
0.16501797E+00 0.16453083E+00 0.16405237E+00 0.16358438E+00 0.16312850E+00
0.16268623E+00 0.16225883E+00 0.16184739E+00 0.16145270E+00 0.16107527E+00
0.16071535E+00 0.16037287E+00 0.16004747E+00 0.15973851E+00 0.15944508E+00
0.15916602E+00 0.15889996E+00 0.15864532E+00 0.15840041E+00 0.15816339E+00
0.15793240E+00 0.15770553E+00 0.15748087E+00 0.15725663E+00 0.15703108E+00
0.15680262E+00 0.15656983E+00 0.15633144E+00 0.15608643E+00 0.15583395E+00
0.15557338E+00 0.15530432E+00 0.15502658E+00 0.15474016E+00 0.15444523E+00
0.15414212E+00 0.15383131E+00 0.15351332E+00 0.15318883E+00 0.15285848E+00
0.15252298E+00 0.15218298E+00 0.15183915E+00 0.15149205E+00 0.15114219E+00
0.15078999E+00 0.15043577E+00 0.15007976E+00 0.14972211E+00 0.14936286E+00
0.14900200E+00 0.14863944E+00 0.14827506E+00 0.14790872E+00 0.14754030E+00

```
0.14716968E+00   0.14679682E+00   0.14642171E+00   0.14604446E+00   0.14566530E+00
0.14528453E+00   0.14490261E+00   0.14452015E+00   0.14413782E+00   0.14375648E+00
0.14337707E+00   0.14300062E+00   0.14262822E+00   0.14226104E+00   0.14190025E+00
0.14154701E+00   0.14120244E+00   0.14086758E+00   0.14054341E+00   0.14023071E+00
0.13993017E+00   0.13964226E+00   0.13936726E+00   0.13910524E+00   0.13885603E+00
0.13861927E+00   0.13839436E+00   0.13818048E+00   0.13797660E+00   0.13778155E+00
0.13759396E+00   0.13741237E+00   0.13723521E+00   0.13706084E+00   0.13688761E+00
0.13671386E+00   0.13653800E+00   0.13635852E+00   0.13617398E+00   0.13598314E+00
0.13578488E+00   0.13557827E+00   0.13536260E+00   0.13513734E+00   0.13490219E+00
0.13465705E+00   0.13440204E+00   0.13413745E+00   0.13386374E+00   0.13358153E+00
0.13329158E+00   0.13299473E+00   0.13269191E+00   0.13238408E+00   0.13207222E+00
```

B.4.7　I-GGA 1/2-1.0 Bohr

local part
81.2582175088937

```
0.16824289E+02   0.16841414E+02   0.16909962E+02   0.17023543E+02   0.17181842E+02
0.17384421E+02   0.17630703E+02   0.17919979E+02   0.18251406E+02   0.18623998E+02
0.19036635E+02   0.19488060E+02   0.19976887E+02   0.20501607E+02   0.21060593E+02
0.21652106E+02   0.22274313E+02   0.22925282E+02   0.23603001E+02   0.24305377E+02
0.25030251E+02   0.25775396E+02   0.26538529E+02   0.27317314E+02   0.28109373E+02
0.28912282E+02   0.29723591E+02   0.30540823E+02   0.31361483E+02   0.32183072E+02
0.33003085E+02   0.33819030E+02   0.34628427E+02   0.35428824E+02   0.36217800E+02
0.36992969E+02   0.37751996E+02   0.38492597E+02   0.39212550E+02   0.39909696E+02
0.40581952E+02   0.41227314E+02   0.41843866E+02   0.42429780E+02   0.42983332E+02
0.43502897E+02   0.43986960E+02   0.44434120E+02   0.44843088E+02   0.45212699E+02
0.45541913E+02   0.45829810E+02   0.46075604E+02   0.46278635E+02   0.46438375E+02
0.46554433E+02   0.46626544E+02   0.46654585E+02   0.46638559E+02   0.46578605E+02
0.46474994E+02   0.46328122E+02   0.46138517E+02   0.45906826E+02   0.45633819E+02
0.45320384E+02   0.44967521E+02   0.44576338E+02   0.44148048E+02   0.43683962E+02
```

0.43185485E+02 0.42654112E+02 0.42091417E+02 0.41499048E+02 0.40878726E+02

0.40232230E+02 0.39561395E+02 0.38868104E+02 0.38154276E+02 0.37421870E+02

0.36672864E+02 0.35909254E+02 0.35133049E+02 0.34346260E+02 0.33550892E+02

0.32748938E+02 0.31942375E+02 0.31133149E+02 0.30323175E+02 0.29514329E+02

0.28708440E+02 0.27907282E+02 0.27112576E+02 0.26325972E+02 0.25549056E+02

0.24783339E+02 0.24030255E+02 0.23291153E+02 0.22567298E+02 0.21859866E+02

0.21169943E+02 0.20498515E+02 0.19846477E+02 0.19214626E+02 0.18603659E+02

0.18014177E+02 0.17446677E+02 0.16901563E+02 0.16379140E+02 0.15879614E+02

0.15403100E+02 0.14949620E+02 0.14519105E+02 0.14111400E+02 0.13726265E+02

0.13363382E+02 0.13022354E+02 0.12702714E+02 0.12403926E+02 0.12125390E+02

0.11866452E+02 0.11626397E+02 0.11404470E+02 0.11199866E+02 0.11011749E+02

0.10839245E+02 0.10681457E+02 0.10537466E+02 0.10406334E+02 0.10287116E+02

0.10178861E+02 0.10080614E+02 0.99914289E+01 0.99103656E+01 0.98365000E+01

0.97689255E+01 0.97067583E+01 0.96491410E+01 0.95952463E+01 0.95442797E+01

0.94954840E+01 0.94481404E+01 0.94015722E+01 0.93551462E+01 0.93082752E+01

0.92604184E+01 0.92110839E+01 0.91598286E+01 0.91062593E+01 0.90500322E+01

0.89908537E+01 0.89284791E+01 0.88627124E+01 0.87934051E+01 0.87204551E+01

0.86438050E+01 0.85634407E+01 0.84793890E+01 0.83917159E+01 0.83005241E+01

0.82059507E+01 0.81081647E+01 0.80073634E+01 0.79037708E+01 0.77976340E+01

0.76892203E+01 0.75788145E+01 0.74667155E+01 0.73532334E+01 0.72386869E+01

0.71234003E+01 0.70077004E+01 0.68919141E+01 0.67763654E+01 0.66613735E+01

0.65472495E+01 0.64342951E+01 0.63227996E+01 0.62130387E+01 0.61052723E+01

0.59997428E+01 0.58966742E+01 0.57962707E+01 0.56987154E+01 0.56041697E+01

0.55127730E+01 0.54246417E+01 0.53398696E+01 0.52585271E+01 0.51806620E+01

0.51062995E+01 0.50354427E+01 0.49680731E+01 0.49041517E+01 0.48436194E+01

0.47863987E+01 0.47323945E+01 0.46814955E+01 0.46335750E+01 0.45884936E+01

0.45460993E+01 0.45062301E+01 0.44687149E+01 0.44333751E+01 0.44000271E+01

0.43684826E+01 0.43385512E+01 0.43100415E+01 0.42827629E+01 0.42565266E+01

0.42311476E+01 0.42064459E+01 0.41822475E+01 0.41583855E+01 0.41347020E+01

0.41110481E+01 0.40872850E+01 0.40632854E+01 0.40389330E+01 0.40141243E+01

0.39887680E+01 0.39627859E+01 0.39361129E+01 0.39086970E+01 0.38804995E+01

0.38514945E+01 0.38216690E+01 0.37910222E+01 0.37595654E+01 0.37273214E+01
0.36943233E+01 0.36606146E+01 0.36262482E+01 0.35912852E+01 0.35557946E+01
0.35198521E+01 0.34835391E+01 0.34469420E+01 0.34101511E+01 0.33732596E+01
0.33363625E+01 0.32995560E+01 0.32629362E+01 0.32265980E+01 0.31906350E+01
0.31551377E+01 0.31201934E+01 0.30858851E+01 0.30522910E+01 0.30194838E+01
0.29875301E+01 0.29564897E+01 0.29264159E+01 0.28973543E+01 0.28693429E+01
0.28424119E+01 0.28165834E+01 0.27918718E+01 0.27682832E+01 0.27458160E+01
0.27244607E+01 0.27042003E+01 0.26850107E+01 0.26668608E+01 0.26497132E+01
0.26335244E+01 0.26182452E+01 0.26038215E+01 0.25901949E+01 0.25773027E+01
0.25650795E+01 0.25534566E+01 0.25423639E+01 0.25317297E+01 0.25214816E+01
0.25115470E+01 0.25018541E+01 0.24923321E+01 0.24829119E+01 0.24735266E+01
0.24641120E+01 0.24546075E+01 0.24449556E+01 0.24351035E+01 0.24250023E+01
0.24146081E+01 0.24038820E+01 0.23927900E+01 0.23813042E+01 0.23694014E+01
0.23570642E+01 0.23442808E+01 0.23310451E+01 0.23173558E+01 0.23032172E+01
0.22886386E+01 0.22736343E+01 0.22582228E+01 0.22424273E+01 0.22262748E+01
0.22097956E+01 0.21930239E+01 0.21759959E+01 0.21587510E+01 0.21413300E+01
0.21237755E+01 0.21061312E+01 0.20884415E+01 0.20707505E+01 0.20531030E+01
0.20355422E+01 0.20181109E+01 0.20008504E+01 0.19838000E+01 0.19669974E+01
0.19504772E+01 0.19342719E+01 0.19184107E+01 0.19029198E+01 0.18878221E+01
0.18731368E+01 0.18588797E+01 0.18450627E+01 0.18316944E+01 0.18187791E+01
0.18063179E+01 0.17943083E+01 0.17827440E+01 0.17716153E+01 0.17609098E+01
0.17506114E+01 0.17407016E+01 0.17311591E+01 0.17219603E+01 0.17130796E+01
0.17044895E+01 0.16961611E+01 0.16880643E+01 0.16801680E+01 0.16724409E+01
0.16648511E+01 0.16573669E+01 0.16499568E+01 0.16425903E+01 0.16352377E+01
0.16278701E+01 0.16204607E+01 0.16129839E+01 0.16054162E+01 0.15977362E+01
0.15899247E+01 0.15819649E+01 0.15738425E+01 0.15655460E+01 0.15570663E+01
0.15483973E+01 0.15395355E+01 0.15304800E+01 0.15212328E+01 0.15117982E+01
0.15021834E+01 0.14923978E+01 0.14824531E+01 0.14723631E+01 0.14621438E+01
0.14518127E+01 0.14413890E+01 0.14308934E+01 0.14203476E+01 0.14097743E+01
0.13991968E+01 0.13886391E+01 0.13781251E+01 0.13676790E+01 0.13573246E+01
0.13470852E+01 0.13369835E+01 0.13270414E+01 0.13172795E+01 0.13077174E+01

0.12983731E+01 0.12892630E+01 0.12804021E+01 0.12718031E+01 0.12634770E+01
0.12554327E+01 0.12476771E+01 0.12402152E+01 0.12330495E+01 0.12261805E+01
0.12196067E+01 0.12133245E+01 0.12073283E+01 0.12016105E+01 0.11961620E+01
0.11909714E+01 0.11860262E+01 0.11813122E+01 0.11768139E+01 0.11725149E+01
0.11683974E+01 0.11644431E+01 0.11606329E+01 0.11569473E+01 0.11533667E+01
0.11498712E+01 0.11464410E+01 0.11430567E+01 0.11396990E+01 0.11363497E+01
0.11329910E+01 0.11296060E+01 0.11261790E+01 0.11226952E+01 0.11191414E+01
0.11155055E+01 0.11117770E+01 0.11079467E+01 0.110040072E+01 0.10999527E+01
0.10957789E+01 0.10914829E+01 0.10870638E+01 0.10825221E+01 0.10778598E+01
0.10730805E+01 0.10681891E+01 0.10631919E+01 0.10580964E+01 0.10529114E+01
0.10476466E+01 0.10423126E+01 0.10369208E+01 0.10314833E+01 0.10260127E+01
0.10205220E+01 0.10150244E+01 0.10095330E+01 0.10040613E+01 0.99862239E+00
0.99322892E+00 0.98789332E+00 0.98262738E+00 0.97744224E+00 0.97234829E+00
0.96735499E+00 0.96247089E+00 0.95770349E+00 0.95305917E+00 0.94854320E+00
0.94415961E+00 0.93991126E+00 0.93579977E+00 0.93182554E+00 0.92798769E+00
0.92428420E+00 0.92071188E+00 0.91726633E+00 0.91394218E+00 0.91073294E+00
0.90763124E+00 0.90462885E+00 0.901171672E+00 0.89888517E+00 0.89612395E+00
0.89342232E+00 0.89076919E+00 0.88815323E+00 0.88556300E+00 0.88298698E+00
0.88041379E+00 0.87783220E+00 0.87523129E+00 0.87260056E+00 0.86992999E+00
0.86721013E+00 0.86443223E+00 0.86158830E+00 0.85867115E+00 0.85567451E+00
0.85259301E+00 0.84942228E+00 0.84615893E+00 0.84280064E+00 0.83934608E+00
0.83579498E+00 0.83214810E+00 0.82840722E+00 0.82457510E+00 0.82065546E+00
0.81665294E+00 0.81257302E+00 0.80842200E+00 0.80420691E+00 0.79993542E+00
0.79561579E+00 0.79125676E+00 0.78686751E+00 0.78245748E+00 0.77803636E+00
0.77361400E+00 0.76920024E+00 0.76480489E+00 0.76043766E+00 0.75610798E+00
0.75182501E+00 0.74759750E+00 0.74343373E+00 0.73934147E+00 0.73532781E+00
0.73139926E+00 0.72756157E+00 0.72381974E+00 0.72017799E+00 0.71663969E+00
0.71320741E+00 0.70988287E+00 0.70666692E+00 0.70355958E+00 0.70056004E+00
0.69766666E+00 0.69487705E+00 0.69218803E+00 0.68959571E+00 0.68709558E+00
0.68468247E+00 0.68235070E+00 0.68009410E+00 0.67790609E+00 0.67577973E+00
0.67370784E+00 0.67168302E+00 0.66969774E+00 0.66774446E+00 0.66581561E+00

0.66390378E+00 0.66200167E+00 0.66010224E+00 0.65819876E+00 0.65628485E+00
0.65435456E+00 0.65240241E+00 0.65042348E+00 0.64841336E+00 0.64636828E+00
0.64428507E+00 0.64216121E+00 0.63999487E+00 0.63778483E+00 0.63553061E+00
0.63323233E+00 0.63089078E+00 0.62850743E+00 0.62608432E+00 0.62362409E+00
0.62112993E+00 0.61860553E+00 0.61605509E+00 0.61348316E+00 0.61089468E+00
0.60829491E+00 0.60568933E+00 0.60308360E+00 0.60048352E+00 0.59789495E+00
0.59532376E+00 0.59277574E+00 0.59025659E+00 0.58777183E+00 0.58532673E+00
0.58292628E+00 0.58057517E+00 0.57827765E+00 0.57603760E+00 0.57385838E+00
0.57174289E+00 0.56969350E+00 0.56771203E+00 0.56579976E+00 0.56395736E+00
0.56218499E+00 0.56048218E+00 0.55884793E+00 0.55728065E+00 0.55577826E+00
0.55433811E+00 0.55295708E+00 0.55163158E+00 0.55035761E+00 0.54913077E+00
0.54794631E+00 0.54679922E+00 0.54568420E+00 0.54459579E+00 0.54352838E+00
0.54247626E+00 0.54143369E+00 0.54039493E+00 0.53935432E+00 0.53830630E+00
0.53724548E+00 0.53616671E+00 0.53506505E+00 0.53393589E+00 0.53277499E+00
0.53157843E+00 0.53034274E+00 0.52906490E+00 0.52774233E+00 0.52637292E+00
0.52495508E+00 0.52348768E+00 0.52197012E+00 0.52040231E+00 0.51878462E+00
0.51711795E+00 0.51540364E+00 0.51364350E+00 0.51183980E+00 0.50999516E+00
0.50811262E+00 0.50619555E+00 0.50424762E+00 0.50227278E+00 0.50027517E+00
0.49825912E+00 0.49622911E+00 0.49418969E+00 0.49214548E+00 0.49010108E+00
0.48806107E+00 0.48602993E+00 0.48401202E+00 0.48201153E+00 0.48003245E+00
0.47807853E+00 0.47615324E+00 0.47425973E+00 0.47240083E+00 0.47057901E+00
0.46879638E+00 0.46705463E+00 0.46535508E+00 0.46369864E+00 0.46208581E+00
0.46051666E+00 0.45899090E+00 0.45750783E+00 0.45606634E+00 0.45466499E+00
0.45330198E+00 0.45197517E+00 0.45068216E+00 0.44942023E+00 0.44818646E+00
0.44697774E+00 0.44579074E+00 0.44462207E+00 0.44346820E+00 0.44232556E+00
0.44119054E+00 0.44005957E+00 0.43892915E+00 0.43779581E+00 0.43665625E+00
0.43550734E+00 0.43434608E+00 0.43316977E+00 0.43197590E+00 0.43076225E+00
0.42952690E+00 0.42826824E+00 0.42698499E+00 0.42567619E+00 0.42434124E+00
0.42297988E+00 0.42159218E+00 0.42017859E+00 0.41873986E+00 0.41727713E+00
0.41579179E+00 0.41428559E+00 0.41276053E+00 0.41121889E+00 0.40966321E+00
0.40809619E+00 0.40652078E+00 0.40494004E+00 0.40335717E+00 0.40177545E+00

0.40019823E+00　0.39862887E+00　0.39707076E+00　0.39552721E+00　0.39400148E+00
0.39249675E+00　0.39101602E+00　0.38956218E+00　0.38813790E+00　0.38674566E+00
0.38538767E+00　0.38406591E+00　0.38278207E+00　0.38153757E+00　0.38033348E+00
0.37917062E+00　0.37804947E+00　0.37697019E+00　0.37593262E+00　0.37493629E+00
0.37398044E+00　0.37306397E+00　0.37218553E+00　0.37134347E+00　0.37053588E+00
0.36976064E+00　0.36901537E+00　0.36829752E+00　0.36760439E+00　0.36693311E+00
0.36628071E+00　0.36564413E+00　0.36502027E+00　0.36440600E+00　0.36379816E+00
0.36319368E+00　0.36258947E+00　0.36198258E+00　0.36137016E+00　0.36074950E+00
0.36011801E+00　0.35947336E+00　0.35881335E+00　0.35813604E+00　0.35743971E+00
0.35672292E+00　0.35598445E+00　0.35522334E+00　0.35443896E+00　0.35363088E+00
0.35279897E+00　0.35194338E+00　0.35106449E+00　0.35016300E+00　0.34923977E+00
0.34829595E+00　0.34733291E+00　0.34635220E+00　0.34535555E+00　0.34434488E+00
0.34332220E+00　0.34228970E+00　0.34124961E+00　0.34020424E+00　0.33915593E+00
0.33810709E+00　0.33706007E+00　0.33601719E+00　0.33498077E+00　0.33395300E+00
0.33293599E+00　0.33193173E+00　0.33094207E+00　0.32996868E+00　0.32901310E+00
0.32807663E+00　0.32716039E+00　0.32626528E+00　0.32539198E+00　0.32454097E+00
0.32371246E+00　0.32290647E+00　0.32212277E+00　0.32136092E+00　0.32062025E+00
0.31989990E+00　0.31919879E+00　0.31851564E+00　0.31784903E+00　0.31719736E+00
0.31655888E+00　0.31593174E+00　0.31531396E+00　0.31470351E+00　0.31409827E+00
0.31349612E+00　0.31289486E+00　0.31229238E+00　0.31168651E+00　0.31107518E+00
0.31045638E+00　0.30982815E+00　0.30918870E+00　0.30853631E+00　0.30786944E+00
0.30718667E+00　0.30648678E+00　0.30576874E+00　0.30503169E+00　0.30427499E+00
0.30349820E+00　0.30270109E+00　0.30188362E+00　0.30104600E+00　0.30018862E+00
0.29931208E+00　0.29841718E+00　0.29750492E+00　0.29657647E+00　0.29563317E+00
0.29467652E+00　0.29370816E+00　0.29272988E+00　0.29174353E+00　0.29075109E+00
0.28975458E+00　0.28875608E+00　0.28775773E+00　0.28676164E+00　0.28576992E+00
0.28478467E+00　0.28380794E+00　0.28284169E+00　0.28188785E+00　0.28094818E+00
0.28002439E+00　0.27911802E+00　0.27823047E+00　0.27736300E+00　0.27651668E+00
0.27569239E+00　0.27489089E+00　0.27411269E+00　0.27335812E+00　0.27262736E+00
0.27192037E+00　0.27123690E+00　0.27057658E+00　0.26993879E+00　0.26932280E+00
0.26872767E+00　0.26815233E+00　0.26759558E+00　0.26705606E+00　0.26653234E+00

0.26602287E+00 0.26552601E+00 0.26504009E+00 0.26456336E+00 0.26409409E+00
0.26363049E+00 0.26317079E+00 0.26271326E+00 0.26225620E+00 0.26179796E+00
0.26133698E+00 0.26087175E+00 0.26040091E+00 0.25992317E+00 0.25943738E+00
0.25894254E+00 0.25843778E+00 0.25792240E+00 0.25739583E+00 0.25685766E+00
0.25630767E+00 0.25574577E+00 0.25517206E+00 0.25458675E+00 0.25399026E+00
0.25338312E+00 0.25276602E+00 0.25213978E+00 0.25150532E+00 0.25086373E+00
0.25021614E+00 0.24956380E+00 0.24890800E+00 0.24825015E+00 0.24759162E+00
0.24693387E+00 0.24627835E+00 0.24562651E+00 0.24479975E+00 0.24433950E+00
0.24370709E+00 0.24308381E+00 0.24247088E+00 0.24186941E+00 0.24128043E+00
0.24070486E+00 0.24014349E+00 0.23959698E+00 0.23906586E+00 0.23855052E+00
0.23805121E+00 0.23756801E+00 0.23710089E+00 0.23664964E+00 0.23621392E+00
0.23579327E+00 0.23538707E+00 0.23499456E+00 0.23461487E+00 0.23424702E+00
0.23388992E+00 0.23354236E+00 0.23320310E+00 0.23287077E+00 0.23254397E+00
0.23222126E+00 0.23190118E+00 0.23158223E+00 0.23126292E+00 0.23094178E+00
0.23061736E+00 0.23028823E+00 0.22995303E+00 0.22961050E+00 0.22925938E+00
0.22889856E+00 0.22852700E+00 0.22814380E+00 0.22774813E+00 0.22733932E+00
0.22691683E+00 0.22648022E+00 0.22602924E+00 0.22556373E+00 0.22508371E+00
0.22458930E+00 0.22408076E+00 0.22355853E+00 0.22302310E+00 0.22247514E+00
0.22191543E+00 0.22134483E+00 0.22076432E+00 0.22017497E+00 0.21957791E+00
0.21897436E+00 0.21836558E+00 0.21775285E+00 0.21713752E+00 0.21652091E+00
0.21590438E+00 0.21528926E+00 0.21467687E+00 0.21406846E+00 0.21346529E+00
0.21286852E+00 0.21227927E+00 0.21169854E+00 0.21112729E+00 0.21056635E+00
0.21001648E+00 0.20947828E+00 0.20895228E+00 0.20843887E+00 0.20793831E+00
0.20745078E+00 0.20697630E+00 0.20651479E+00 0.20606603E+00 0.20562972E+00
0.20520543E+00 0.20479261E+00 0.20439065E+00 0.20399880E+00 0.20361629E+00
0.20324221E+00 0.20287562E+00 0.20251554E+00 0.20216093E+00 0.20181070E+00
0.20146379E+00 0.20111910E+00 0.20077553E+00 0.20043203E+00 0.20008753E+00
0.19974101E+00 0.19939154E+00 0.19903818E+00 0.19868010E+00 0.19831651E+00
0.19794675E+00 0.19757020E+00 0.19718638E+00 0.19679487E+00 0.19639537E+00
0.19598771E+00 0.19557178E+00 0.19514761E+00 0.19471534E+00 0.19427520E+00
0.19382752E+00 0.19337275E+00 0.19291142E+00 0.19244413E+00 0.19197160E+00

B.4.8　I–GGA 1/2–1.5 Bohr

local part

81.2582175088937

0.11638096E+02	0.11662024E+02	0.11741899E+02	0.11871310E+02	0.12049918E+02
0.12277249E+02	0.12552686E+02	0.12875474E+02	0.13244710E+02	0.13659348E+02
0.14118199E+02	0.14619929E+02	0.15163070E+02	0.15746022E+02	0.16367063E+02
0.17024354E+02	0.17715952E+02	0.18439813E+02	0.19193807E+02	0.19975717E+02
0.20783255E+02	0.21614061E+02	0.22465714E+02	0.23335738E+02	0.24221606E+02
0.25120747E+02	0.26030560E+02	0.26948410E+02	0.27871646E+02	0.28797607E+02
0.29723629E+02	0.30647053E+02	0.31565236E+02	0.32475560E+02	0.33375435E+02
0.34262310E+02	0.35133683E+02	0.35987101E+02	0.36820177E+02	0.37630586E+02
0.38416083E+02	0.39174499E+02	0.39903758E+02	0.40601875E+02	0.41266967E+02
0.41897258E+02	0.42491081E+02	0.43046888E+02	0.43563247E+02	0.44038854E+02
0.44472532E+02	0.44863230E+02	0.45210034E+02	0.45512162E+02	0.45768969E+02
0.45979951E+02	0.46144736E+02	0.46263099E+02	0.46334947E+02	0.46360329E+02
0.46339429E+02	0.46272566E+02	0.46160195E+02	0.46002895E+02	0.45801377E+02
0.45556473E+02	0.45269135E+02	0.44940429E+02	0.44571534E+02	0.44163730E+02
0.43718399E+02	0.43237018E+02	0.42721152E+02	0.42172443E+02	0.41592615E+02
0.40983453E+02	0.40346806E+02	0.39684574E+02	0.38998705E+02	0.38291184E+02
0.37564026E+02	0.36819269E+02	0.36058967E+02	0.35285181E+02	0.34499973E+02
0.33705395E+02	0.32903489E+02	0.32096270E+02	0.31285725E+02	0.30473807E+02
0.29662424E+02	0.28853434E+02	0.28048641E+02	0.27249789E+02	0.26458553E+02
0.25676537E+02	0.24905272E+02	0.24146205E+02	0.23400700E+02	0.22670034E+02
0.21955394E+02	0.21257870E+02	0.20578461E+02	0.19918067E+02	0.19277489E+02
0.18657431E+02	0.18058495E+02	0.17481189E+02	0.16925917E+02	0.16392990E+02
0.15882621E+02	0.15394930E+02	0.14929948E+02	0.14487613E+02	0.14067780E+02
0.13670221E+02	0.13294629E+02	0.12940623E+02	0.12607751E+02	0.12295494E+02
0.12003276E+02	0.11730457E+02	0.11476355E+02	0.11240234E+02	0.11021321E+02
0.10818807E+02	0.10631851E+02	0.10459590E+02	0.10301137E+02	0.10155596E+02
0.10022056E+02	0.98996062E+01	0.97873336E+01	0.96843325E+01	0.95897068E+01

0.95025749E+01 0.94220743E+01 0.93473649E+01 0.92776331E+01 0.92120947E+01
0.91499990E+01 0.90906301E+01 0.90333110E+01 0.89774048E+01 0.89223169E+01
0.88674964E+01 0.88124381E+01 0.87566825E+01 0.86998169E+01 0.86414758E+01
0.85813408E+01 0.85191401E+01 0.84546481E+01 0.83876843E+01 0.83181129E+01
0.82458405E+01 0.81708150E+01 0.80930241E+01 0.80124926E+01 0.79292808E+01
0.78434821E+01 0.77552207E+01 0.76646482E+01 0.75719421E+01 0.74773021E+01
0.73809479E+01 0.72831161E+01 0.71840573E+01 0.70840331E+01 0.69833138E+01
0.68821754E+01 0.67808968E+01 0.66797575E+01 0.65790344E+01 0.64790004E+01
0.63799213E+01 0.62820540E+01 0.61856444E+01 0.60909257E+01 0.59981164E+01
0.59074190E+01 0.58190189E+01 0.57330831E+01 0.56497591E+01 0.55691742E+01
0.54914354E+01 0.54166285E+01 0.53448183E+01 0.52760481E+01 0.52103404E+01
0.51476969E+01 0.50880991E+01 0.50315091E+01 0.49778698E+01 0.49271066E+01
0.48791280E+01 0.48338269E+01 0.47910819E+01 0.47507583E+01 0.47127102E+01
0.46767814E+01 0.46428070E+01 0.46106150E+01 0.45800280E+01 0.45508645E+01
0.45229409E+01 0.44960722E+01 0.44700744E+01 0.44447657E+01 0.44199676E+01
0.43955066E+01 0.43712153E+01 0.43469339E+01 0.43225108E+01 0.42978040E+01
0.42726818E+01 0.42470237E+01 0.42207210E+01 0.41936775E+01 0.41658094E+01
0.41370468E+01 0.41073326E+01 0.40766236E+01 0.40448900E+01 0.40121154E+01
0.39782966E+01 0.39434433E+01 0.39075774E+01 0.38707329E+01 0.38329553E+01
0.37942999E+01 0.37548326E+01 0.37146280E+01 0.36737686E+01 0.36323446E+01
0.35904522E+01 0.35481927E+01 0.35056720E+01 0.34629990E+01 0.34202851E+01
0.33776424E+01 0.33351838E+01 0.32930210E+01 0.32512638E+01 0.32100199E+01
0.31693929E+01 0.31294822E+01 0.30903821E+01 0.30521812E+01 0.30149614E+01
0.29787978E+01 0.29437577E+01 0.29099008E+01 0.28772781E+01 0.28459324E+01
0.28158972E+01 0.27871976E+01 0.27598493E+01 0.27338597E+01 0.27092267E+01
0.26859403E+01 0.26639816E+01 0.26433239E+01 0.26239328E+01 0.26057670E+01
0.25887780E+01 0.25729115E+01 0.25581069E+01 0.25442995E+01 0.25314192E+01
0.25193928E+01 0.25081436E+01 0.24975928E+01 0.24876594E+01 0.24782620E+01
0.24693182E+01 0.24607462E+01 0.24524651E+01 0.24443956E+01 0.24364603E+01
0.24285844E+01 0.24206969E+01 0.24127297E+01 0.24046195E+01 0.23963069E+01
0.23877379E+01 0.23788632E+01 0.23696391E+01 0.23600277E+01 0.23499966E+01

0.23395192E+01　0.23285749E+01　0.23171487E+01　0.23052317E+01　0.22928202E+01

0.22799163E+01　0.22665273E+01　0.22526654E+01　0.22383478E+01　0.22235960E+01

0.22084355E+01　0.21928958E+01　0.21770094E+01　0.21608122E+01　0.21443421E+01

0.21276393E+01　0.21107456E+01　0.20937040E+01　0.20765580E+01　0.20593517E+01

0.20421288E+01　0.20249327E+01　0.20078057E+01　0.19907888E+01　0.19739216E+01

0.19572412E+01　0.19407830E+01　0.19245794E+01　0.19086604E+01　0.18930526E+01

0.18777796E+01　0.18628618E+01　0.18483161E+01　0.18341560E+01　0.18203913E+01

0.18070285E+01　0.17940709E+01　0.17815180E+01　0.17693663E+01　0.17576092E+01

0.17462369E+01　0.17352369E+01　0.17245944E+01　0.17142917E+01　0.17043094E+01

0.16946261E+01　0.16852189E+01　0.16760636E+01　0.16671347E+01　0.16584065E+01

0.16498526E+01　0.16414463E+01　0.16331613E+01　0.16249717E+01　0.16168522E+01

0.16087782E+01　0.16007269E+01　0.15926761E+01　0.15846058E+01　0.15764974E+01

0.15683345E+01　0.15601026E+01　0.15517893E+01　0.15433847E+01　0.15348811E+01

0.15262732E+01　0.15175580E+01　0.15087350E+01　0.14998057E+01　0.14907743E+01

0.14816468E+01　0.14724316E+01　0.14631386E+01　0.14537801E+01　0.14443697E+01

0.14349224E+01　0.14254549E+01　0.14159845E+01　0.14065296E+01　0.13971096E+01

0.13877438E+01　0.13784521E+01　0.13692543E+01　0.13601701E+01　0.13512186E+01

0.13424185E+01　0.13337877E+01　0.13253428E+01　0.13170997E+01　0.13090725E+01

0.13012740E+01　0.12937156E+01　0.12864068E+01　0.12793551E+01　0.12725663E+01

0.12660440E+01　0.12597901E+01　0.12538043E+01　0.12480844E+01　0.12426258E+01

0.12374225E+01　0.12324662E+01　0.12277470E+01　0.12232529E+01　0.12189709E+01

0.12148857E+01　0.12109812E+01　0.12072398E+01　0.12036430E+01　0.12001713E+01

0.11968044E+01　0.11935215E+01　0.11903016E+01　0.11871232E+01　0.11839653E+01

0.11808067E+01　0.11776266E+01　0.11744049E+01　0.11711221E+01　0.11677598E+01

0.11643005E+01　0.11607276E+01　0.11570264E+01　0.11531830E+01　0.11491855E+01

0.11450236E+01　0.11406885E+01　0.11361731E+01　0.11314726E+01　0.11265834E+01

0.11215041E+01　0.11162350E+01　0.11107784E+01　0.11051380E+01　0.10993195E+01

0.10933303E+01　0.10871791E+01　0.10808762E+01　0.10744333E+01　0.10678635E+01

0.10611807E+01　0.10544000E+01　0.10475372E+01　0.10406090E+01　0.10336324E+01

0.10266251E+01　0.10196048E+01　0.10125891E+01　0.10055960E+01　0.99864303E+00

0.99174729E+00　0.98492548E+00　0.97819363E+00　0.97156703E+00　0.96506005E+00

0.95868607E+00 0.95245737E+00 0.94638506E+00 0.94047896E+00 0.93474762E+00
0.92919818E+00 0.92383641E+00 0.91866663E+00 0.91369178E+00 0.90891330E+00
0.90433126E+00 0.89994436E+00 0.89574989E+00 0.89174388E+00 0.88792111E+00
0.88427519E+00 0.88079864E+00 0.87748298E+00 0.87431883E+00 0.87129602E+00
0.86840371E+00 0.86563045E+00 0.86296435E+00 0.86039318E+00 0.85790446E+00
0.85548564E+00 0.85312410E+00 0.85080738E+00 0.84852323E+00 0.84625974E+00
0.84400538E+00 0.84174920E+00 0.83948083E+00 0.83719060E+00 0.83486959E+00
0.83250972E+00 0.83010377E+00 0.82764544E+00 0.82512936E+00 0.82255115E+00
0.81990739E+00 0.81719565E+00 0.81441448E+00 0.81156337E+00 0.80864281E+00
0.80565414E+00 0.80259959E+00 0.79948221E+00 0.79630581E+00 0.79307488E+00
0.78979457E+00 0.78647052E+00 0.78310891E+00 0.77971626E+00 0.77629942E+00
0.77286547E+00 0.76942161E+00 0.76597512E+00 0.76253325E+00 0.75910314E+00
0.75569177E+00 0.75230584E+00 0.74895171E+00 0.74563536E+00 0.74236227E+00
0.73913747E+00 0.73596536E+00 0.73284976E+00 0.72979385E+00 0.72680013E+00
0.72387045E+00 0.72100594E+00 0.71820705E+00 0.71547350E+00 0.71280437E+00
0.71019806E+00 0.70765233E+00 0.70516429E+00 0.70273054E+00 0.70034710E+00
0.69800954E+00 0.69571298E+00 0.69345221E+00 0.69122168E+00 0.68901563E+00
0.68682813E+00 0.68465313E+00 0.68248455E+00 0.68031636E+00 0.67814259E+00
0.67595746E+00 0.67375540E+00 0.67153114E+00 0.66927973E+00 0.66699665E+00
0.66467782E+00 0.66231964E+00 0.65991910E+00 0.65747369E+00 0.65498156E+00
0.65244144E+00 0.64985269E+00 0.64721533E+00 0.64453000E+00 0.64179799E+00
0.63902121E+00 0.63620215E+00 0.63334393E+00 0.63045022E+00 0.62752518E+00
0.62457349E+00 0.62160025E+00 0.61861097E+00 0.61561149E+00 0.61260790E+00
0.60960656E+00 0.60661394E+00 0.60363664E+00 0.60068127E+00 0.59775444E+00
0.59486265E+00 0.59201226E+00 0.58920943E+00 0.58646002E+00 0.58376962E+00
0.58114339E+00 0.57858611E+00 0.57610207E+00 0.57369504E+00 0.57136825E+00
0.56912435E+00 0.56696541E+00 0.56489286E+00 0.56290750E+00 0.56100949E+00
0.55919840E+00 0.55747311E+00 0.55583191E+00 0.55427246E+00 0.55279186E+00
0.55138664E+00 0.55005278E+00 0.54878577E+00 0.54758067E+00 0.54643212E+00
0.54533438E+00 0.54428145E+00 0.54326701E+00 0.54228460E+00 0.54132759E+00
0.54038928E+00 0.53946291E+00 0.53854179E+00 0.53761928E+00 0.53668889E+00

```
0.53574432E+00  0.53477954E+00  0.53378875E+00  0.53276656E+00  0.53170793E+00
0.53060823E+00  0.52946333E+00  0.52826955E+00  0.52702376E+00  0.52572332E+00
0.52436616E+00  0.52295075E+00  0.52147614E+00  0.51994193E+00  0.51834828E+00
0.51669588E+00  0.51498599E+00  0.51322034E+00  0.51140120E+00  0.50953126E+00
0.50761369E+00  0.50565203E+00  0.50365018E+00  0.50161236E+00  0.49954307E+00
0.49744701E+00  0.49532910E+00  0.49319438E+00  0.49104798E+00  0.48889506E+00
0.48674080E+00  0.48459031E+00  0.48244863E+00  0.48032062E+00  0.47821099E+00
0.47612422E+00  0.47406455E+00  0.47203586E+00  0.47004178E+00  0.46808557E+00
0.46617008E+00  0.46429782E+00  0.46247088E+00  0.46069092E+00  0.45895922E+00
0.45727658E+00  0.45564343E+00  0.45405977E+00  0.45252518E+00  0.45103886E+00
0.44959962E+00  0.44820592E+00  0.44685588E+00  0.44554732E+00  0.44427778E+00
0.44304456E+00  0.44184474E+00  0.44067523E+00  0.43953280E+00  0.43841412E+00
0.43731577E+00  0.43623431E+00  0.43516631E+00  0.43410836E+00  0.43305712E+00
0.43200938E+00  0.43096202E+00  0.42991217E+00  0.42885708E+00  0.42779425E+00
0.42672143E+00  0.42563664E+00  0.42453815E+00  0.42342456E+00  0.42229474E+00
0.42114786E+00  0.41998342E+00  0.41880123E+00  0.41760136E+00  0.41638426E+00
0.41515058E+00  0.41390132E+00  0.41263769E+00  0.41136118E+00  0.41007350E+00
0.40877652E+00  0.40747232E+00  0.40616313E+00  0.40485127E+00  0.40353916E+00
0.40222928E+00  0.40092414E+00  0.39962624E+00  0.39833809E+00  0.39706210E+00
0.39580062E+00  0.39455588E+00  0.39332997E+00  0.39212483E+00  0.39094220E+00
0.38978362E+00  0.38865039E+00  0.38754359E+00  0.38646404E+00  0.38541227E+00
0.38438859E+00  0.38339301E+00  0.38242528E+00  0.38148486E+00  0.38057096E+00
0.37968252E+00  0.37881822E+00  0.37797654E+00  0.37715568E+00  0.37635367E+00
0.37556834E+00  0.37479735E+00  0.37403821E+00  0.37328835E+00  0.37254505E+00
0.37180558E+00  0.37106715E+00  0.37032697E+00  0.36958226E+00  0.36883028E+00
0.36806839E+00  0.36729401E+00  0.36650469E+00  0.36569818E+00  0.36487234E+00
0.36402523E+00  0.36315516E+00  0.36226065E+00  0.36134047E+00  0.36039364E+00
0.35941947E+00  0.35841752E+00  0.35738766E+00  0.35633002E+00  0.35524502E+00
0.35413334E+00  0.35299598E+00  0.35183412E+00  0.35064931E+00  0.34944323E+00
0.34821784E+00  0.34697534E+00  0.34571806E+00  0.34444851E+00  0.34316939E+00
0.34188345E+00  0.34059360E+00  0.33930277E+00  0.33801395E+00  0.33673013E+00
```

0.33545432E+00 0.33418947E+00 0.33293844E+00 0.33170407E+00 0.33048903E+00
0.32929587E+00 0.32812697E+00 0.32698456E+00 0.32587063E+00 0.32478699E+00
0.32373519E+00 0.32271654E+00 0.32173211E+00 0.32078267E+00 0.31986878E+00
0.31899067E+00 0.31814836E+00 0.31734156E+00 0.31656972E+00 0.31583204E+00
0.31512750E+00 0.31445479E+00 0.31381239E+00 0.31319859E+00 0.31261146E+00
0.31204892E+00 0.31150872E+00 0.31098848E+00 0.31048571E+00 0.30999784E+00
0.30952226E+00 0.30905625E+00 0.30859716E+00 0.30814230E+00 0.30768901E+00
0.30723469E+00 0.30677682E+00 0.30631299E+00 0.30584087E+00 0.30535832E+00
0.30486329E+00 0.30435396E+00 0.30382866E+00 0.30328594E+00 0.30272454E+00
0.30214343E+00 0.30154177E+00 0.30091898E+00 0.30027466E+00 0.29960868E+00
0.29892109E+00 0.29821218E+00 0.29748245E+00 0.29673258E+00 0.29596348E+00
0.29517620E+00 0.29437198E+00 0.29355222E+00 0.29271844E+00 0.29187225E+00
0.29101541E+00 0.29014971E+00 0.28927704E+00 0.28839930E+00 0.28751842E+00
0.28663634E+00 0.28575499E+00 0.28487622E+00 0.28400189E+00 0.28313374E+00
0.28227346E+00 0.28142260E+00 0.28058261E+00 0.27975481E+00 0.27894038E+00
0.27814032E+00 0.27735551E+00 0.27658666E+00 0.27583427E+00 0.27509874E+00
0.27438024E+00 0.27367880E+00 0.27299427E+00 0.27232634E+00 0.27167457E+00
0.27103831E+00 0.27041683E+00 0.26980923E+00 0.26921450E+00 0.26863155E+00
0.26805917E+00 0.26749607E+00 0.26694094E+00 0.26639239E+00 0.26584901E+00
0.26530939E+00 0.26477210E+00 0.26423576E+00 0.26369898E+00 0.26316047E+00
0.26261897E+00 0.26207329E+00 0.26152236E+00 0.26096520E+00 0.26040092E+00
0.25982879E+00 0.25924819E+00 0.25865864E+00 0.25805981E+00 0.25745149E+00
0.25683362E+00 0.25620631E+00 0.25556980E+00 0.25492444E+00 0.25427075E+00
0.25360937E+00 0.25294108E+00 0.25226676E+00 0.25158737E+00 0.25090402E+00
0.25021786E+00 0.24953013E+00 0.24884212E+00 0.24815516E+00 0.24747061E+00
0.24678984E+00 0.24611421E+00 0.24544509E+00 0.24478378E+00 0.24413157E+00
0.24348966E+00 0.24285922E+00 0.24224131E+00 0.24163688E+00 0.24104680E+00
0.24047180E+00 0.23991252E+00 0.23936943E+00 0.23884288E+00 0.23833307E+00
0.23784006E+00 0.23736374E+00 0.23690392E+00 0.23646018E+00 0.23603201E+00
0.23561876E+00 0.23521965E+00 0.23483375E+00 0.23446004E+00 0.23409736E+00
0.23374449E+00 0.23340009E+00 0.23306277E+00 0.23273107E+00 0.23240346E+00

0.23207842E+00 0.23175439E+00 0.23142980E+00 0.23110310E+00 0.23077277E+00
0.23043732E+00 0.23009531E+00 0.22974536E+00 0.22938621E+00 0.22901661E+00
0.22863549E+00 0.22824184E+00 0.22783480E+00 0.22741364E+00 0.22697774E+00
0.22652664E+00 0.22606002E+00 0.22557773E+00 0.22507973E+00 0.22456615E+00
0.22403727E+00 0.22349350E+00 0.22293541E+00 0.22236365E+00 0.22177908E+00
0.22118263E+00 0.22057534E+00 0.21995836E+00 0.21933295E+00 0.21870043E+00
0.21806218E+00 0.21741966E+00 0.21677434E+00 0.21612774E+00 0.21548137E+00
0.21483676E+00 0.21419540E+00 0.21355879E+00 0.21292835E+00 0.21230549E+00
0.21169150E+00 0.21108767E+00 0.21049511E+00 0.20991491E+00 0.20934802E+00
0.20879528E+00 0.20825741E+00 0.20773500E+00 0.20722852E+00 0.20673829E+00
0.20626452E+00 0.20580728E+00 0.20536648E+00 0.20494194E+00 0.20453333E+00
0.20414020E+00 0.20376198E+00 0.20339800E+00 0.20304746E+00 0.20270949E+00
0.20238312E+00 0.20206731E+00 0.20176095E+00 0.20146288E+00 0.20117190E+00
0.20088678E+00 0.20060627E+00 0.20032910E+00 0.20005404E+00 0.19977985E+00
0.19950531E+00 0.19922928E+00 0.19895062E+00 0.19866829E+00 0.19838128E+00
0.19808869E+00 0.19778969E+00 0.19748356E+00 0.19716966E+00 0.19684744E+00
0.19651650E+00 0.19617650E+00 0.19582724E+00 0.19546863E+00 0.19510066E+00
0.19472344E+00 0.19433721E+00 0.19394226E+00 0.19353901E+00 0.19312797E+00

B.4.9 I–GGA 1/2–2.0 Bohr

local part
81.2582175088937
0.17019773E+01 0.17506237E+01 0.18716117E+01 0.20584031E+01 0.23104811E+01
0.26271463E+01 0.30075071E+01 0.34504835E+01 0.39548066E+01 0.45190142E+01
0.51414612E+01 0.58203147E+01 0.65535680E+01 0.73390447E+01 0.81744114E+01
0.90571834E+01 0.99847424E+01 0.10954339E+02 0.11963113E+02 0.13008095E+02
0.14086224E+02 0.15194348E+02 0.16329241E+02 0.17487609E+02 0.18666100E+02
0.19861313E+02 0.21069810E+02 0.22288124E+02 0.23512774E+02 0.24740274E+02

0.25967144E+02 0.27189923E+02 0.28405178E+02 0.29609519E+02 0.30799607E+02
0.31972159E+02 0.33123970E+02 0.34251910E+02 0.35352943E+02 0.36424128E+02
0.37462635E+02 0.38465747E+02 0.39430875E+02 0.40355559E+02 0.41237482E+02
0.42074469E+02 0.42864502E+02 0.43605719E+02 0.44296419E+02 0.44935068E+02
0.45520305E+02 0.46050940E+02 0.46525959E+02 0.46944525E+02 0.47305980E+02
0.47609846E+02 0.47855823E+02 0.48043793E+02 0.48173812E+02 0.48246112E+02
0.48261102E+02 0.48219357E+02 0.48121619E+02 0.49968791E+02 0.47761935E+02
0.47502259E+02 0.47191122E+02 0.46830018E+02 0.46420574E+02 0.45964541E+02
0.45463787E+02 0.44920290E+02 0.44336127E+02 0.43713468E+02 0.43054565E+02
0.42361744E+02 0.41637393E+02 0.40883955E+02 0.40103919E+02 0.39299807E+02
0.38474169E+02 0.37629565E+02 0.36768565E+02 0.35893735E+02 0.35007626E+02
0.34112767E+02 0.33211656E+02 0.32306752E+02 0.31400460E+02 0.30495134E+02
0.29593060E+02 0.28696448E+02 0.27807436E+02 0.26928067E+02 0.26060299E+02
0.25205988E+02 0.24366888E+02 0.23544647E+02 0.22740798E+02 0.21956761E+02
0.21193840E+02 0.20453214E+02 0.19735941E+02 0.19042956E+02 0.18375071E+02
0.17732972E+02 0.17117219E+02 0.16528254E+02 0.15966395E+02 0.15431840E+02
0.14924672E+02 0.14444861E+02 0.13992266E+02 0.13566639E+02 0.13167632E+02
0.12794801E+02 0.12447608E+02 0.12125427E+02 0.11827558E+02 0.11553218E+02
0.11301562E+02 0.11071678E+02 0.10862603E+02 0.10673320E+02 0.10502775E+02
0.10349874E+02 0.10213496E+02 0.10092497E+02 0.99857191E+01 0.98919929E+01
0.98101473E+01 0.97390145E+01 0.96774359E+01 0.96242686E+01 0.95783902E+01
0.95387043E+01 0.95041458E+01 0.94736851E+01 0.94463326E+01 0.94211421E+01
0.93972154E+01 0.93737045E+01 0.93498149E+01 0.93248080E+01 0.92980030E+01
0.92687782E+01 0.92365732E+01 0.92008888E+01 0.91612878E+01 0.91173948E+01
0.90688967E+01 0.90155407E+01 0.89571340E+01 0.88935426E+01 0.88246893E+01
0.87505514E+01 0.86711590E+01 0.85865924E+01 0.84969789E+01 0.84024906E+01
0.83033407E+01 0.81997806E+01 0.80920958E+01 0.79806033E+01 0.78656471E+01
0.77475952E+01 0.76268355E+01 0.75037720E+01 0.73788213E+01 0.72524089E+01
0.71249657E+01 0.69969245E+01 0.68687165E+01 0.67407678E+01 0.66134972E+01
0.64873121E+01 0.63626063E+01 0.62397575E+01 0.61191245E+01 0.60010454E+01
0.58858353E+01 0.57737848E+01 0.56651586E+01 0.55601940E+01 0.54591001E+01

0.53620569E+01　0.52692150E+01　0.51806950E+01　0.50965876E+01　0.50169537E+01
0.49418250E+01　0.48712041E+01　0.48050658E+01　0.47433575E+01　0.46860008E+01
0.46328927E+01　0.45839071E+01　0.45388962E+01　0.44976921E+01　0.44601091E+01
0.44259452E+01　0.43949841E+01　0.43669971E+01　0.43417453E+01　0.43189816E+01
0.42984526E+01　0.42799009E+01　0.42630669E+01　0.42476908E+01　0.42335146E+01
0.42202840E+01　0.42077500E+01　0.41956708E+01　0.41838131E+01　0.41719539E+01
0.41598814E+01　0.41473966E+01　0.41343143E+01　0.41204636E+01　0.41056896E+01
0.40898531E+01　0.40728319E+01　0.40545207E+01　0.40348315E+01　0.40136940E+01
0.39910549E+01　0.39668782E+01　0.39411449E+01　0.39138524E+01　0.38850141E+01
0.38546584E+01　0.38228283E+01　0.37895808E+01　0.37549851E+01　0.37191227E+01
0.36820854E+01　0.36439747E+01　0.36049007E+01　0.35649807E+01　0.35243380E+01
0.34831008E+01　0.34414008E+01　0.33993722E+01　0.33571502E+01　0.33148702E+01
0.32726664E+01　0.32306706E+01　0.31890116E+01　0.31478139E+01　0.31071968E+01
0.30672738E+01　0.30281510E+01　0.29899278E+01　0.29526951E+01　0.29165352E+01
0.28815212E+01　0.28477169E+01　0.28151763E+01　0.27839436E+01　0.27540528E+01
0.27255282E+01　0.26983840E+01　0.26726245E+01　0.26482447E+01　0.26252305E+01
0.26035585E+01　0.25831972E+01　0.25641071E+01　0.25462413E+01　0.25295459E+01
0.25139611E+01　0.24994212E+01　0.24858562E+01　0.24731914E+01　0.24613492E+01
0.24502492E+01　0.24398087E+01　0.24299443E+01　0.24205721E+01　0.24116079E+01
0.24029688E+01　0.23945735E+01　0.23863424E+01　0.23781990E+01　0.23700699E+01
0.23618855E+01　0.23535804E+01　0.23450937E+01　0.23363698E+01　0.23273582E+01
0.23180136E+01　0.23082969E+01　0.22981746E+01　0.22876190E+01　0.22766084E+01
0.22651270E+01　0.22531649E+01　0.22407177E+01　0.22277869E+01　0.22143791E+01
0.22005060E+01　0.21861841E+01　0.21714345E+01　0.21562824E+01　0.21407565E+01
0.21248894E+01　0.21087162E+01　0.20922749E+01　0.20756049E+01　0.20587482E+01
0.20417473E+01　0.20246458E+01　0.20074877E+01　0.19903168E+01　0.19731767E+01
0.19561098E+01　0.19391577E+01　0.19223601E+01　0.19057552E+01　0.18893788E+01
0.18732642E+01　0.18574423E+01　0.18419410E+01　0.18267854E+01　0.18119971E+01
0.17975946E+01　0.17835935E+01　0.17700055E+01　0.17568394E+01　0.17441004E+01
0.17317907E+01　0.17199090E+01　0.17084514E+01　0.16974108E+01　0.16867772E+01
0.16765385E+01　0.16666799E+01　0.16571847E+01　0.16480338E+01　0.16392072E+01

0.16306830E+01　0.16224381E+01　0.16144486E+01　0.16066902E+01　0.15991378E+01
0.15917663E+01　0.15845508E+01　0.15774664E+01　0.15704894E+01　0.15635960E+01
0.15567641E+01　0.15499723E+01　0.15432007E+01　0.15364308E+01　0.15296457E+01
0.15228300E+01　0.15159703E+01　0.15090548E+01　0.15020738E+01　0.14950191E+01
0.14878847E+01　0.14806663E+01　0.14733615E+01　0.14659697E+01　0.14584920E+01
0.14509308E+01　0.14432907E+01　0.14355770E+01　0.14277966E+01　0.14199578E+01
0.14120692E+01　0.14041410E+01　0.13961835E+01　0.13882080E+01　0.13802259E+01
0.13722489E+01　0.13642889E+01　0.13563576E+01　0.13484665E+01　0.13406269E+01
0.13328494E+01　0.13251442E+01　0.13175208E+01　0.13099878E+01　0.13025528E+01
0.12952226E+01　0.12880030E+01　0.12808986E+01　0.12739130E+01　0.12670486E+01
0.12603069E+01　0.12536879E+01　0.12471909E+01　0.12408138E+01　0.12345539E+01
0.12284070E+01　0.12223684E+01　0.12164326E+01　0.12105931E+01　0.12048429E+01
0.11991745E+01　0.11935798E+01　0.11880506E+01　0.11825783E+01　0.11771544E+01
0.11717701E+01　0.11664169E+01　0.11610865E+01　0.11557707E+01　0.11504620E+01
0.11451533E+01　0.11398379E+01　0.11345099E+01　0.11291642E+01　0.11237963E+01
0.11184026E+01　0.11129806E+01　0.11075283E+01　0.11020449E+01　0.10965306E+01
0.10909861E+01　0.10854133E+01　0.10798151E+01　0.10741950E+01　0.10685573E+01
0.10629072E+01　0.10572506E+01　0.10515937E+01　0.10459436E+01　0.10403079E+01
0.10346942E+01　0.10291107E+01　0.10235656E+01　0.10180672E+01　0.10126240E+01
0.10072442E+01　0.10019358E+01　0.99670651E+00　0.99156360E+00　0.98651417E+00
0.98156439E+00　0.97672000E+00　0.97198598E+00　0.96736659E+00　0.96286527E+00
0.95848454E+00　0.95422609E+00　0.95009065E+00　0.94607799E+00　0.94218694E+00
0.93841540E+00　0.93476031E+00　0.93121772E+00　0.92778280E+00　0.92444986E+00
0.92121245E+00　0.91806338E+00　0.91499476E+00　0.91199814E+00　0.90906451E+00
0.90618444E+00　0.90334814E+00　0.90054556E+00　0.89776648E+00　0.89500065E+00
0.89223782E+00　0.88946788E+00　0.88668095E+00　0.88386748E+00　0.88101831E+00
0.87812480E+00　0.87517885E+00　0.87217306E+00　0.86910072E+00　0.86595593E+00
0.86273361E+00　0.85942962E+00　0.85604072E+00　0.85256469E+00　0.84900026E+00
0.84534718E+00　0.84160625E+00　0.83777920E+00　0.83386880E+00　0.82987876E+00
0.82581370E+00　0.82167913E+00　0.81748140E+00　0.81322761E+00　0.80892560E+00
0.80458383E+00　0.80021132E+00　0.79581756E+00　0.79141246E+00　0.78700618E+00

```
0.78260911E+00  0.77823172E+00  0.77388452E+00  0.76957789E+00  0.76532202E+00
0.76112686E+00  0.75700194E+00  0.75295636E+00  0.74899870E+00  0.74513690E+00
0.74137821E+00  0.73772914E+00  0.73419538E+00  0.73078176E+00  0.72749216E+00
0.72432958E+00  0.72129597E+00  0.71839235E+00  0.71561872E+00  0.71297408E+00
0.71045646E+00  0.70806294E+00  0.70578964E+00  0.70363179E+00  0.70158377E+00
0.69963915E+00  0.69779077E+00  0.69603074E+00  0.69435059E+00  0.69274132E+00
0.69119344E+00  0.68969714E+00  0.68824228E+00  0.68681857E+00  0.68541560E+00
0.68402297E+00  0.68263035E+00  0.68122759E+00  0.67980481E+00  0.67835246E+00
0.67686145E+00  0.67532311E+00  0.67372945E+00  0.67207304E+00  0.67034721E+00
0.66854602E+00  0.66666435E+00  0.66469796E+00  0.66264344E+00  0.66049832E+00
0.65826103E+00  0.65593094E+00  0.65350835E+00  0.65099445E+00  0.64839134E+00
0.64570198E+00  0.64293018E+00  0.64008057E+00  0.63715850E+00  0.63417003E+00
0.63112190E+00  0.62802138E+00  0.62487630E+00  0.62169488E+00  0.61848571E+00
0.61525768E+00  0.61201987E+00  0.60878143E+00  0.60555160E+00  0.60233954E+00
0.59915429E+00  0.59600468E+00  0.59289926E+00  0.58984623E+00  0.58685336E+00
0.58392790E+00  0.58107660E+00  0.57830556E+00  0.57562024E+00  0.57302535E+00
0.57052492E+00  0.56812218E+00  0.56581958E+00  0.56361876E+00  0.56152054E+00
0.55952498E+00  0.55763127E+00  0.55583785E+00  0.55414238E+00  0.55254178E+00
0.55103227E+00  0.54960935E+00  0.54826795E+00  0.54700240E+00  0.54580652E+00
0.54467363E+00  0.54359673E+00  0.54256842E+00  0.54158107E+00  0.54062688E+00
0.53969789E+00  0.53878609E+00  0.53788354E+00  0.53698231E+00  0.53607468E+00
0.53515314E+00  0.53421045E+00  0.53323972E+00  0.53223447E+00  0.53118869E+00
0.53009683E+00  0.52895393E+00  0.52775560E+00  0.52649807E+00  0.52517820E+00
0.52379351E+00  0.52234221E+00  0.52082315E+00  0.51923589E+00  0.51758066E+00
0.51585836E+00  0.51407051E+00  0.51221930E+00  0.51030750E+00  0.50833844E+00
0.50631601E+00  0.50424456E+00  0.50212890E+00  0.49997423E+00  0.49778607E+00
0.49557024E+00  0.49333280E+00  0.49107995E+00  0.48881805E+00  0.48655347E+00
0.48429263E+00  0.48204185E+00  0.47980736E+00  0.47759520E+00  0.47541122E+00
0.47326099E+00  0.47114975E+00  0.46908236E+00  0.46706331E+00  0.46509664E+00
0.46318593E+00  0.46133426E+00  0.45954421E+00  0.45781782E+00  0.45615661E+00
0.45456155E+00  0.45303305E+00  0.45157102E+00  0.45017478E+00  0.44884318E+00
```

0.44757453E+00 0.44636668E+00 0.44521702E+00 0.44412251E+00 0.44307973E+00
0.44208492E+00 0.44113399E+00 0.44022259E+00 0.43934614E+00 0.43849990E+00
0.43767896E+00 0.43687833E+00 0.43609301E+00 0.43531793E+00 0.43454813E+00
0.43377871E+00 0.43300491E+00 0.43222215E+00 0.43142608E+00 0.43061257E+00
0.42977779E+00 0.42891825E+00 0.42803077E+00 0.42711256E+00 0.42616117E+00
0.42517459E+00 0.42415119E+00 0.42308976E+00 0.42198953E+00 0.42085013E+00
0.41967159E+00 0.41845441E+00 0.41719943E+00 0.41590787E+00 0.41458137E+00
0.41322185E+00 0.41183157E+00 0.41041309E+00 0.40896920E+00 0.40750293E+00
0.40601750E+00 0.40451628E+00 0.40300280E+00 0.40148065E+00 0.39995346E+00
0.39842495E+00 0.39689874E+00 0.39537846E+00 0.39386764E+00 0.39236967E+00
0.39088782E+00 0.38942517E+00 0.38798459E+00 0.38656875E+00 0.38518004E+00
0.38382060E+00 0.38249230E+00 0.38119672E+00 0.37993512E+00 0.37870846E+00
0.37751740E+00 0.37636228E+00 0.37524314E+00 0.37415968E+00 0.37311135E+00
0.37209729E+00 0.37111636E+00 0.37016718E+00 0.36924814E+00 0.36835740E+00
0.36749295E+00 0.36665260E+00 0.36583402E+00 0.36503475E+00 0.36425226E+00
0.36348394E+00 0.36272713E+00 0.36197918E+00 0.36123745E+00 0.36049932E+00
0.35976225E+00 0.35902379E+00 0.35828161E+00 0.35753351E+00 0.35677743E+00
0.35601151E+00 0.35523404E+00 0.35444354E+00 0.35363872E+00 0.35281851E+00
0.35198205E+00 0.35112873E+00 0.35025813E+00 0.34937012E+00 0.34846473E+00
0.34754224E+00 0.34660315E+00 0.34564815E+00 0.34467812E+00 0.34369413E+00
0.34269739E+00 0.34168927E+00 0.34067126E+00 0.33964496E+00 0.33861203E+00
0.33757426E+00 0.33653344E+00 0.33549140E+00 0.33444999E+00 0.33341105E+00
0.33237638E+00 0.33134772E+00 0.33032677E+00 0.32931513E+00 0.32831428E+00
0.32732561E+00 0.32635036E+00 0.32538964E+00 0.32444439E+00 0.32351542E+00
0.32260335E+00 0.32170867E+00 0.32083165E+00 0.31997242E+00 0.31913094E+00
0.31830701E+00 0.31750023E+00 0.31671009E+00 0.31593588E+00 0.31517681E+00
0.31443192E+00 0.31370015E+00 0.31298034E+00 0.31227124E+00 0.31157156E+00
0.31087992E+00 0.31019490E+00 0.30951511E+00 0.30883909E+00 0.30816541E+00
0.30749270E+00 0.30681957E+00 0.30614474E+00 0.30546696E+00 0.30478510E+00
0.30409810E+00 0.30340501E+00 0.30270503E+00 0.30199745E+00 0.30128171E+00
0.30055737E+00 0.29982417E+00 0.29908193E+00 0.29833068E+00 0.29757053E+00

0.29680178E+00 0.29602482E+00 0.29524021E+00 0.29444860E+00 0.29365079E+00
0.29284765E+00 0.29204017E+00 0.29122942E+00 0.29041653E+00 0.28960267E+00
0.28878910E+00 0.28797705E+00 0.28716782E+00 0.28636265E+00 0.28556280E+00
0.28476949E+00 0.28398391E+00 0.28320717E+00 0.28244033E+00 0.28168437E+00
0.28094017E+00 0.28020851E+00 0.27949005E+00 0.27878533E+00 0.27809478E+00
0.27741866E+00 0.27675715E+00 0.27611026E+00 0.27547784E+00 0.27485967E+00
0.27425535E+00 0.27366436E+00 0.27308607E+00 0.27251970E+00 0.27196442E+00
0.27141921E+00 0.27088305E+00 0.27035477E+00 0.26983317E+00 0.26931698E+00
0.26880490E+00 0.26829557E+00 0.26778766E+00 0.26727980E+00 0.26677068E+00
0.26625899E+00 0.26574346E+00 0.26522288E+00 0.26469610E+00 0.26416209E+00
0.26361984E+00 0.26306850E+00 0.26250731E+00 0.26193563E+00 0.26135294E+00
0.26075887E+00 0.26015316E+00 0.25953575E+00 0.25890666E+00 0.25826606E+00
0.25761429E+00 0.25695179E+00 0.25627916E+00 0.25559711E+00 0.25490648E+00
0.25420820E+00 0.25350334E+00 0.25279304E+00 0.25207851E+00 0.25136107E+00
0.25064205E+00 0.24992286E+00 0.24920492E+00 0.24848968E+00 0.24777856E+00
0.24707299E+00 0.24637436E+00 0.24568403E+00 0.24500327E+00 0.24433334E+00
0.24367537E+00 0.24303041E+00 0.24239942E+00 0.24178323E+00 0.24118256E+00
0.24059799E+00 0.24002997E+00 0.23947881E+00 0.23894467E+00 0.23842755E+00
0.23792733E+00 0.23744372E+00 0.23697632E+00 0.23652455E+00 0.23608772E+00
0.23566501E+00 0.23525547E+00 0.23485806E+00 0.23447161E+00 0.23409486E+00
0.23372650E+00 0.23336511E+00 0.23300926E+00 0.23265744E+00 0.23230813E+00
0.23195980E+00 0.23161095E+00 0.23126005E+00 0.23090563E+00 0.23054628E+00
0.23018063E+00 0.22980737E+00 0.22942530E+00 0.22903333E+00 0.22863041E+00
0.22821568E+00 0.22778835E+00 0.22734782E+00 0.22689359E+00 0.22642529E+00
0.22594274E+00 0.22544587E+00 0.22493481E+00 0.22440978E+00 0.22387118E+00
0.22331954E+00 0.22275551E+00 0.22217991E+00 0.22159364E+00 0.22099774E+00
0.22039334E+00 0.21978168E+00 0.21916407E+00 0.21854188E+00 0.21791656E+00
0.21728959E+00 0.21666248E+00 0.21603675E+00 0.21541392E+00 0.21479548E+00
0.21418293E+00 0.21357767E+00 0.21298111E+00 0.21239452E+00 0.21181916E+00
0.21125615E+00 0.21070654E+00 0.21017122E+00 0.20965101E+00 0.20914657E+00
0.20865846E+00 0.20818704E+00 0.20773257E+00 0.20729517E+00 0.20687479E+00

0.20647125E+00 0.20608423E+00 0.20571325E+00 0.20535773E+00 0.20501694E+00

0.20469003E+00 0.20437603E+00 0.20407390E+00 0.20378245E+00 0.20350045E+00

0.20322659E+00 0.20295948E+00 0.20269771E+00 0.20243982E+00 0.20218434E+00

0.20192980E+00 0.20167473E+00 0.20141768E+00 0.20115726E+00 0.20089210E+00

0.20062089E+00 0.20034242E+00 0.20005554E+00 0.19975919E+00 0.19945242E+00

0.19913440E+00 0.19880440E+00 0.19846185E+00 0.19810628E+00 0.19773734E+00

0.19735487E+00 0.19695880E+00 0.19654922E+00 0.19612634E+00 0.19569050E+00

0.19524219E+00 0.19478201E+00 0.19431067E+00 0.19382899E+00 0.19333790E+00

B.4.10   I-GGA 1/2-2.5 Bohr

local part

81.2582175088937

−0.13958223E+02 −0.13846109E+02 −0.13619693E+02 −0.13286038E+02 −0.12846393E+02

−0.12302388E+02 −0.11656043E+02 −0.10909754E+02 −0.10066287E+02 −0.91287741E+01

−0.81006889E+01 −0.69858461E+01 −0.57883724E+01 −0.45126901E+01 −0.31634914E+01

−0.17457183E+01 −0.26453094E+00 0.12747109E+01 0.28664821E+01 0.45051102E+01

0.61848077E+01 0.78996905E+01 0.96438079E+01 0.11411166E+02 0.13195753E+02

0.14991559E+02 0.16792610E+02 0.18592982E+02 0.20386831E+02 0.22168421E+02

0.23932137E+02 0.25672513E+02 0.27384255E+02 0.29062258E+02 0.30701623E+02

0.32297676E+02 0.33845984E+02 0.35342366E+02 0.36782913E+02 0.38163986E+02

0.39482242E+02 0.40734629E+02 0.41918400E+02 0.43031118E+02 0.44070657E+02

0.45035207E+02 0.45923272E+02 0.46733673E+02 0.47465540E+02 0.48118310E+02

0.48691727E+02 0.49185824E+02 0.49600927E+02 0.49937636E+02 0.50196822E+02

0.50379614E+02 0.50487382E+02 0.50521735E+02 0.50484496E+02 0.50377694E+02

0.50203548E+02 0.49964451E+02 0.49662956E+02 0.49301755E+02 0.48883667E+02

0.48411623E+02 0.47888644E+02 0.47317830E+02 0.46702342E+02 0.46045384E+02

0.45350194E+02 0.44620023E+02 0.43858122E+02 0.43067727E+02 0.42252051E+02

0.41414262E+02 0.40557480E+02 0.39684758E+02 0.38799075E+02 0.37903329E+02

0.37000321E+02 0.36092753E+02 0.35183217E+02 0.34274192E+02 0.33368036E+02

```
0.32466979E+02  0.31573129E+02  0.30688454E+02  0.29814792E+02  0.28953846E+02
0.28107181E+02  0.27276224E+02  0.26462269E+02  0.25666475E+02  0.24889869E+02
0.24133347E+02  0.23397682E+02  0.22683521E+02  0.21991395E+02  0.21321718E+02
0.20674801E+02  0.20050843E+02  0.19449949E+02  0.18872129E+02  0.18317306E+02
0.17785321E+02  0.17275939E+02  0.16788857E+02  0.16323706E+02  0.15880060E+02
0.15457441E+02  0.15055325E+02  0.14673147E+02  0.14310306E+02  0.139966171E+02
0.13640088E+02  0.13331379E+02  0.13039352E+02  0.12763305E+02  0.12502524E+02
0.12256297E+02  0.12023906E+02  0.11804643E+02  0.11597798E+02  0.11402676E+02
0.11218589E+02  0.11044865E+02  0.10880845E+02  0.10725886E+02  0.10579367E+02
0.10440682E+02  0.10309246E+02  0.10184496E+02  0.10065890E+02  0.99529087E+01
0.98450537E+01  0.97418506E+01  0.96428468E+01  0.95476123E+01  0.94557391E+01
0.93668416E+01  0.92805553E+01  0.91965374E+01  0.91144657E+01  0.90340387E+01
0.89549743E+01  0.88770107E+01  0.87999046E+01  0.87234314E+01  0.86473845E+01
0.85715751E+01  0.84958312E+01  0.84199974E+01  0.83439344E+01  0.82675191E+01
0.81906429E+01  0.81132127E+01  0.80351497E+01  0.79563891E+01  0.78768799E+01
0.77965849E+01  0.77154796E+01  0.76335520E+01  0.75508028E+01  0.74672442E+01
0.73828998E+01  0.72978045E+01  0.72120034E+01  0.71255516E+01  0.70385139E+01
0.69509639E+01  0.68629839E+01  0.67746638E+01  0.66861008E+01  0.65973986E+01
0.65086667E+01  0.64200197E+01  0.63315765E+01  0.62434595E+01  0.61557936E+01
0.60687058E+01  0.59823236E+01  0.58967751E+01  0.58121873E+01  0.57286857E+01
0.56463932E+01  0.55654293E+01  0.54859097E+01  0.54079444E+01  0.53316381E+01
0.52570887E+01  0.51843866E+01  0.51136146E+01  0.50448464E+01  0.49781467E+01
0.49135707E+01  0.48511634E+01  0.47909594E+01  0.47329825E+01  0.46772458E+01
0.46237515E+01  0.45724905E+01  0.45234430E+01  0.44765780E+01  0.44318544E+01
0.43892203E+01  0.43486141E+01  0.43099648E+01  0.42731923E+01  0.42382083E+01
0.42049169E+01  0.41732153E+01  0.41429946E+01  0.41141406E+01  0.40865350E+01
0.40600555E+01  0.40345776E+01  0.40099751E+01  0.39861211E+01  0.39628889E+01
0.39401531E+01  0.39177905E+01  0.38956810E+01  0.38737084E+01  0.38517617E+01
0.38297349E+01  0.38075289E+01  0.37850513E+01  0.37622176E+01  0.37389514E+01
0.37151848E+01  0.36908593E+01  0.36659256E+01  0.36403437E+01  0.36140842E+01
0.35871269E+01  0.35594614E+01  0.35310875E+01  0.35020142E+01  0.34722599E+01
```

0.34418518E+01 0.34108259E+01 0.33792259E+01 0.33471029E+01 0.33145152E+01
0.32815269E+01 0.32482078E+01 0.32146321E+01 0.31808785E+01 0.31470284E+01
0.31131655E+01 0.30793751E+01 0.30457433E+01 0.30123556E+01 0.29792969E+01
0.29466499E+01 0.29144947E+01 0.28829083E+01 0.28519636E+01 0.28217287E+01
0.27922664E+01 0.27636339E+01 0.27358819E+01 0.27090543E+01 0.26831884E+01
0.26583138E+01 0.26344527E+01 0.26116194E+01 0.25898209E+01 0.25690561E+01
0.25493165E+01 0.25305859E+01 0.25128413E+01 0.24960523E+01 0.24801824E+01
0.24651887E+01 0.24510225E+01 0.24376303E+01 0.24249537E+01 0.24129304E+01
0.24014946E+01 0.23905779E+01 0.23801096E+01 0.23700178E+01 0.23602299E+01
0.23506730E+01 0.23412750E+01 0.23319650E+01 0.23226744E+01 0.23133367E+01
0.23038886E+01 0.22942706E+01 0.22844274E+01 0.22743080E+01 0.22638666E+01
0.22530628E+01 0.22418617E+01 0.22302340E+01 0.22181572E+01 0.22056144E+01
0.21925949E+01 0.21790945E+01 0.21651149E+01 0.21506640E+01 0.21357555E+01
0.21204086E+01 0.21046479E+01 0.20885030E+01 0.20720078E+01 0.20552009E+01
0.20381241E+01 0.20208228E+01 0.20033452E+01 0.19857413E+01 0.19680633E+01
0.19503641E+01 0.19326976E+01 0.19151174E+01 0.18976767E+01 0.18804278E+01
0.18634211E+01 0.18467053E+01 0.18303264E+01 0.18143275E+01 0.17987483E+01
0.17836249E+01 0.17689896E+01 0.17548700E+01 0.17412895E+01 0.17282668E+01
0.17158157E+01 0.17039451E+01 0.16926589E+01 0.16819564E+01 0.16718315E+01
0.16622741E+01 0.16532688E+01 0.16447964E+01 0.16368332E+01 0.16293519E+01
0.16223217E+01 0.16157083E+01 0.16094749E+01 0.16035824E+01 0.15979892E+01
0.15926526E+01 0.15875286E+01 0.15825723E+01 0.15777391E+01 0.15729840E+01
0.15682630E+01 0.15635331E+01 0.15587526E+01 0.15538820E+01 0.15488837E+01
0.15437227E+01 0.15383670E+01 0.15327877E+01 0.15269591E+01 0.15208591E+01
0.15144696E+01 0.15077759E+01 0.15007677E+01 0.14934383E+01 0.14857854E+01
0.14778102E+01 0.14695182E+01 0.14609184E+01 0.14520235E+01 0.14428496E+01
0.14334160E+01 0.14237451E+01 0.14138619E+01 0.14037937E+01 0.13935700E+01
0.13832222E+01 0.13727828E+01 0.13622856E+01 0.13517651E+01 0.13412561E+01
0.13307933E+01 0.13204110E+01 0.13101432E+01 0.13000222E+01 0.12900793E+01
0.12803439E+01 0.12708437E+01 0.12616041E+01 0.12526479E+01 0.12439953E+01
0.12356637E+01 0.12276676E+01 0.12200184E+01 0.12127241E+01 0.12057899E+01

```
0.11992173E+01  0.11930050E+01  0.11871482E+01  0.11816394E+01  0.11764680E+01
0.11716202E+01  0.11670801E+01  0.11628291E+01  0.11588464E+01  0.11551093E+01
0.11515931E+01  0.11482719E+01  0.11451185E+01  0.11421046E+01  0.11392015E+01
0.11363802E+01  0.11336115E+01  0.11308664E+01  0.11281167E+01  0.11253349E+01
0.11224946E+01  0.11195707E+01  0.11165396E+01  0.11133799E+01  0.11100717E+01
0.11065974E+01  0.11029417E+01  0.10990919E+01  0.10950376E+01  0.10907709E+01
0.10862868E+01  0.10815829E+01  0.10766592E+01  0.10715186E+01  0.10661663E+01
0.10606101E+01  0.10548600E+01  0.10489283E+01  0.10428293E+01  0.10365791E+01
0.10301956E+01  0.10236980E+01  0.10171069E+01  0.10104436E+01  0.10037308E+01
0.99699126E+00  0.99024804E+00  0.98352446E+00  0.97684358E+00  0.97022806E+00
0.96369986E+00  0.95728013E+00  0.95098891E+00  0.94484494E+00  0.93886556E+00
0.93306648E+00  0.92746165E+00  0.92206318E+00  0.91688118E+00  0.91192370E+00
0.90719668E+00  0.90270394E+00  0.89844707E+00  0.89442554E+00  0.89063664E+00
0.88707564E+00  0.88373573E+00  0.88060823E+00  0.87768262E+00  0.87494674E+00
0.87238686E+00  0.86998790E+00  0.86773356E+00  0.86560652E+00  0.86358860E+00
0.86166101E+00  0.85980445E+00  0.85799940E+00  0.85622630E+00  0.85446570E+00
0.85269852E+00  0.85090621E+00  0.84907093E+00  0.84717576E+00  0.84520479E+00
0.84314334E+00  0.84097805E+00  0.83869702E+00  0.83628989E+00  0.83374794E+00
0.83106413E+00  0.82823320E+00  0.82525167E+00  0.82211783E+00  0.81883181E+00
0.81539547E+00  0.81181242E+00  0.80808792E+00  0.80422886E+00  0.80024358E+00
0.79614185E+00  0.79193469E+00  0.78763429E+00  0.78325381E+00  0.77880727E+00
0.77430941E+00  0.76977549E+00  0.76522113E+00  0.76066222E+00  0.75611464E+00
0.75159416E+00  0.74711630E+00  0.74269609E+00  0.73834800E+00  0.73408574E+00
0.72992217E+00  0.72586915E+00  0.72193741E+00  0.71813651E+00  0.71447470E+00
0.71095891E+00  0.70759461E+00  0.70438587E+00  0.70133525E+00  0.69844382E+00
0.69571119E+00  0.69313550E+00  0.69071342E+00  0.68844030E+00  0.68631012E+00
0.68431566E+00  0.68244851E+00  0.68069923E+00  0.67905744E+00  0.67751192E+00
0.67605078E+00  0.67466152E+00  0.67333121E+00  0.67204665E+00  0.67079442E+00
0.66956112E+00  0.66833340E+00  0.66709823E+00  0.66584287E+00  0.66455514E+00
0.66322346E+00  0.66183697E+00  0.66038568E+00  0.65886048E+00  0.65725330E+00
0.65555713E+00  0.65376608E+00  0.65187547E+00  0.64988181E+00  0.64778285E+00
```

0.64557754E+00 0.64326611E+00 0.64085000E+00 0.63833183E+00 0.63571536E+00
0.63300547E+00 0.63020803E+00 0.62732993E+00 0.62437887E+00 0.62136337E+00
0.61829260E+00 0.61517636E+00 0.61202485E+00 0.60884868E+00 0.60565869E+00
0.60246587E+00 0.59928118E+00 0.59611555E+00 0.59297966E+00 0.58988388E+00
0.58683816E+00 0.58385195E+00 0.58093406E+00 0.57809263E+00 0.57533499E+00
0.57266765E+00 0.57009623E+00 0.56762539E+00 0.56525880E+00 0.56299914E+00
0.56084808E+00 0.55880623E+00 0.55687318E+00 0.55504752E+00 0.55332686E+00
0.55170785E+00 0.55018621E+00 0.54875684E+00 0.54741385E+00 0.54615061E+00
0.54495984E+00 0.54383372E+00 0.54276394E+00 0.54174183E+00 0.54075841E+00
0.53980450E+00 0.53887083E+00 0.53794813E+00 0.53702721E+00 0.53609905E+00
0.53515491E+00 0.53418643E+00 0.53318564E+00 0.53214513E+00 0.53105807E+00
0.52991826E+00 0.52872020E+00 0.52745920E+00 0.52613131E+00 0.52473341E+00
0.52326325E+00 0.52171939E+00 0.52010127E+00 0.51840921E+00 0.51664432E+00
0.51480857E+00 0.51290469E+00 0.51093619E+00 0.50890727E+00 0.50682279E+00
0.50468821E+00 0.50250952E+00 0.50029318E+00 0.49804604E+00 0.49577524E+00
0.49348818E+00 0.49119242E+00 0.48889556E+00 0.48660525E+00 0.48432902E+00
0.48207428E+00 0.47984817E+00 0.47765755E+00 0.47550891E+00 0.47340831E+00
0.47136130E+00 0.46937292E+00 0.46744758E+00 0.46558906E+00 0.46380051E+00
0.46208438E+00 0.46044240E+00 0.45887562E+00 0.45738435E+00 0.45596820E+00
0.45462608E+00 0.45335623E+00 0.45215624E+00 0.45102306E+00 0.44995305E+00
0.44894207E+00 0.44798543E+00 0.44707804E+00 0.44621442E+00 0.44538876E+00
0.44459502E+00 0.44382693E+00 0.44307814E+00 0.44234221E+00 0.44161273E+00
0.44088333E+00 0.44014782E+00 0.43940018E+00 0.43863465E+00 0.43784577E+00
0.43702847E+00 0.43617806E+00 0.43529034E+00 0.43436160E+00 0.43338863E+00
0.43236879E+00 0.43130002E+00 0.43018083E+00 0.42901036E+00 0.42778829E+00
0.42651492E+00 0.42519114E+00 0.42381836E+00 0.42239858E+00 0.42093429E+00
0.41942846E+00 0.41788453E+00 0.41630632E+00 0.41469803E+00 0.41306419E+00
0.41140954E+00 0.40973909E+00 0.40805796E+00 0.40637142E+00 0.40468472E+00
0.40300314E+00 0.40133189E+00 0.39967606E+00 0.39804059E+00 0.39643017E+00
0.39484927E+00 0.39330203E+00 0.39179225E+00 0.39032336E+00 0.38889837E+00
0.38751985E+00 0.38618992E+00 0.38491022E+00 0.38368190E+00 0.38250561E+00